潮汐 CHEERS

与最聪明的人共同进化

HERE COMES EVERYBODY

U0309077

第二种不可能

THE SECOND
KIND OF
IMPOSSIBLE

[美]保罗·斯坦哈特　著
Paul J. Steinhardt
高跃丹　译

浙江科学技术出版社

你对新物质的发现了解多少？

- "揭露潜在假设并找到长期被忽视的漏洞，是科学家获得突破性发现的难得机会。"这种说法（ ）

  A. 正确

  B. 错误

- 20 世纪最伟大的理论物理学家包括（ ）

  A. 达尔文

  B. 费曼

  C. 哥白尼

  D. 图灵

- 小行星撞击地球给地球造成的影响不包括（ ）

  A. 物种灭绝

  B. 气候变化

  C. 带来新的物质

  D. 产生新的物种

致那些好奇和无畏的人们
他们敢于挑战传统
冒着被嘲笑和失败的风险去追求和实现梦想

寻根问底的追"凶"之旅：一个关于准晶的故事

陈学雷

中国科学院国家天文台

宇宙暗物质与暗能量研究团组研究员

本书可以说是一本以第一人称叙述的侦探故事，充满了悬念、转折和惊喜，令人拿起书后几乎无法放下。但这里所讲的故事都是完全真实的，其主人公不是一位普通的侦探，而是一位世界著名的科学家，而他所追查的也不是罪犯，而是自然界中的一个奇迹——准晶。

什么是准晶呢？它是一种有点儿类似晶体，但又不是晶体的物质。晶体是常见的，例如水晶等天然矿物，甚至普通的食盐都是晶体，原子规则地排列在一起就形成了晶体。晶体学家们早已用数学方法证明，只有那些具有二重、三重、四重、六重旋转对称性的结构可以实现周期性的排布，形成晶体，这对于学过固体物理或矿物学的大学生来说早已是常识了。因此，20 世纪 80 年代，当一位以色列冶金学研究者谢赫特曼（Schechtman）发现某种铝合金中存在着五重旋转对称性时，很多人认为他犯了低级错误，因为五重旋转对称性的构型不可能形成晶体。但是，从事理论物理研究的本书作者保罗·斯坦哈特却在研究中发现了虽不具有周期性，然而仍可以布满空间的具有五重旋转对称性的构型，这也正是谢赫特曼发现的奇异材料所具有的原子结构，也就是所谓的准晶。谢赫特曼后来因此获得了诺贝尔化学奖。

不过，**故事并没有到此为止，实际上这只是一个开端**。谢赫特曼发现的合金是人工制造出来的，那么自然界中是否也存在准晶呢？斯坦哈特教授的主要研究领域是宇宙学，探寻宇宙的起源，在这一领域里他也成了世界著名的专家。不过，他仍然关注着准晶。他指导学生开发出了软件，通过对自然界中各种矿物的X射线衍射图进行分析，来寻找可能存在的准晶。最终，他们在一个意大利博物馆收藏的某种奇特矿物中，发现了准晶存在的迹象。但这矿物究竟是什么？来自哪里？语焉不详的档案记录中并没有足够的信息。作者带着我们走上了奇妙的寻根问底之旅。经过一系列真正的"侦探"工作，最终，作者带领的科考队来到了俄罗斯堪察加半岛荒野中的一条河流旁，开始搜寻这自然产生的准晶。而他们的发现，最终也将告诉我们，这种奇妙物质到底是如何产生的，是来自喷发的火山，还是天外的陨石。

本书讲述了作者在探寻准晶过程中的种种经历，以及所遇到的各种奇人奇事，从作者的老师天才物理学家费曼，到唯利是图的苏联官员。作为一位世界一流的科学家，作者分享了自己在科学研究中所体会到的各种趣味和惊喜，以及对壮美的大自然、奇妙的宇宙历史的感受。推荐给所有具有强烈好奇心、喜爱侦探小说的朋友们。

这是一个真正令人惊叹的、曲折的冒险故事。我向所有读者强烈推荐这本书。

罗杰·彭罗斯
诺贝尔物理学奖得主
《皇帝新脑》作者

《第二种不可能》对两项科学胜利展开了史诗般的描述：长达 30 年的理论探索和在堪察加半岛荒野的真实世界探险。读它就像我们同时在读《物种起源》和《小猎犬号航海记》。

弗里曼·戴森
著名理论物理学家
《模式制造者》作者

《第二种不可能》讲述了寻找一种可以改写现实规则的新物质的探索过程，科学探索的趣味性和惊悚小说的惊险感交相呼应。保罗·斯坦哈特是世界知名的理论物理学家之一，在这本书中，他带领读者踏上了一段跨越数十年和足迹遍布多个大陆的奇妙旅程。旅程中，他克服了一切困难，推翻了科学界的正统观念。

布赖恩·格林
著名理论物理学家
弦理论的领军人物之一
《宇宙的琴弦》作者

科学家、走私者和间谍——《第二种不可能》讲述了一个令人兴奋和富有启发性的科学"侦探"故事。它不仅关乎一种新的物质形式，也向读者展示了惊心动魄、精彩纷呈的科学探索历程。

沃尔特·艾萨克森
畅销书《爱因斯坦传》
《史蒂夫·乔布斯传》作者

科学与国际冒险的有趣融合！斯坦哈特带领读者踏上了寻找新事物的狂野之旅……这个故事充满阴谋和冒险，以史诗般的堪察加半岛探险之旅达到高潮。任何一位读者都可以也应该欣赏这部关于科学调查和发现的原创、悬疑、纪实惊悚片。

《出版人周刊》

扣人心弦的科学探索……书中对准晶做了令人钦佩的通俗介绍描述，它事关一种奇怪的原子排列方式，而且似乎与已有的科学定律相矛盾。斯坦哈特无疑是该领域的开创者和一位优秀的科普作家。

《柯克斯书评》

这是一段回忆录，描述了过山车般的冒险历程，其中充满了发现、失望、兴奋和坚持……这本书可以带读者从亲历者的第一视角看历史，它本身的作者就是历史创造者。

《自然》

这本书既讲述了一些物理学常识，又融合了一段奇妙的冒险……斯坦哈特用他特有的文笔讲述了旅程中丰富多彩的角色，我们能从中感受到他对他们深切的喜爱和钦佩。尽管他的兴奋显而易见，但他也很谨慎和有条理，经常提醒自己他可能错了。《第二种不可能》向读者展示了缓慢而坚定的科学探索的方法的好处，而决心和运气与洞察力同样重要。

《科学新闻》

这既是一本科学回忆录，又是一个惊心动魄的真实探险故事！

《今日物理》

一个惊心动魄的冒险故事……一本让我拿起就无法放下的书，它节奏很快，每一章都能带给你真正的惊喜。就世界知名物理学家这个身份而言，斯坦哈特当之无愧。

《物理世界》

为期 30 年的探索

> 📍 堪察加半岛北部，身处荒山野岭
>
> 🕐 2011 年 7 月 22 日

蓝色的庞然大物沿着陡峭的斜坡颠簸而下，我屏住了呼吸。这是我第一次坐这种奇怪的交通工具，它看起来很奇特，底部像俄罗斯军队的坦克，顶部像破旧的货车。

令我感到惊讶的是，我们的司机维克多一路开下山，竟然没有翻车。他踩下刹车，卡车摇晃着停在了河床边。他关掉点火装置，用俄语咕哝了几句。

我们的翻译随后说："维克多说这是一个停车的好地方。"

我朝前窗望去，但无论如何也看不出这地方有什么好的。

我爬出驾驶室，站在巨大的坦克踏板上，以便看得更清楚。这是一个凉爽的夏夜，虽然已接近午夜，但天还亮着，这提醒着我离家有多远。在离北极圈这么近的地方，夏日的夜空永远不会变得很暗。腐烂的植物夹杂着泥土的刺鼻气味弥漫在空气中，这显然是苔原的气味。

我下了坦克踏板，跳进厚厚的松软淤泥中，伸展双腿，突然间遭到了来自四面八方的袭击。无数饥饿的蚊子从淤泥中冒出来，它们是被我呼出的二氧化碳吸引来的。我狂乱地挥动手臂，转来转去地躲避它们，结果无济于事。曾有人就苔原的环境和危险性警告过我。这里有熊、昆虫群、不可预测的风暴、无尽的泥泞和凹凸不平的洼地。而现在，这些不再仅仅是故事，一切变为现实了。

我承认批评我的人是对的。我无权领导这次探险，因为我既不是地质学家，也不是户外运动者。我只是一名理论物理学家，来自普林斯顿。我应该拿着笔记本做一些计算，而不是带领一个由俄罗斯、意大利和美国科学家组成的团队去寻找一种在太空中穿行了数十亿年的稀有矿物，这可能是一次无望的探索。

这一切是怎么发生的呢？我一边反思，一边与越来越多的蚊子群搏斗。其实，我知道答案：这次疯狂的探险是我的主意，是占据我大脑近 30 年的科学梦想。这颗种子是在 20 世纪 80 年代初播下的，当时我和学生发展出一种理论，描述了如何创造长期以来被认为"不可能"的新物质形式，这种新物质的原子排列形式是被权威的科学原理明确排除在外的。

我很早就意识到，每当一个想法因为被认为"不可能"而被摒弃时，其实应该给予更多重视。大多数时候，科学家所说的"不可能"指的是一些真正不可能的事情，比如违反能量守恒定律或创造永动机。追求这些想法从来都没有意义。不过有时候，**一个想法之所以被判断为"不可能"，是基于在某些从未被考虑过的情况下可能会违反的假设，我称之为"第二种不可能"。**

如果一个人可以揭露潜在的假设并找到长期被忽视的漏洞，第二种不可能将会是一座潜在的"金矿"，是科学家获得突破性发现的难得机会，也许是一生唯一的机会。

20 世纪 80 年代初，我和我的学生在一条堪称完善的科学定律中发现了一个漏洞，这个漏洞让我们意识到创造新物质形式的可能性。特别巧合的是，就在我们的理论得到发展的时候，其他实验室偶然发现了这种物质的一个样本。很快，一个新的科学领域便诞生了。

但是有一个问题一直困扰着我：我们为什么没有早早地获得这项发现呢？当然，在我们想象出这些物质形式之前，大自然已经创造出了它们，其历史可能有几千年、几百万年，甚至几十亿年了。我很想知道这种物质在自然界的藏身之处，以及它们可能隐藏的秘密。

我当时并没有意识到这个问题会把我引向堪察加半岛之旅。这是一段几乎长达 30 年、充满冒险故事的旅程，一路上的曲折令人眼花缭乱和不可思议。我们必须克服重重看似不可逾越的障碍，有时感觉有一股看不见的力量在引导着我和我的团队一步一步走向那片奇异的土地。我们的整个勘察过程都是如此的……难以置信。

我们现在的处境是前不着村后不着店，目前取得的一切成果都岌岌可危。成功将取决于我们是否足够幸运，是否有足够的能力克服所有意想不到的障碍，其中一些障碍异常可怕。

第一部分　　让不可能成为可能

The Second
Kind of Impossible

The Extraordinary Quest
for a New Form of Matter

第一部分

让不可能成为可能

不可能

"不可能!"

这句话回响在整个演讲大厅里。此时我刚刚阐述完一种描述新物质的革命性概念,这是我和我的研究生多夫·莱文(Dov Levine)提出的。

加州理工学院的演讲大厅里挤满了来自各个学科的科学家。整场讨论进行得非常顺利,但就在最后一群听众排队走出演讲大厅时,室内传来一阵洪亮而又熟悉的声音,以及那句:"不可能!"我闭着眼睛也能听出那独特、沙哑、带有明显纽约口音的声音。站在我面前的是我的科学偶像——传奇物理学家理查德·费曼(Richard Feynman)。他顶着一头浓密的灰色齐肩长发,穿着他特有的白色衬衫,面露令人放松的顽皮微笑。

费曼因其在量子电动力学方面的开创性研究获得了诺贝尔物理学奖。在科学界,他被认为是 20 世纪最伟大的理论物理学家之一,而在一般公众心中,他可能也会因为查找出了"挑战者号"航空事故的原因，以及所著的两本畅销书《别闹了，费曼先生》和《你好，我是费曼》，而成为公众的偶像。

费曼非常有幽默感，他那精心设计的恶作剧也广为人知。不过，当谈及科学时，费曼就会变得极度坦诚，对他人观点的批判也非常严厉，在科学研讨会上，这样的他会让人觉得很可怕。当他听到自认为不精确或不准确的表述时，就会打断并公开质疑演讲者。

当费曼在演讲开始前走进演讲厅时，我就已经觉察到了他的存在，他像平常一样坐在前排座位上。在整个演讲过程中，我一直用眼角余光打量着他，等待着任何潜在的质疑。但费曼从始至终都未打断过我，也没有提出任何异议。

直到演讲结束后，费曼才站出来质疑我，这样的举措可能会吓坏许多科学家。不过，这不是我们第一次相遇。大约 10 年前，当我还在加州理工学院读本科时，有幸与费曼密切合作过一次，对他只有钦佩和喜爱。费曼的作品、演讲以及他本人对我的指导改变了我的人生。

1970 年，作为大一新生刚进校园时，我打算主修生物学或数学。在高中时，我对物理学不是特别感兴趣，但我知道加州理工学院的所有本科生都必须学习两年这门课程。

很快我便发现，大一的物理学课程非常难，这主要归咎于教科书《费曼物理学讲义》。这本书与其说是传统的教科书，不如说是根据费曼在 20 世纪 60 年代发表的一系列著名的给大一新生开的物理学讲座所编成的精彩文集。

与我看过的其他物理学教科书不同，《费曼物理学讲义》从不费笔墨讲解如何解决问题，课后作业更是令人望而生畏，做起来极具挑战性且耗费时间。不过，这些文章的一个更有价值之处是，我们对费曼思考科学问题的初始方式有了深刻的理解。每一届学生都受益于《费曼物理学讲义》。对于我来说，这些经历绝对是一次启迪。

几个星期后，我觉得自己的大脑得到重塑，思维方式也发生了改变。我开始像物理学家一样思考，并且喜欢上了物理学。像我这一代的许多其他科学家一样，把费曼当作自己的偶像让我非常自豪。我放弃了最初关于生物学和数学的学术计划，决定全力以赴地研究物理学。

我记得在大一的时候，有几次我鼓足勇气在研讨会开始之前向费曼问好，再进一步的动作在当时就是不可想象的了。不过在大三的时候，我和室友不知怎的鼓起勇气敲开了费曼办公室的门，问他是否可以考虑教授一门非正式的课程，每周和我们这样的本科生见一次面，回答我们可能会提出的任何问题。我们告诉他，整个课程将是非正式的，没有作业，没有测试，没有成绩，没有学分。我们知道他是一个反传统的人，对官僚主义没有耐心，我们希望这种没有规则约束的做法能够吸引他。

大约 10 年前，费曼曾开设过类似的课程，但只面向新生，而且每年只开 3 个月。现在，我们请求他做同样的事情，期限为 1 年，并向所有本科生开放，特别是像我们这样更有可能提出更高级问题的高年级学生。我们建议将新课程命名为"物理 X"，和他之前的课程一样，让每个人都知道讲授的不是课本上的内容。

费曼想了一会儿，出乎我们意料地回答道："好的！"于是在接下来的两年里，我和室友以及其他几十名幸运的学生每周都会与费曼一起度过一个有趣而难忘的下午。

"物理 X"课总是从费曼进入演讲厅问有人是否有问题开始。有时候，有人提出的问题是费曼很擅长的方向。可想而知，他对这些问题的回答非常精彩。偶尔也会有人提出费曼以前从未想过的一些问题。我总是觉得这样的时刻特别吸引人，因为我有机会看到他如何第一次思考并努力解决一个问题。

我清楚地记得自己曾问过他一些自认为很有趣的问题，尽管我担心他会认为这些问题无关紧要。"阴影是什么颜色的？"我想知道。

在演讲厅前来回走动了一分钟后，费曼开始兴致勃勃地讨论这个问题。他先讲了阴影中微妙的渐变和变化，然后是光的本质、颜色的感知、月球上的阴影以及地球反照，还有月球的形成，等等。我听得十分入迷。

在我大四的时候，费曼同意在一些研究项目上做我的导师。我因此有机会更近距离地观察他解决问题的方式。每当他对我的期望落空时，我就能感受到他那尖锐、挑剔的言辞。他用"疯狂""疯子""可笑""愚蠢"这样的词来批评我犯的错误。

那些刺耳的话一开始刺痛了我，也使我对自己是否适合学理论物理学产生了怀疑。不过我明显注意到，费曼似乎并没有像我那样将这些批评意见放在心上。他总是会在之后鼓励我尝试不同的方法，并在我取得进步时及时给予鼓励。

费曼教给我的最重要的事情之一是，一些最令人兴奋的科学惊喜就藏在日常现象中，你需要做的就是花时间仔细观察，然后提出一些好问题。费曼还影响了我的信念，即没有理由屈服于那些试图迫使你专攻某一科学领域的外部压力，就像许多科学家所做的那样。费曼通过例子告诉我，我对任何不同领域的探索都是可以接受的，前提是一切都是在好奇心的引导下进行的。

在加州理工学院的最后一个学期，我们之间的一次交流特别令人难忘。当时我正在研究一个用来预测弹力球行为的数学方案，这个方案是我开发的，用的是橡胶材质的超弹性球，这种球在当时特别流行。

这是一个具有挑战性的问题，因为每次弹力球弹跳时都会改变方向。我想尝试通过预测弹力球如何沿着一系列不同角度的表面反弹来增加另一层复杂性。例如，我计算了它从地板弹到桌子下面，再弹到一个斜面，然后弹到墙上的运动轨迹。根据物理学定律，这些看似随机的运动是完全可以预测的。

我给费曼看了我的一个计算结果。根据结果预测，在我扔出弹力球，经过一系列复杂的反弹运动后，它会重新回到我的手中。我把演算纸递给他，他看了一眼我的方程式就说："那不可能！"

"不可能！"我被这句话吓了一跳。这是他第一次对我说这样的话，而不是之前偶尔会听到的"疯狂"或"愚蠢"这样的词。

"你为什么觉得不可能？"我紧张地问。

费曼说出了他的考虑。根据我的公式，如果有人从某个高度使出一定的旋转力道释放弹力球，球将会反弹并歪向一侧，与地板呈小角度跳开。

"这显然是不可能的，保罗。"他说。

我查看了一眼方程式，发现我的预测确实暗示弹力球会以一个小角度弹起。

但是我不确定这一定是"不可能"的，即使这看起来违反直觉。

相比初遇费曼时的我，此时的我有足够的底气来反驳他。"那好吧，"我说，"我以前从未做过这个实验，我们就在你的办公室里试一试吧。"

我从口袋里掏出一个弹力球，费曼看着我以规定的旋转角度把它扔了出去。果不其然，弹力球准确地朝我的方程式预测的方向飞去，以一个较低的角度从地板上滑向一边，这正是费曼认为不可能达到的结果。

刹那间，他意识到了自己的错误。他没有考虑弹力球表面的极端黏性，这决定了旋转如何影响球的轨迹。

"真蠢！"费曼大声说道。他有时也用同样的语调来批评我。

在一起工作了两年后，我终于解开了长期以来的一个疑问："愚蠢"是费曼对每个人（包括他自己）都会使用的一个词，目的是将注意力集中在错误上，以防再犯同样的错误。

我还了解到，费曼所说的"不可能"并不一定意味着"无法实现"或"荒谬"。有时它意味着，"哇！这里有一些惊人的发现，与我们通常所认为的真实事物相矛盾，非常有了解的价值"！

因此，11 年后，当费曼在我的演讲结束后带着戏谑的微笑走近我，开玩笑地宣布我的理论"不可能"时，我很确定地知道他的意思。我的演讲主题是一种被称为"准晶"① 的全新物质形式，这与他所认为的正确原理相冲突。因此，这很有趣，有进一步了解的价值。

费曼走到我刚做过演示的桌子前，指着实验器材要求道："再给我看一遍！"

我扳动开关开始演示，费曼一动不动地站着。他亲眼见到，实验明显违背了最著名的科学原理之一。这是一项非常基本的科学原理，费曼也在自己的讲座上

---

① 准晶指的是一种介于晶体和非晶体之间的固体。准晶具有与晶体相似的长程有序的原子排列，但是不具备晶体的平移对称性。根据晶体局限定理，普通晶体只能具有二重、三重、四重或六重旋转对称性，但是准晶的 X 射线衍射图具有其他的对称性，例如五重对称性或者更高的（如六重以上的）对称性。——译者注

描述过。事实上，在将近200年的时间里，每一位年轻的科学家都学过这一原理……自一位笨手笨脚的法国牧师偶然发现这一原理以来。

— ◐ —

> 📍 法国巴黎
> 🕐 1781 年

一小块方解石样本从勒内 - 尤斯特·阿维（René-Just Haüy）手中滑落，"啪"的一声掉在地板上，他被吓得脸色苍白。然而，当他弯腰收集碎片时，这种不安消失了，取而代之的是好奇。阿维注意到，样本裂开之后露出的表面光滑整齐，不像原始样本表面那样粗糙无规则。他还注意到，较小的碎片切面全部呈现出同样精确的角度。

这虽然不是第一次有人砸开石头，却是历史上罕见的时刻之一，有人从很常见的小事情中发现了一项科学突破，因为此人本能且敏锐地洞察到了刚刚发生的这件事情的意义。

阿维出生在法国一个村庄的贫困家庭。早年时期，当地一所修道院的牧师发现了他的聪明才智，并帮助他接受了高等教育。最终，他加入了天主教神职人员的行列，并在巴黎一所大学教授拉丁语。

在神学生涯开始后，阿维才发现自己的热情在于自然科学。转折点出现在他的一位同事向他介绍植物学的时候。阿维对植物的对称性和特异性非常着迷。尽管植物种类繁多，但他可以根据它们的颜色、形状和质地进行精确的分类。这位38岁的牧师很快便成了这方面的专家，而且经常去巴黎皇家植物园磨炼自己的鉴别能力。

后来，在频繁地参观植物园的过程中，阿维接触到了另一个科学领域，这个领域后来成了他真正的职业。著名的博物学家路易 - 让 - 玛丽·道本顿（Louis-

Jean-Marie Daubenton）应邀做过一次关于矿物的公开讲座，阿维也参与了，并了解到矿物和植物一样，有许多不同的颜色、形状和质地。但是在那个历史时期，矿物研究是一门比植物学更原始的学科，没有人对各种矿物进行过科学分类，也没有人知晓它们之间的联系。

科学家都知道，像石英、盐、金刚石和黄金这类矿物都是由一种纯物质组成的，如果把它们碾成碎片，每一片都是由完全相同的物质组成的。他们也知道许多矿物都会形成多面晶体。

不过与植物不同的是，两种相同类型的矿物可以有完全不同的颜色、形状和质地。这些特征都取决于它们形成的条件及其日后的变化。换句话说，矿物似乎违背了阿维所欣赏的植物学井然有序的分类规则。

这次讲座启发了阿维，于是他去找了一位熟人，住在克鲁瓦塞（Croisset）的富商雅克·德·弗朗斯（Jacques de France），询问是否可以看一下弗朗斯的私人矿物藏品。对于阿维来说，这次造访经历非常快乐，直到方解石样品从他手中滑落，这简直称得上是历史性的一刻。

对于这次小事故造成的破坏，阿维向这位富商道了歉，富商优雅地接受了，并注意到阿维对这些碎片情有独钟，于是慷慨地提出让他带一些回家研究。

回到自己的房间后，阿维拿起一小片不规则的碎片，小心翼翼地劈开它的表面，一点一点地凿开，直到碎片的每个琢面都变得完全光滑、平坦。他注意到这些琢面均为一个小的菱面体（rhombohedron），这是一种将相对简单的立方体推斜至一定的角度所形成的造型（见图 1-1）。

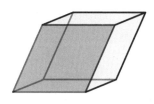

图 1-1　菱面体

阿维随后取了另一块外形粗糙的方解石碎片，重复同样的操作，菱面体又出现了。这一次菱面体的体积稍微大了一些，但是它倾斜的角度和之前的那个完全一样。阿维用剩下的所有不同碎片重复了这个实验。后来，他又针对世界不同地区发现的许多其他方解石样品做了同样的研究，每次都得出了相同的结果：琢面间夹角相同的菱面体。

阿维能想到的最简单的解释是，方解石是由一种基本的"建构模块"（building block）构成的，由于某种未知的原因，建构模块呈菱面体。

随后，阿维将实验扩展到了其他种类的矿物。结果发现，他研究的每一种矿物都可以被切削并还原成具有某种精确几何形状的建构模块，有时是菱面体，就像方解石一样，有时是琢面间夹角不同的菱面体，而有时则是完全不同的形状。阿维与法国博物学家分享了自己的一些发现，并赢得了科学界的广泛认可，这使他能够在接下来的 20 年里继续对矿物进行系统研究，包括在法国大革命期间。

1801 年，阿维的杰作《矿物学概论》（*Traité de Minéralogie*）终于出版，这是一本精美的图册，汇集了他的研究结果，展示了他在收集样品时发现的"晶体对称定律"。

《矿物学概论》一经出版，立即成为经典。这本书确立了阿维在科学界的学术地位以及"现代晶体学之父"的历史地位，使他获得了同僚们的钦佩。阿维的科学贡献如此重要，以至于古斯塔夫·埃菲尔（Gustav Eiffel）将他列入了囊括 72 位法国科学家、工程师和数学家的名单之中，他们的名字被刻在埃菲尔铁塔的第一层。

阿维对矿物的研究具有非凡的意义，他证明矿物是由某种原始的建构模块构成的，他称之为"构成分子"（la molécule intégrante），它们不断重复排列，从而形成矿物。同类矿物由相同的建构模块构成，无论它们来自世界的哪个地方。

几年后，阿维的发现激发了一个更大胆的想法。英国科学家约翰·道尔顿（John Dalton）提出，所有物质，不仅是矿物，都是由不可分割、不可摧毁的一种单元构成的，这种单元就是"原子"。根据这种观点，阿维的原始建构模块对应于一个或多个原子团簇，其类型和空间排列方式决定了矿物的种类。

人们通常认为，古希腊哲学家留基伯和德谟克利特在公元前 5 世纪第一次引入了原子的概念。但是，他们的想法完全是哲学性的，事实上，是道尔顿把原子假说变成了可检验的科学理论。

基于研究气体的经验，道尔顿得出结论：原子是球形的。他还提出，不同类型的原子具有不同的大小。然而，由于原子太小了，无法通过切割矿石或使用19世纪的任何技术观察到，在经历了一个多世纪的激烈辩论和新技术及新型实验的发展以后，原子理论才被完全接受。

尽管这些人都取得了非凡的成就，但无论是阿维还是道尔顿都无法解释阿维最重要的发现之一。无论阿维研究的是哪种矿物，原始的建构模块（即"构成分子"）要么是四面体（见图 1-2a）或三棱柱（见图 1-2b），要么是平行六面体（见图 1-2c），后者包含的类别更广泛，包括阿维最初观察到的菱面体。为什么会这样呢？

a 四面体　　　　　　　b 三棱柱　　　　　　　c 平行六面体

图 1-2　物质的原始建构模块

为了解答这个问题，人们探索了几十年，最终促成了一个新的关键科学领域的诞生，即"晶体学"（crystallography）。基于严格的数学原理，晶体学也对其他科学领域产生了巨大影响，包括物理学、化学、生物学和工程学。

事实证明，晶体学定律具有强大的威力，足以解释当时已知的所有可能的物质形式，并能预测它们的许多物理属性，比如硬度、对加热和冷却的反应，以及导电性和弹性。晶体学成功地解释了与许多不同学科相关的诸多物质的属性，被视为19世纪伟大的科学成就之一。

然而，到了20世纪80年代初，我和学生莱文挑战的正是这些著名的晶体学定律。

我们已经想出了如何构建新的建构模块，这些建构模块可以拼组出曾被认为不可能存在的排列。事实上，我们在简单的基本科学原理中发现了一些新东西，在我的演讲中，正是它们引起了费曼的注意。

为了能够充分理解费曼为何感到惊讶，我认为有必要简要介绍一下作为晶体学基础的 3 个简单原理。

- **第一原理是**，只要有足够的时间让原子和分子有序排列，所有纯物质（如矿物）都会形成晶体。
- **第二原理是**，所有晶体都呈原子的周期性排列，这意味着它们的结构完全由阿维的其中一种原始建构模块构成，即单个原子团簇以等间距在任何方向上不断重复排列。
- **第三原理是**，每一种周期性的原子排列都可以根据其对称性来分类，并且可能的对称类型是有限的。

在这 3 个原理中，虽然第三原理是最不明显的，但我们可以通过日常用到的地砖来说明。想象一下，你想在地板上铺上形状相同、间隔规则的地砖。如图 1-3 所示，数学家称这种图案的合成模式为"周期性平面填充"（periodic tiling）①。在这里，地砖是阿维提出的三维原始建构模块的二维类似物，因为整个模式是由相同单元的重复元素组成的。周期性平面填充常见于厨房、天井、浴室和入口通道的铺设，它通常由 5 种基本形状中的一种构成：矩形、平行四边形、三角形、正方形或六边形。

那么，还有其他可能的基本形状吗？停下来想一想这个问题。你还能用什么基本形状来铺地板？一个规则的五边形怎么样？五边形的边长相等，每个角的大小也相等。

答案可能会让你大吃一惊。根据晶体学第三原理，答案是否定的。五边形不行，其实其他形状都不行。每个二维周期性图案一定都对应下面所示的 5 种基本形状之一。

---

① 平面填充指用一些较小的表面填满较大的表面而不留下任何空隙。在数学上，平面填充可以推及更高的维度，被称为空间填充。——译者注

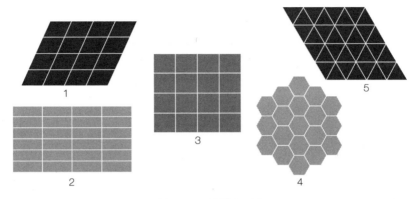

图 1-3　5 种基本形状

你可能会发现有的地板上铺的图案似乎与这 5 种填充模式不大一样。但这只是一个小小的把戏。如果你仔细观察，就会发现地砖总是那 5 种基本形状中的一种。例如，你可以通过用相同的弯曲边替换每个直边来制作看起来更复杂的图案。你还可以切割或分割每片地砖，例如，沿着对角线切割正方形，然后使用其他几何形状将它们重新组合成图案。或者，你可以选择任何一种几何形状或设计，并将其插入每块地砖的正中央。但是，从晶体学家的角度来看，这些都不能改变铺出来的结构照样属于上图 5 种模式之一的事实。因此，不存在其他构成周期性平面填充模式的基本形状。

如果你要求承包商用正五边形铺淋浴间的地板，就是在自找麻烦，因为这会导致出现大量积水并严重损害地板。无论瓦工如何努力将五边形拼在一起，总会留有空隙（见图 1-4），而且空隙会很多！如果你尝试用正七边形、正八边形或正九边形来铺地板，情况也是如此。无法达成周期性填充的形状不胜枚举。

5 种周期性平面填充模式是理解物质基本结构的关键。科学家还根据它们的"旋转对称性"（rotational symmetry）对它们进行了分类，对于一个简单的概念来说，这是一个复杂的名字。旋转对称性即你可以在 360 度内旋转一个物体的次数，以使它看起来与原来的完全一样。

以图 1-5 所示的正方形平面为例。初始平面如图 1-5a 所示，假设你背过身去，你的朋友将正方形平面旋转 45 度，如图 1-5b 所示。当你回头时，你会发现它看起来和原来不一样了，显然朝向变了。所以，这种 45 度的旋转无法使正方形达成旋转对称。

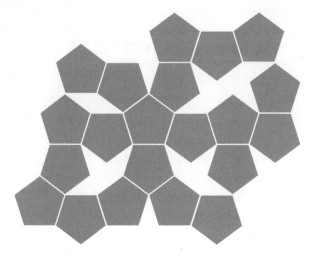

图 1-4　拼在一起的五边形

a 初始平面　　　　b 旋转 45 度（非对称）　　　　c 旋转 90 度（对称）

图 1-5　旋转正方形平面

如果你的朋友将正方形平面旋转 90 度，如图 1-5c 所示，那么你将察觉不到任何变化。正方形平面看起来和原来的一模一样。这种 90 度的旋转就是正方形的旋转对称。事实上，90 度是产生正方形图案对称性的最小旋转角度。任何小于 90 度的旋转都会改变正方形的表观方向。

很明显，做两次 90 度旋转，总共 180 度，也是对称的。做三次 90 度旋转（270 度）和做四次 90 度旋转（360 度）也是如此。由于完成 360 度总共需要做四次 90 度旋转，所以正方形平面具有四重对称性。

假设你的朋友用每行每列个数相等的矩形平面来铺地板，矩形的长边是水平朝向的，如果将矩形平面旋转 90 度，它看起来会有所不同，因为长边变成了垂直朝向的。但是如果将矩形平面旋转 180 度，它看起来就和原来一样。所以，对矩形来说，180 度是实现对称的最小旋转角度。做两次 180 度旋转就是 360 度，所以矩形平面具有二重对称性。

对于平行四边形平面来说，使平面看起来没有发生变化的唯一旋转角度是 180 度。因此，平行四边形平面也具有二重对称性。

根据同样的方法可以得出，等边三角形具有三重对称性，正六边形则具有六重对称性。

还有另一种可能的旋转对称，这种旋转可以通过 5 种模式中的任何一种基本形状实现。举例来说，如果我们让任何一种形状的边缘呈现不规则的锯齿状，唯一能让图案看起来没有发生变化的旋转就是完整的 360 度旋转，这就是一重对称性。

以上列举了所有可能的对称性。一重、二重、三重、四重和六重对称性是二维周期性模式允许的所有旋转对称，这一事实在几千年前就已为人所知。例如，古埃及工匠使用旋转对称创造了美丽的马赛克。不过直到 19 世纪，人们才从数学的严谨角度完全解释清楚了那些通过反复摸索才创造出来的工法。

我们再次回到浴室地板的铺设问题上。地板承包商不能只使用正五边形地砖来铺设周期性图案，因为这会留下明显的间隙并导致出现积水。这充分证明了根据晶体学定律，五重对称性是不可能的。但这不是唯一被禁阻的对称性，被禁阻的还有七重、八重和其他更多重的对称性。

阿维发现，晶体内部原子的排列具有周期性，这就像你家地板上的地砖有规律地重复着一样。推而广之，适用于平面填充的各种限制也适用于三维晶体。只有特定的模式才能在不产生间隙的情况下组合在一起。

尽管如此，三维晶体的填充要比二维平面复杂得多，因为晶体在不同的观察方向上有不同的旋转对称性。这种对称性因观察视角的不同而不同。然而，无论选择什么样的位置，规律性重复的三维结构和周期性晶体唯一可能的对称性是一重、二重、三重、四重或六重，同样的限制也适用于二维平面。无论你选择什么样的视角，五重旋转对称性总是被禁阻的，还有七重、八重和其他更多重的对称性，也是被禁阻的。

从所有可能的视角来看，周期性晶体有多少种不同的对称组合呢？找到答案的过程意味着一场巨大的数学挑战。

这个问题在 1848 年被法国物理学家奥古斯特·布拉维（Auguste Bravais）解决了，他证明存在 14 种截然不同的可能组合。如今，这些可能的组合被称为"布拉维晶格"（Bravais lattice）。

不过，理解晶体对称性的挑战并没有就此结束。后来人们提出了一种更完整的数学分类，这种分类将旋转对称性与更复杂的对称结合了起来，其中包括"镜射"（reflection）、"反转"（inversion）和"滑移"（glide）。加上所有这些额外的可能性，可能的对称性从 14 种增加到了 230 种。不过，在所有这些可能性中，五重对称性在任何方向上都是被禁阻的。

这些发现以非凡的方式将数学之美与自然世界之美结合在一起。所有 230 种可能的三维晶体组合模式的鉴定都是通过纯数学方法完成的。这些模式中的每一种也可以通过切割自然界中的矿石找到。

抽象的数学晶体组合模式和自然界中发现的真实晶体之间存在显著的对应关系，这间接却令人信服地证明了物质是由原子构成的。但是，这些原子到底是如何排列的呢？虽然切削可以揭示建构模块的形状，但这种工法太粗糙，无法确定原子在其中是如何排列的。

1912 年，德国物理学家马克斯·冯·劳厄（Max von Laue）在慕尼黑大学发明了一种能够确定原子结构的精密仪器。他发现，只要用一束 X 射线穿过一小块物质样本，他就可以精确地确定一大块物质隐藏的对称性。

X 射线是一种光波，其波长非常短，因此它们可以轻易地穿过晶体中具有规律间隔的原子列之间的空间通道。劳厄指出，当穿过晶体的 X 射线投射到一张相纸上时，光波会相互干涉，产生一种被称为"X 射线衍射图像"（X-ray diffraction pattern）的针点图像，而且图像的轮廓非常分明。

如果 X 射线沿着旋转对称线穿过晶体，所得到的衍射图像就具有与该旋转对称性完全相同的对称性。用 X 射线沿不同方向照射晶体，可以揭示其原子结构所具有的全部对称性。根据这些信息，人们也可以识别出晶体的布拉维晶格和它的建构模块的形状（见图 1-6）。

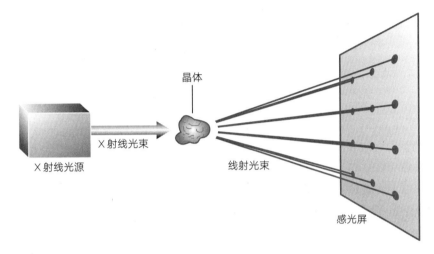

晶体

X 射线光束

X 射线光源

线射光束

感光屏

图 1-6　X 射线衍射的原理

继冯·劳厄的突破性发现后不久，英国物理学家威廉·亨利·布拉格（William Henry Bragg）和威廉·劳伦斯·布拉格（William Lawrence Bragg）父子获得了另一项重大发现。通过控制 X 射线的波长和方向，他们发现精确的衍射图像不仅可以用来重建对称性，还可以用来重建整个晶体的详细原子排列。这些针点被称为"布拉格尖峰"（Bragg's peak）[①]。

这两项突破性的成就立即成为科学家探索物质不可缺少的工具。在随后的几十年里，人们利用这两个工具从世界各地的各种天然和合成材料中获得了成千上万张衍射图像。若干年之后，科学家又用电子、中子或高能辐射代替 X 射线获得了更准确的信息，高能辐射由一束以相对论速度运动的带电粒子束在被称为同

---

① 布拉格尖峰指的是一种高速带正电荷离子在物体中行进时，于即将停止时才将大部能量释放出来的现象。此现象由威廉·亨利·布拉格在 1903 年发现。——译者注

步加速器的强大粒子加速器中透过磁铁弯曲成一定角度产生。但是无论用什么方法，建构模块的旋转对称性都遵守阿维和布拉维最初提出的对称规则。

基于数学推理，再加上实验经验的积累，这些规则在科学家的头脑中变得根深蒂固。他们认定，物质只具有大家长期以来习以为常的其中一种对称性，没有别的可能。在 200 多年的时间里，人们一直认为五重对称性是被禁阻的。

— ◖◗ —

> 📍 帕萨迪纳
> 🕐 1985 年

此时，我正站在理查德·费曼面前解释这些长期以来被认为确凿无疑的规则是错误的。

晶体并不是唯一具有有序原子排列和精确衍射图像的物质形式，除此之外还有一个广阔的新世界，其中的物质有一套自己的规则，我们称之为准晶。

我们选择准晶这个名字是为了突显这种新物质与普通晶体之间的区别。这两种物质都由在整个结构中重复出现的原子团组成。

晶体中的原子团以规律的间隔重复，就像 5 种已知的周期性平面填充模式一样。然而，在准晶中，不同的原子团以不同的间隔重复出现。我们的灵感来自一种被称为彭罗斯平面填充（Penrose tiling）的二维模式，这是一种不同寻常的模式，包含两种不同类型的图形，以两种互不相称的间隔重复排列。数学家称这种模式为"准周期"（quasiperiodic）。因此，我们将自己的理论发现简称为"准周期晶体"或"准晶"。

为了证明自己的观点，我为费曼做了一次演示，使用的工具是一束激光和一张带有准周期模式照片的幻灯片。按照费曼的指示，我打开激光器，瞄准光束，让它穿过幻灯片，投射到远处的墙壁上。激光产生了与 X 射线穿过原子间通道相同的效果：它制造出了一幅衍射图像（见图 1-7）。

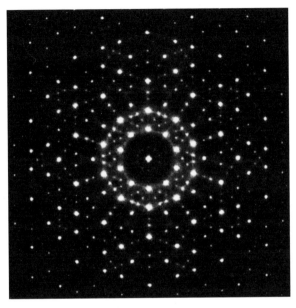

图 1-7　衍射图像

我关掉了头顶上的灯，这样费曼就可以清楚地看到墙壁上针点图案的标志性雪花①状。这种图像不同于他见过的任何一种衍射图像。

正如我在讲座中所做的那样，我向他指出，最亮的光点形成了 10 个同心的圆环。这是一项前所未有的发现。人们还可以看到形成五边形的针点群，这是一种被认为在自然界中绝对不可能存在的对称性。如果你仔细观察，还会发现针点之间有更多的针点。而这些针点之间又是点中有点。它们看起来在不断地重复，直到填满无限的空间。

费曼要求再仔细地看看幻灯片。于是我重新打开灯，把幻灯片从架上取下来，递给了他。幻灯片上的图像缩得很小，很难观摩其中的细节，所以我递给他一张放大的平面填充图案，他把它放在激光前面的桌子上。

---

① 雪花是一种晶体，在晶体微观结构中，五重对称性是被禁阻的，而准晶中五重对称性是被允许的，所以这里特别地提到以雪花与准晶做对比。——译者注

在接下来的几分钟里，我们都没有说话。我开始觉得自己又像个学生了，等待费曼对我最近提出的愚蠢想法做出反应。他盯着桌子上的放大版图案，将幻灯片重新插入支架，并打开了激光器。他在桌子上的放大版图案和激光打在墙壁上的图案之间来回扫视……

"不可能！"费曼终于说道。我点头示意并微笑着，因为我知道这是他最高的赞扬方式之一。

他抬头看着墙壁，摇着头："绝对不可能！这是我见过的最神奇的事情之一。"

后来，费曼再没说一句话，脸上展露出一个大大的、顽皮的微笑。

02
彭罗斯难题

📍 宾夕法尼亚州费城

🕐 1981 年 10 月

在我那次见到费曼的 4 年前，没有人听说过准晶，包括我在内。

我刚加入宾夕法尼亚大学物理学系时，被邀请去物理学讨论会上发表演讲，这是全系师生都会参加的讲座，每周举办一次。宾夕法尼亚大学根据我在哈佛大学基本粒子物理学方面的研究成果，招聘我为教员，而我在哈佛大学的研究成果与理解物质的基本成分及其相互作用力有关。老师们对我最近的研究也很感兴趣。当时我和自己的第一个研究生安迪·阿尔布雷克特（Andy Albrecht）正致力于宇宙如何形成的理论研究，这些新理论将有助于为我们现在所知的宇宙膨胀理论[①]奠定基础。

[①] 宇宙膨胀理论指的是宇宙学中对所有星云都在彼此远离，而且离得越远，远离的速度越快这样一个天文观测结果的解释，该理论认为整个宇宙正在不断膨胀，星系彼此之间的分离运动也是膨胀的一部分，而不是由任何斥力作用所致的。——译者注

不过在讲座上，我决定不谈这项研究。相反，我选择了一个几乎没有人知道我一直在做的项目，它的重要性尚不清楚。令我没有想到的是，这个讲座引起了一名年轻研究生的共鸣，更没有想到它很快促成了一段富有成效的合作关系和一种新物质形式的发现。

我的演讲主要谈论了一个项目，我们研究这个项目有一年半了，成员有哈佛大学理论物理学家戴维·尼尔森（David Nelson）和就职于纽约州约克镇高地的IBM托马斯·沃森研究中心（Thomas J. Watson Research Center）的博士后马尔科·龙凯蒂（Marco Ronchetti）。

这个项目的主题是研究当液体快速冷却和凝固时，液体中的原子将如何重新排列。科学家都知道，当液体非常缓慢地凝固时，其原子往往会从液体的随机排列重新配置为晶体的有序、周期性排列，就像水冻结成冰一样。

在最纯粹的情况下，即所有的原子都是相同的，并在原子之间简单的作用力下相互作用，原子的排列方式是堆叠在一起，就像水果摊上陈列的橙子一样。这种结构被称为面心立方晶格（face-centered cubic），与立方体具有相同的对称性，而且也符合所有已知的晶体学规则。

我们三个人想要研究的是，如果液体冷却得非常快，甚至在原子有机会重新排列成完美的晶体之前就凝固了，会发生什么。当时普遍的科学假设是，原子排列将如同液态的快照。换句话说，原子排列将是完全随机的，没有可辨别的顺序。

尼尔森和他的学生约翰·托纳（John Toner）推测可能会有更微妙的事情发生。快速凝固会导致随机性和有序性的混合。他们推测，原子将被随机放置在空间中，但这些原子之间的键结可能会沿着立方体的边缘排列。那么原子的排列规则将介于有序和无序之间。他们称这种特殊的排列规则为"立方相"（cubatic phase）。

为了理解这个假设的意义，我们必须先了解一些基本知识。物质的物理属性及其应用方式关键取决于它们的原子和分子的结构。以石墨和金刚石这两种晶体为例。基于它们的物理属性，我们很难想象这两者之间有什么共同之处。石墨柔软、光滑、不透明，具有黑色金属般的外观。金刚石超硬、透明且有光泽。然而，两者都是由类型完全相同的原子构成的，都是由100%的碳原子构成的。这两种物质的唯一区别在于碳原子的排列方式（见图 2-1）。

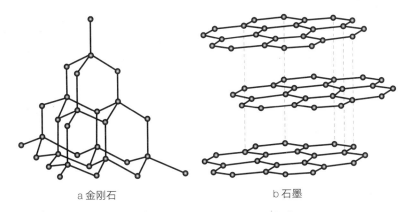

a 金刚石   b 石墨

图 2-1 两种物质的碳原子排列方式

在金刚石中，每个碳原子都与另外 4 个碳原子结合成一个相互连接的三维网络。而在石墨中，每个碳原子在二维薄片中只与另外 3 个碳原子相连，碳片一张接一张地堆叠在一起，就像一叠纸一样。

金刚石中由碳原子连接形成的网络很坚固，很难被破坏。而碳片很容易像纸张一样相互滑开，这就是金刚石比石墨坚固得多的基本原因。这种差异直接影响了它们的实际应用。金刚石是已知最坚硬的材料之一，可以用于制造钻头。石墨非常软，可以用来做铅笔，铅笔在纸上移动时，碳片会随之剥落。

这个例子说明，知道一种材料中原子排列的对称性，就有可能理解并预测出其属性，并找到最有效的用途。这同样适用于快速冷却的固体，科学家称之为玻璃态或非晶态。它们是除了缓慢冷却的晶体以外另一种有价值的物质，因为它们具有不同的电子、导热性、弹性和振动特性。例如，缓慢冷却的晶体硅被广泛应用于整个电子工业，而非晶硅不比缓慢冷却的硅材质坚硬，这使得它们在某些类型的太阳能电池中具有应用优势。

尼尔森、龙凯蒂和我想研究的问题是，一些快速冷却的固体的原子排列是否具有一种微妙的有序性，这种有序性以前从未被发现过，它们可能具有额外的优点和用途。

几年来，我一直致力于开发模拟液体快速冷却的方法。在本科阶段和博士后阶段的暑假，我受邀在耶鲁大学和 IBM 托马斯·沃森研究中心从事理论计算机模型的研究。虽然当时我的主要科学兴趣在别处，但我充分把握住了暑期的研究机会，因为非晶态这样的基本物质的原子排列在当时还不为人所知，所以我对此很感兴趣。在这一问题上，我有意遵循了从导师理查德·费曼那里得到的启示：明智的做法是跟随你的内心，寻找好的研究问题，无论它们可能会将你引向哪里，即使不是你认为应该去的方向。

1973 年，在加州理工学院升入大四的那个夏天，我开发了第一个由计算机运算生成的玻璃与非晶硅的连续无规网络（continuous random network, CRN）。该模型被广泛用于预测这些材料的结构和电子性质。随后的几年里，在与龙凯蒂一起工作时，我开发了更复杂的程序来模拟液体的快速冷却和凝固过程。

1980 年，在哈佛大学与尼尔森的一次偶然谈话给了我研究非晶态物质的新目标。我的计算模型可以用来检验尼尔森和托纳对立方状物质的预测。

在向宾夕法尼亚大学的听众解释了所有的背景历史之后，我的演讲进入了高潮部分：如果关于立方相的猜想是正确的，那么我这套新计算模型所呈现的原子键就不应该是随机定向的。平均而言，键应该倾向于"立方定向"（cubic orientation），也就是优先沿着立方体的边缘排列。

我们为实验开发了一系列复杂的数学测试，以检查键的平均定向是否显示出预期的立方体对称性，我们也根据立方排列的强度设定了数值计分。

结果这项实验彻底失败了。我们没有发现尼尔森和托纳所预测的立方体边缘的键优先排列的任何迹象。

不过令人感到意外的是，我们发现了更有趣的东西。在设计定量的数学测试来检查具有立方体对称性的原子键的定向时，我们发现很容易通过调整测试来检查其他可能的旋转对称性。因此，基于原子键沿着不同方向的排列程度，我们基于测试来给每一种对称性打分。

令我们感到非常惊讶的是，一种被禁阻的对称性的得分比其他对称性的得分高得多，即不可能的二十面体对称性（见图 2-2a）。

我知道当时有些听众可能很熟悉二十面体，因为这个三维形状在流行游戏

《龙与地下城》（*Dungeons and Dragons*）中被用作骰子（见图 2-2b）。有些人可能会从生物学的角度认出它，某些人类病毒的形状就与此相同。喜欢几何学的人会认为它是 5 种柏拉图多面体中的一种。这种三维结构中每个面的大小都是相同的，每个边的长度以及每个角的角度也都是相同的。

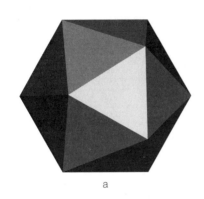

a

b

图 2-2　二十面体

三维二十面体的显著特征是，从任何一个角直接向下看，都可以观察到具有五重对称性的五边形。这种五重对称性对于二维平面填充或三维晶体来说都是被禁阻的。

当然，单独一块正五边形地砖没有任何问题，你可以先选择任何形状的地砖，但是如果你想用正五边形铺设地板而不留下任何缝隙，那是不可能的。这同样适用于二十面体。你可以制造单个二十面体的三维模具，但不能用二十面体填充空间而不留下缝隙（见图 2-3）。

研究物质结构的科学家都熟知，二十面体的角很多，而且每个角都具有禁阻的五重对称性，这是原子排列中最显著的禁阻对称。这是一种基本常识，教科书的开篇一般都会提到。然而，不知何故，在我们的计算机实验中，二十面体对称性在原子键排列方面获得了最高分。

严格来说，我们的测试结果并没有直接违反晶体学定律。这些定律只适用于包含数万个或更多原子的宏观物质块，而对于更小的原子团，正如我们在模拟中所研究的，没有绝对的限制。

图 2-3　二十面体填充

　　在这种极端情况下，比如一个只有 13 个相同原子的小原子团，其原子间的作用力会自然而然地将原子牵动成二十面体的排列，即一个原子位于二十面体的中心，周围的 12 个原子位于二十面体的角上。这是因为原子间的作用力像弹簧一样，倾向于将原子拉在一起，紧密地对称排列。13 个原子之所以形成二十面体，是因为这是原子间作用力所能实现的最紧密的对称结构。然而，随着越来越多的原子加入，二十面体对称将不再那么紧密。如图 2-3 中的《龙与地下城》骰子所示，二十面体不能面对面、边对边或以任何不在它们之间留下大间隙的方式整齐地拼合在一起。

　　我们的计算有一个令人惊讶的发现，在模拟情景中，原子键定向呈现出的二十面体对称性几乎一直扩展到数千个原子。如果你问当时的大多数专家，他们会猜测二十面体对称性不可能扩展到超过 50 个原子。然而我们的模拟显示，即使以大量原子进行平均，这些原子键定向之间仍然高度保持着二十面体对称性。然而，晶体学定律规定二十面体的对称性不能无限延伸。果然，当我们继续对更多原子进行平均时，对称性分数开始下降，最终达到不再具有统计学意义的水平。即便如此，发现数千个原子高度沿着二十面体的边缘键结，仍然是一件了不起的事情。

我在演讲中提醒听众，这次模拟中自发呈现的二十面体有序性只来自一种原子。而大多数材料包含了尺寸和键结力各异的不同元素。我提出了一种假设，随着不同元素数量的增加，违反已知的晶体学定律可能会变得更容易，因此二十面体的对称性可以延伸到越来越多的原子上。

我认为，也许存在对称性无限延伸的情况。这无异于一场革命，因为这种情况直接违反了一个多世纪前阿维和布拉维提出的定律。这是我第一次在公共场合提出这个不可能的猜测，并以此充满挑衅意味地结束演讲。

台下响起了热烈的掌声。几个教员问了我一些细节性的问题。后来我也收到了很多夸赞，但就是没有人评论我关于违反晶体学定律的猜测，也许在他们看来，这只不过是一种浮华的学术花絮。

不过，观众中有一个人将这个想法放进了心里，并准备以后投身于这项研究。在我演讲后的第二天，一位名叫多夫·莱文的24岁物理学研究生来到我的办公室，问我是否愿意做他的博士生导师。莱文对我提出的这个疯狂的猜想特别感兴趣，想和我一起来研究。

我最初的回应并不是很热烈。"这个想法太疯狂了。"我告诉他。我绝不会向研究生推荐这种课题。我甚至不确定会不会把它推荐给像我这样没拿到终身教职的教授。对于从哪个方面开始研究，我只有一个模糊的概念，而且成功的机会微乎其微。虽然我滔滔不绝地说了一堆令人沮丧的话，但这并没有吓退他。莱文强调说，无论可能性有多渺茫，他都想试一试。

我请莱文告诉我更多关于他自己的情况，他说他在纽约出生和长大。这一点最明显不过了，因为他说话的节奏很快，极度自信，喜欢讽刺且充满幽默感。莱文大概三句话中就有一个笑话或其他不正经的词，而且其脸上总是挂着戏谑的笑容。

我没有向他透露过多，因为我想知道他为什么认为我们应该追求这个疯狂的想法。他是一个意志坚定的人，不容易被说服。我想，这就是一个人在面对高风险问题时应该有的态度。良好的幽默感也会派上用场，因为我们可能会遇到很多困难。

还有一件事让我对莱文充满好感。我有一个梦想，它可以追溯到我 13 岁的时候，当时我读了库尔特·冯内古特（Kurt Vonnegut）的小说《猫的摇篮》（Cat's Cradle），这本小说描写的是科学可能遭到滥用的情景。这本奇怪的小说启迪了一位初出茅庐的科学家。在书中，冯内古特想象了一种新形式的冷冻水，叫作"冰九"①。当冰九的种晶（seed crystal）与普通水接触时，会让所有的 H_2O 分子重新排列变成固体。如果把一粒种晶扔进海洋，就可能会引发连锁反应，使地球上所有的水都凝固。

虽然冰九是一种虚构的物质，但这部小说让我意识到一个以前从未考虑过的科学事实，那就是物质的属性可以通过简单地重新排列原子而发生根本性的改变。

我想，也许，仅仅是也许，还存在其他形式的物质，它们的原子排列还没有被科学家发现，也有可能它们在这颗星球上根本就没有出现过。

虽然莱文不知晓我的这些想法，但他让我拥有了一个机会，去追寻自己长久以来的科学梦想。我同意收他为学生，但如果 6 个月后我们没有取得任何进展，他可能不得不寻找新的导师和课题。

首先我们想确定的是在二十面体对称的紧密排列中所能放置的最大原子数。为了使我们正在做的事情具象一些，我和莱文（见图 2-4）需要构建某种实体模型。但是在这一步，我们就遇到了障碍。化学家在构建这样的模型时，可以使用市场上买到的包含塑料球和塑料棒的工具包，这些工具确实很好用，但问题是所研究的东西仍然呈现普通的晶状排列。

我和莱文想做一些不同的事情。我们需要一些特殊的工具，这些工具能够产生适合二十面体对称性的键角和键距。因为晶体中不可能存在这种对称性，所以常用的化学工具包里没有这样的东西。每个人，包括模型制作者，都知道五重对称性是被禁阻的。所以我们不得不随机应变，最后求助于泡沫塑料球和管道清洁通条。不久之后，我的办公室看起来像混乱失控的工艺品被盗现场。

---

① 这本小说中描述的冰九是水的一种固体形态，在 140 K 的温度以下、200 MPa 到 400 MPa 的压强之间稳定存在。——译者注

图 2-4　莱文的照片

　　首先，我们将 13 个泡沫塑料球组装成二十面体的形状，就像我在宾夕法尼亚大学的讲座中描述的那样，一个球在二十面体的中间，另外 12 个球在二十面体的各个顶角（见图 2-5）。

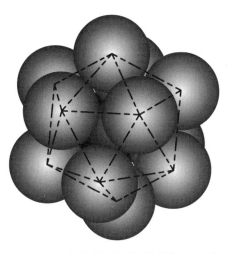

图 2-5　13 个泡沫塑料球组装成的二十面体

然后，我们尝试用另外 12 个相同的二十面体包围第一个二十面体，构建一个更大、更复杂的结构——一个由"二十面体组成的二十面体"。然而，这产生了一个很直接的问题。二十面体不能很好地组合在一起，它们之间留有很大的空隙。因此，我们试图通过添加更多的泡沫塑料球和更多的管道清洁通条来填充二十面体之间的所有空隙，以巩固这一结构。这种方法非常有效，足以让我们建立一个大团簇，一个包含超过 200 个原子的二十面体。

接着，我们试图扩大战果，这一次我们用 13 个相同的大团簇来构建一个更大的团簇。然而结果是，这些大团簇之间的空隙变得更大了，这个模型因此不断瓦解。

这个简单的工艺品项目似乎说明，在创造具有二十面体对称性的原子结构时，存在一个基本限制。因为二十面体不能贴合地组合在一起，所以随着更多原子的加入，需要填充的空隙就会变得越来越大。根据这一经验，我们推断，不可能将二十面体对称性扩展到几百个或几千个原子以外。

我和莱文错误地认为，从一个团簇到多个团簇的分层构建策略是保持二十面体对称性的唯一方法。直到今天，我的办公室里还放着一个管道清洁通条模型，以此提醒我，我们差一点儿就得出错误的结论。

正当我们考虑发表一篇论文来解释关于二十面体对称不可能的结论时，莱文恰好给我看了《科学美国人》(*Scientific American*) 杂志上的一篇文章，里面讲到一个 4 岁的小孩都懂得彭罗斯平面填充，这才将我们从歧途中拉回来。彭罗斯？我当然知道这个名字，不过他跟任何物质形式或几何平面填充毫不相关。

牛津大学物理学家罗杰·彭罗斯 (Roger Penrose) 因为对广义相对论的研究，以及将其应用于理解宇宙的演化而做出的诸多贡献闻名于世，他现已被封为爵士。20 世纪 60 年代，彭罗斯证明了一系列有影响力的"奇点"理论，这些理论表明，在各种条件下，当前正在膨胀的宇宙一定诞生于"大爆炸"。60 多年后的今天，包括我在内的一些宇宙学家正在想方设法地避开这些初始条件，以免得出"大爆炸"的结论，并用"大反弹"(big bounce) 取而代之。

幸运的是，莱文之所以知道彭罗斯平面填充，是因为他最初打算来宾夕法尼亚大学研究广义相对论。1980 年 12 月，也就是他来听我演讲的前一年，他曾在一次国际会议上听到彭罗斯谈论自己构建的一种平面填充图案。

—— ◐ ——

> **⊙** 马里兰州巴尔的摩
> **🕐** 1980 年

莱文当时参加了在巴尔的摩市举办的"第十届得克萨斯州相对论天体物理学研讨会"。对于一场大会来说,这个名字显得很奇怪,因为巴尔的摩市离得克萨斯州有 1 600 多千米远。之所以取这个名字,是为了遵循一个不成文的惯例。得克萨斯州是第一次相对论天体物理学研讨会的所在地,因此以后的每次会议都会保留原来的名称,即使会议在瑞士日内瓦举行。

在研讨会的中场休息时段,莱文在大厅里散步,碰巧听到彭罗斯在和一群学生谈论他自己的一些新研究成果。想到这或许与广义相对论有关,所以莱文悄悄地走近,旁听了谈话内容。

令莱文感到惊讶的是,彭罗斯讨论的不是广义相对论,而是他几年前为了自娱自乐构建的一种新奇的平面填充图案。这个图案基本上是他在涂鸦过程中构建的。彭罗斯在笔记本上随手画了几个图形和组合图形的草图,直到他画出了一种可以解决著名数学难题的平面填充。彭罗斯不但是一位有着无限好奇心的创作天才,还是一位非常有才华的艺术家,他能徒手画出精确的图形。在整个职业生涯中,彭罗斯在研讨会上经常通过复杂的手绘插图来阐明非常专业的观点。

将构建新型的平面填充作为一种娱乐方式似乎很奇怪。不过,对于彭罗斯来说,这是一种"娱乐数学"式的练习,一种以探索某些知名数学难题和挑战为乐的消遣。热衷此道者不仅有纯粹的业余爱好者,也有著名的数学家,从年轻人到老年人都有。

当时娱乐数学的代表人物是马丁·加德纳(Martin Gardener),他连续 25

年在《科学美国人》杂志上每月撰写一篇题为"数学游戏"的专栏文章。

莱文带给我的文章是加德纳于 1977 年发表在《科学美国人》上关于彭罗斯平面填充的文章，发表日期大约在彭罗斯构建出平面填充 3 年之后。这篇文章介绍了彭罗斯是如何找到一个巧妙的方案来解决一道难题的，关于这道难题，娱乐数学家已经讨论了很多年：那就是有没有可能找到一组地砖，可以不留缝隙地铺满地板，而且只能以非周期性的方式来铺？

例如，如果三角形以螺旋形排列，它们就可以呈非周期性地覆盖地板（见图 2-6a）。但三角形也可以形成周期性的图案（见图 2-6b），所以三角形不是解决这个难题的有效方法。

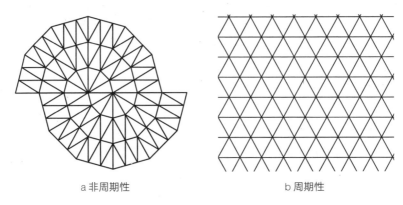

a 非周期性　　　　　　　　b 周期性

图 2-6　三角形的两种排列方式

数学家曾经认为不可能找到任何能够解决这道难题的形状或形状组合。但在 1964 年，数学家罗伯特·伯杰（Robert Berger）构建了一个由 20 426 种不同形状填充的图案。多年以后，有人设法找到了使用更少形状填充的图案。1974 年，彭罗斯取得了重大突破，他只用两种填充形状就解决了这道难题，他称之为"风筝"和"箭头"（见图 2-7）。每个填充形状都标有圆弧——被称为"丝带"。彭罗斯提出了一条规则，即只有当接缝边缘两侧的丝带匹配时，两个图形才能边对边地连接在一起。遵循这一"匹配规则"可以防止图形出现任何规律性的重复模式。图 2-7 显示了由许多风筝和箭头按照彭罗斯的匹配规则拼在一起形成的复杂带状图案。

图 2-7 由风筝和箭头填充形成的复杂带状图案

加德纳的文章描述了彭罗斯提出的平面填充具有的许多令人惊讶的特征，也提到彭罗斯的朋友、剑桥大学数学家约翰·康韦（John Conway）随后发现的其他特征。

康韦在数论、群论、纽结论、博弈论和其他基础数学领域做出了无数贡献。例如，康韦发明了"生命游戏"（Game of Life），这是一个著名的抽象数学模型，被称为"细胞自动机"（cellular machine），它能模拟自我复制机器和生物进化的各个方面。

当彭罗斯向康韦介绍新发现的平面填充时，康韦欣喜若狂。随后康韦立即剪下纸片和纸板，把它们拼在一起，并在他公寓的所有桌子和表面上贴满剪下的形状，以便研究它们的特征。加德纳在《科学美国人》上发表的文章也阐述了康韦提出的许多有价值的见解，这些见解帮助我和莱文领悟了彭罗斯平面填充的某些初看之下并不明显的特征。

这篇文章使我们了解到，在填充平面时，图形的精确形状并不重要，只要它们能够以类似于风筝和箭头的方式组合在一起即可。基于这个结论，我和莱文构建出了一个更简单的版本，这种平面填充由一对宽菱形和窄菱形构建而成，图 2-8a 就是由四边形构建的平面填充。

我们可以将宽菱形排列成周期性的图案，或者将窄菱形排列成周期性的图案，抑或将两种形状的许多不同组合排列成其他各种周期性的图案。

不过，菱形并不是故事的全部。为了排除所有周期性的可能性，形成一种非周期性的排列，有必要引入某种匹配规则。其中一种方法是，使用类似彭罗斯为风筝和箭头设计的丝带，并规定只有当丝带沿着它们相遇的边缘匹配时，两块图形才能连接在一起。

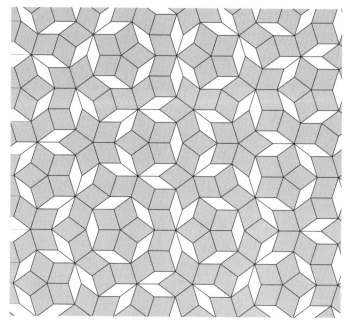

a

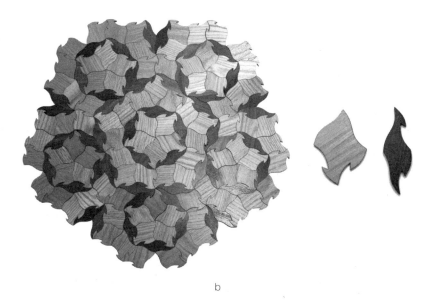

b

图 2-8　两种不同的平面填充

另一种防止出现一般周期性图案的方法是，将它们的直边转换成类似于拼图互锁的曲线和凹口，如图 2-8b 中的示例，该示例由单独的木块构成。就单元的排列而言，这幅用木块构造的平面填充相当于图 2-8a 中灰色和白色菱形构成的平面填充。唯一的区别是木块上增加了互锁装置。有了互锁装置，这些木块就能像拼图一样组合在一起，这也意味着它们无法以任何有规律的重复模式组合在一起。

如果这是你第一次看到彭罗斯平面填充，请花点儿时间研究一下。你对它的第一印象怎么样？你会如何描述它？你看到的是有序的还是无序的模式？如果你认为图形按照一种有序的规则排列，那么下一个图形应该排列在何处？

看着灰色宽菱形和白色窄菱形组成的平面填充，我和莱文注意到某些重复的图案，比如围绕中心点的 5 个灰色菱形构成的灰色星形集群，这种组合模式并非随处可见。我们也注意到，这些集群并没有像我们对周期性图案预测的那样，以等间距的模式重复出现。重复序列之间的间隔也不像随机模式那样是随意的。

通过比较星形集群周围的图案结构，我们观察到并非所有的星形周围都有相同的图案结构。当我们将注意力移到更外一层的图案组合时，我们发现了更多差异。研究一下图 2-8，你就会注意到那些不同之处。事实上，如果你从星形中心往外观察得足够远，就会发现没有哪两个星形周围的图案是完全相同的。

这一发现至关重要，因为这与我和莱文在周期性模式中的发现正好相反。在一幅正方形平面填充中，无论你的视角离平面填充的中心有多远，正方形平面填充中的每个图形都与其他图形有着完全相同的周围环境。

根据这个简单的观察，我们证实了彭罗斯模式不可能是周期性的。然而，由几乎相同且在平面填充中频繁重复的集群组成的图案也不能被认为是随机的。这就引出了一个问题：什么样的模式既是非周期性的也是非随机性的呢？

这个问题虽然没有现成的答案，但确实引起了我的兴趣。在彭罗斯于 1974 年发明彭罗斯平面填充之前，没有人见过类似的图案。甚至彭罗斯本人也没能完全领悟自己的发明。在他的原始论文中，彭罗斯将这种平面填充描述为"非周期性的"，这精确地定义了彭罗斯平面填充不是什么。它不是周期性的。但是，这并没有说明彭罗斯平面填充实际上是什么。这是我和莱文想知道的关键问题。

在开始研究彭罗斯平面填充时，我们想象可以用一对建构模块来建造一个类似的三维造型，然后通过用某种类型的原子或原子团簇替换每个建构模块来构建一种原子结构，以实现我们发现一种新型物质的梦想。

不过，为了证明这种新的原子结构确实是前所未有的，并弄清楚它与众不同的物理性质，我们首先需要确定它的对称性。仅仅将此物质描述为非周期性或非随机性是不够的。因此，在接下来的几个月里，我们专注于彭罗斯平面填充，看能否发现关于其对称性方面的数学秘密。

我和莱文发现彭罗斯平面填充的第一个显著特征是，它们有一种微妙的五重旋转对称性，当然，这被认为是不可能的。

若想看到彭罗斯平面填充中的五重旋转对称性，我们还需要一些努力。图2-9放大显示了由灰色宽菱形和白色窄菱形组成的平面填充。

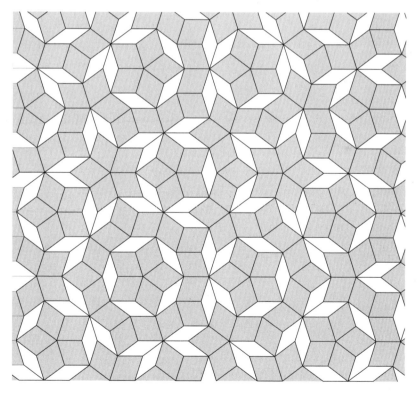

图2-9 由宽菱形和窄菱形组成的平面填充

如果你花点儿时间研究一下任何一个星形集群周围的图案组合，就会发现这种排列非常复杂。假设将它旋转 1/5 圈，即 72 度，它的排列看起来还与原来的一样吗？

如果你做了这个实验，就会发现答案是"视情况而定"。对于一些星形集群来说，答案是"不一样"，这时你可以忽略它们，选择另外一个星形集群，继续实验，直到找到"一样"的星形集群。实际上，用不了多久你就能找到。

接下来将星形集群周围的第二层也加进来重复这个过程，将其也旋转 72 度，也就是 1/5 圈，此时，这个更大的图案是否与原来的一模一样？

你会再一次发现，在一些情况下，答案是"不一样"。所以，你同样忽略这些，继续实验，直到找到一个"一样"的更罕见的星形集群。现在，将第三层也加进来，再次重复这个过程，以此类推。

随着你纳入实验的图案层级越多，排除掉的星形集群也将越多。不过你也会发现，总有一些星形集群保持着五重对称性。这一过程虽然比检验周期性平面填充的对称性所需的过程烦琐得多，但仍足以证明彭罗斯平面填充具有五重对称性。

一个更复杂的数学分析表明，从技术上来讲，彭罗斯平面填充不仅具有五重对称性，实际上还具有十重对称性。不过对于我和莱文来说，平面填充具有五重对称性还是十重对称性并没有什么区别。不管怎样，根据平面填充的数学原理和晶体学的既定定律，这两种对称性都是被严格禁阻的。

这意味着晶体学定律肯定存在错误的假设，而且 200 多年来都没有人发现。"肯定出现了某种漏洞。"意识到这一事实，我和莱文激动不已。我们一定要找到这个漏洞。

我们已经知道了匹配规则，这种神秘的互锁机制阻止了平面填充以任何一种周期性模式组合在一起。匹配规则意味着这些形状只能以被禁阻的五重对称模式组合在一起。

根据我们的塑料球－棒模型，我和莱文开始构建由建构模块组成的类似的三维结构，每个建构模块代表一个或多个原子。在我们的模型中，我们将彭罗斯的互锁结构替换为原子键，并将三维建构模块所代表的原子与另一个原子连接起来。这样，原子自然会被阻止凝聚成任何具有规则的周期性模式的晶体，而是被迫形成我们所寻求的具有二十面体对称性的新型物质。

我对这种思路尤为感兴趣，因为它一下子令人想起了冯内古特想象出来的冰九，水分子的新型排列方式使得这种物质比普通的晶状冰更稳定。如果我们能够找到梦寐以求的新物质，它的属性可能会非常稳定，比普通的晶体还要坚硬。但是它的匹配规则会有什么样的规律呢？

有一个线索可供参考，彭罗斯平面填充遵循一种叫作"收缩规则"的规律。也就是说，彭罗斯平面填充中的每个宽菱形和窄菱形都可以被细分成更小的碎片，从而创建另一个彭罗斯平面填充。在图 2-10 中，原来的填充图形用实线标明，虚线表示每个宽菱形和窄菱形的细分或收缩规则。如右图所示，由虚线分切的图形组成了一个新的彭罗斯平面填充，其中的平面填充数比原来的多了很多。

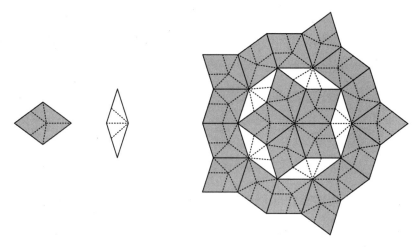

图 2-10　新的彭罗斯平面填充

从一小组平面填充开始，反复收缩就可以产生由更多细小的填充图形组成的彭罗斯平面填充。相反的过程也是如此，即用更大的平面填充替换更小的一组，这被称为"膨胀规则"。收缩规则和膨胀规则证明彭罗斯平面填充有某种可预测的层级结构。

我和莱文都确信，五重对称性、匹配规则和收缩 - 膨胀规则合在一起便是一种确凿的证据，证明彭罗斯平面填充的排列是以某种新颖、深奥的方式排列的。但到底是哪种排列呢？

这个问题真是令人沮丧。如果我们能够回答这个问题，就会发现长期以来遵守的对称性规则存在漏洞，而一直以来，对称性规则决定了什么样的物质才可能存在。这一发现将是发生重大范式转变的关键，也是发现一系列前所未有的新物质的关键。

这个漏洞究竟是什么呢？我们一筹莫展。

03

找到漏洞

📍 费城

🕐 1982—1983 年

我和莱文在才华横溢的业余数学家罗伯特·安曼（Robert Ammann）未发表的作品中发现了解开彭罗斯平面填充秘密的重要线索。

安曼是一位不同寻常的隐士。他才华横溢，20 世纪 60 年代中期被布兰迪斯大学录取，但他只上了 3 年大学，在此期间很少离开自己的房间。学校行政部门最终开除了他，而他此后也未获得任何正式的学位。

之后，安曼自学了计算机编程，并获得了一份低级计算机程序员的工作。但在公司裁员期间，他的职位被取消了，所以他又在邮局找了一份分拣邮件的工作，这是一种不需要太多人际交往的工作。安曼的同事认为他沉默寡言，非常内向。

邮局工作人员可能永远不知道的是，安曼是一位数学天才。私下里，他与学术巨星罗杰·彭罗斯和约翰·康韦一样，都喜欢娱乐数学。安曼谦虚地称自己是一名"有数学底子的业余玩家"。

我和莱文在一本不太知名的期刊中读到两篇短文，偶然发现了安曼的观点，这两篇短文的作者是伦敦大学材料科学教授、晶体学家艾伦·麦凯（Alan Mackay）。麦凯和我们一样，也痴迷于二十面体、彭罗斯平面填充以及被禁阻的五重对称性物质。他的两篇论文与其说是研究论文，不如说是思辨论文，都阐述了他对这个问题的一些概念性思考，其中两张插图引起了我们的兴趣。

在图 3-1 中，麦凯展示了一对菱面体。我和莱文已经非常熟悉这些三维形状了。它们明显是宽菱形和窄菱形的三维类似物，两者可用于创建二维彭罗斯平面填充。麦凯似乎和我们走在同一条路上。

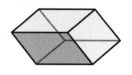

a 宽菱面体　　　　　　　　　b 窄菱面体

图 3-1　两种不同形态的菱面体

然而，我们失望地发现，麦凯的论文没有提及任何可以阻止三维建构模块形成周期性晶体结构的匹配规则。对于我和莱文来说，找到那些特殊的匹配规则至关重要。没有它们，原子仍然能够排列成许多普通晶体结构中的任何一种，但无法形成我们希望发现的不可能的结构。

麦凯在论文中展示的第二幅插图也引起了我们的兴趣。这是一张关于 X 射线衍射图像的照片，这种图像是通过激光照射彭罗斯平面填充产生的。从这张照片中可以清楚地看到，复杂的衍射图像包括一些角度相当精确的针点，其中一些在十边形的角上，一些在五边形的角上。不过，我们无法确定这些针点是具有精确的角度还是稍微有偏离，抑或它们沿着完美的直线排列。

对于像我和莱文这样的物理学家来说，这些细节至关重要。如果这些针点角度精确，且沿着完美的直线排列，可以排列成完美的正十边形和正五边形，那将会呈现出一幅前所未有的 X 射线衍射图像。当然，这也意味着发现了一种前所未有的原子排列方式。这是第一种可能性。

然而还存在第二种可能性，它们如果是排列不规整且角度有偏离的针点，就没有那么令人兴奋了。这只表明相对应的原子排列是有序和无序的混合，类似于我和戴维·尼尔森已经研究过的排列，并不是一种新的物质形式。

　　显然，第一种可能性意味着一些真正新颖的东西，是我和莱文所期盼的。然而，当我们联系麦凯询问匹配规则和衍射图像的精确数学原理时，他没有给出答案。麦凯解释说，数学不是他的强项。因此，他不知道如何证明彭罗斯平面填充的衍射针点角度是完全精确的还是有些偏离。令人感到遗憾的是，他说自己只有一张照片，无法保证精确度。因此，他不能确定衍射图像的特征。

　　麦凯还告诉我们，他在论文中讨论的两种菱面体并不是自己创造的，它们源自一位名叫罗伯特·安曼的业余爱好者的作品。这是我们第一次听到有人提到这位神秘的天才，除了与《科学美国人》杂志的娱乐数学专栏开创者马丁·加德纳有交流之外，安曼很少与人来往。麦凯建议我们联系加德纳寻求帮助。

　　莱文立即写信给加德纳，加德纳又让我们去找布兰科·格伦鲍姆（Branko Grunbaum）和杰弗里·谢泼德（Geoffrey Shephard），他们正在写一本即将出版的关于平面填充的书，书中收录了安曼的一些巧妙发明。从他们那里，我们发现安曼已经独立发现了使菱形强制产生五重对称性的匹配规则，类似于彭罗斯的发现。令人难以置信的是，他还发明了另一套具有匹配规则的图形，可以强制实现同样不可能的八重对称性。

　　安曼不是一位训练有素的数学家，他没有提供任何证据证明自己提出的匹配规则是有效的，也从未写过相关的科学论文，他只是凭直觉知道应该这样做。

　　加德纳还为我们找来了安曼的一些笔记，其中阐述了他对二十面体对称性的建构模块的想法。这个想法也没有经过严格的证明，以及没有任何令人信服的论证。

　　几年后，我和莱文设法在波士顿找到了这位神秘的天才，并成功吸引他来费城看我们。安曼和我想象的一样聪明。他那些充满创造性的几何思想和有趣的猜想，虽然从未发表过，但结果往往正确无误。其中一些想法，比如出现在麦凯插图中的菱面体的想法，是我和莱文经过独立的辛苦工作和论证才发现的。然而对于安曼来说，一切都靠直觉。令人感到遗憾的是，几年之后安曼去世了，我和莱文再也没有见过他。

对于我和莱文而言，安曼最具影响力的发明是，提出了以自己名字命名的"安曼线条"（Ammann bar），以说明一条解释力极强的匹配规则。根据图 3-2 中虚线所示的精确格局，安曼在每个宽菱形和窄菱形上画了一组线条。

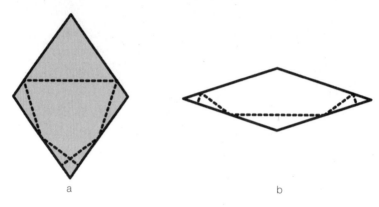

图 3-2　安曼线条

安曼的匹配规则是，只有当一块地砖上的安曼线条能够笔直地沿着另一块地砖任何一边的安曼线条延伸下去，这两块地砖才能相互连接在一起。这就产生了与彭罗斯的丝带或互锁装置相类似的约束。所以，初看之下，这没什么了不起的。

然而，如果你仔细观察就会发现，安曼线条改变了一切。我和莱文发现，这些线条揭示了彭罗斯平面填充的一些玄机，连彭罗斯自己都没有意识到。这一发现让我和莱文进入了一个充满不可能对称性的新世界。

我和莱文观察到，当地砖按照匹配规则连接在一起时，单个的安曼线条连接起来形成安曼线（Ammann line），这些安曼线以直线的形式延伸穿过整个平面填充。图 3-3 显示了该平面填充和叠加于平面填充之上交叉排列的笔直安曼线，该阵列由 5 组不同方向的平行线组成。

我和莱文发现，这 5 组平行线中的每一组都是相同的，而且每组交叉的线条之间的角度与五边形相邻边的夹角完全相同。这是我们所能想象到的最简单的证据，证明该平面填充具有完美的五重对称性。

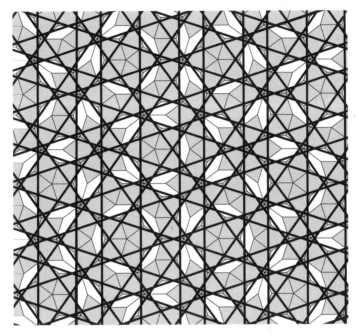

图 3-3　安曼线

对于我和莱文来说，这绝对是激动人心的时刻。现在，我们非常确定地知道，我们正朝着一个发现前进，而它与几个世纪前阿维和布拉维提出的晶体学定律完全相悖。我们确信，安曼线提供了避开那些既定定律的线索，并解释了彭罗斯平面填充中神秘的对称性。不过，我们仍然需要破译安曼线的含义。

破译的关键是只关注 5 组平行线中的一组，比如图 3-4 中用粗线表示的一组。我们可以看到，平行的安曼线之间的通道被限制为两种可能的宽度之一，我们用 W（宽）和 N（窄）表示。对于我们来说，最重要的两点分别是两个通道宽度之间的比值和它们在模式中重复的频率。我们将揭示这两个特征——比值和序列，它们与两个非常著名的数学概念有关，分别是"黄金分割率"和"斐波那契数列"。

黄金分割率在自然界中随处可见，自古以来常被运用于艺术创作之中。古埃及人用它来设计伟大的金字塔。据说在公元前 5 世纪，古希腊雕塑家和数学家菲狄亚斯（Phidias）根据黄金分割率在雅典建造了帕台农神庙，它被认为是古希腊文明的标志。黄金分割率有时用希腊字母 φ 表示，读作"phi"，以纪念菲狄亚斯。

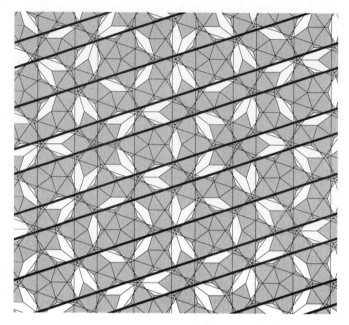

图 3-4　5 组平行线中的一组

　　对于黄金分割率，古希腊数学家欧几里得借用一个简单的物体给出了有记录以来最早的定义。他曾考虑如何把一根棍子掰成两段，使得短段与长段之比等于长段与棍子总长之比。他的解决方法是较长的一段必须正好是较短一段长度的 φ 倍，其中 φ 是一个无限不循环小数，其值为：

　　　　（1+$\sqrt{5}$）/2 = 1.618 033 988 749 894 848 20……

　　φ 是一个无限不循环小数，无限不循环小数被称为无理数，因为它们不能用整数的比值来表示。这与有理数形成对比，比如 2/3 或 143/548 等有理数，它们是整数的比值，其十进制形式为 0.333 和 0.260 948 905 109 489 051 09，如果小数点后面保留的位数足够多，就会看到它们有规律地重复着。

　　对于我和莱文来说，在彭罗斯平面填充的五重对称性中发现黄金分割率并不奇怪，因为黄金分割率本身与五边形的几何形状直接相关。例如，在图 3-5a 中，连接五边形一组对角的一条线的长度与五边形一条边的长度之比为黄金分割率。如图 3-5b 所示，二十面体中同样存在黄金分割率，它的 12 个角形成 3 个垂直的矩形，每个矩形的长、宽之比等于黄金分割率。

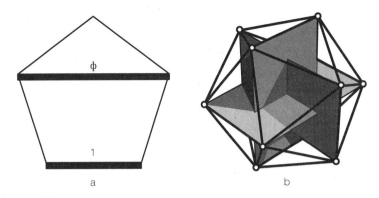

图 3-5　五边形和二十面体中的黄金分割率

　　然而，令我和莱文感到吃惊的是，前面提到过的 W 和 N 通道序列中也存在黄金分割率。

　　考虑一下图 3-6 中标出的 W 和 N 的通道序列。W 和 N 通道永远不会有规律地重复出现。如果数一数图中 W 和 N 的个数，然后计算出 W 和 N 的个数比例，你就会发现前 3 个通道的比例是 2 ∶ 1，前 5 个通道的比例是 3 ∶ 2，前 8 个通道的比例是 5 ∶ 3……

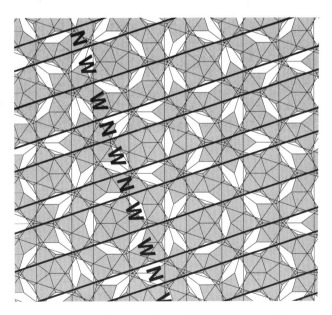

图 3-6　W 和 N 的通道序列

有一个简单的算法可以生成这个序列。首先思考一下第一个比例，2：1，将这两个数字相加（2＋1＝3），然后将总和（3）与原来两个数字中较大的一个（2）进行比较，这个新的比例是3：2，这也是通道序列中的下一个比例。将接下来的两个数字相加（3＋2＝5），再一次将这个数字与前面两个数字中较大的一个进行比较，结果是5：3。你可以无限期地继续这个过程，以获得8：5，13：8，21：13，34：21，55：34等。这些比例能精确地预测出安曼通道构成的序列。

我和莱文立刻认出了这个整数序列：1，2，3，5，8，13，21，34，55，……这被称为斐波那契数列，数列的名称是以13世纪居住在比萨的意大利数学家列奥纳多·斐波那契（Leonardo Fibonacci）的名字命名的。

斐波那契数列之间的比例相继为2：1，3：2，5：3，……它们都是整数的比例，因此都是有理数。斐波那契数列的一个著名特征是，随着整数越变越大，比值越来越接近黄金分割率。这就是斐波那契数列和黄金分割率之间的联系。

事实证明，以W和N模式再现斐波那契数列的唯一方法是，让W以比N更高的频率重复，就像彭罗斯平面填充，向各个方向延伸，其倍数正好等于黄金分割率，这是一个无理数。简而言之，这就是彭罗斯平面填充的奥秘。

由两个以不同频率重复的元素组成的序列，其元素出现的频率的比值是一个无理数，这样的序列被称为"准周期序列"。一个准周期序列永远不会出现相同的重复。

例如，斐波那契数列中没有哪两个通道周围的W和N模式是相同的，尽管在某些情况下只有看得足够远才能发现差异。这同样适用于彭罗斯平面填充。如果仔细观察，你会发现没有哪两个填充图形的周边结构是完全相同的。

我和莱文终于可以准确地指出阿维和布拉维提出的长达几个世纪的定律中存在的漏洞。晶体学的基本定律是：如果填充图形或者原子的排列图案是周期性的，以单一的重复频率出现，那么只有某些特定的对称性是可能的。特别是，对于周期性的原子排列来说，沿任何方向的五重对称性都是不可能的，我们可以称之为第一种不可能，即绝对不可违反，就像一加一永远不可能等于三一样。

然而，科学家向一代又一代的学生断言，任何类型的物质都不可能具有五重对称性，这其实是第二种不可能。这种说法基于一种并非总是有效的假设。在这种情况下，物理学家和材料科学家在没有证据的情况下，假设所有有序排列的原子都是周期性的。

我和莱文现在明白了，彭罗斯平面填充虽然是有序排列的几何案例，但不是周期性的。它是准周期性的，精确地来说就是，它具有以两种不同频率重复的填充图形或原子，重复的次数之比是无理数。这就是我们一直在寻找的漏洞。科学家一直假设原子在物质中总是呈周期性或随机性排列，而从未考虑过准周期排列。

如果真实的原子可以以某种方式排列成一种模式，以两种不同的频率重复，这两种频率的比例是无理数，那么它将是一种全新的物质形式，突破了阿维和布拉维建立的规则。

这一切看起来如此简单却又如此深刻，就好像一扇新的窗户神奇地出现在我们面前，这扇窗户只有我和莱文能看透。我知道，远处是一整片潜在的待突破领域。目前，这片土地是属于我们的，只有我俩可以探索。

双实验室并行记

令我和莱文没有意识到的是，我们又一次在与时间赛跑。自从发现准周期排列是利用禁阻对称创造新物质的关键，我们就一直在按照自己制订的计划发展关于新物质形式的理论。

我们不担心其他理论物理学家会抄袭我们的工作。因为我们所采取的特殊方法源自娱乐数学知识和平面填充理论带来的灵感，这种方法极为反传统，实在难以模仿。我们还没有发表相关的理论，所以其他人无法在此基础上往前推进。如果一家实验室的研究员从未听说过我们的准晶理论，怎能跟我们竞争呢？这似乎是不可能的。

出乎我们预料的一点是，探索过程中也有偶然的新奇发现。有时一次简单的实验就会产生意想不到的结果。如果恰好有人注意到这个结果，就有可能获得科学突破。正如后来发生的那样，在我和莱文系统地开发新理论时，一位不知名的科学家丹·谢赫特曼（Dan Shechtman）①偶然发现了一种看似毫无意义的实验结果，他在离我们不到 240 千米的一个实验室工作。

---

① 丹·谢赫特曼是以色列材料科学家，2011 年诺贝尔化学奖的唯一获奖者，他发现了金属合金中看似不可能的晶体结构，即准晶。——译者注

这次发现虽然是一个巧合，却成了科学史上一个不同寻常的里程碑。这两个团队丝毫不知道对方的存在，他们各自挑战着同一套被严格证明的定律。两年后他们才互相知晓，而一旦知晓了彼此，他们都想要对方团队来助自己达到目标。

———— ◐ ————

> ⦿ 费城
> 🕐 1983—1984 年

我和莱文几乎每天都碰面，以充实我们的理论。我们正致力于寻找一种方式，以便有效地利用我们在晶体学定律中发现的漏洞：准周期排列。我们的目标是用准周期排列创造出一个三维结构——一个具有禁阻对称性的二十面体。这是一个雄心勃勃的目标，如果我们可以证明这样的几何结构真实存在，那么自然界中的原子和分子就有可能以同样的方式排列。

这听起来很疯狂，但正是这个想法从一开始就驱动着我。首先给我灵感的是青少年时期在冯内古特的科幻小说中读到的物质——冰九。多年以后，我成了一名研究者，和尼尔森在研究快速冷却的液体时观察到了禁阻对称现象，这令我兴奋不已。

彭罗斯的发现关乎如何利用特殊互锁结构设计多种形状来创造出复杂的晶体点阵，这是一项重要的成就。而若想在三维世界复现这项成就，将会在很多方面面临更大的挑战。

这个二十面体就像每个其他三维物体一样，在不同方向具备不同的旋转对称性。禁阻五重对称沿着 6 个不同的方向出现。如果我们沿着其他的方向观察二十面体，也可以看到两重和三重对称。

我和莱文刚开始研究的是菱形六面体，相当于彭罗斯在平面设计中用到的菱形的三维对等物。我们知道，菱形六面体可以以一种周期性的排列组装起来，正如阿维在 200 多年前探索方解石时首次发现的那样。不过，彭罗斯已经发现，与他的菱形匹配的互锁结构能够阻断任何一种周期性的晶体点阵。这些互锁结构强制宽菱形和窄菱形形成准周期排列。我们需要证明的一点是，对于宽菱形和窄菱形六面体来说，是否也存在这样的互锁结构。我和莱文发现所需的单元数量是彭罗斯的两倍——两个宽菱形六面体和两个窄菱形六面体，每一个都有着独特的互锁结构。形状越多，互锁结构越多，复杂程度也就越大。

正如平时一样，我们发现将存在于抽象理论中的物体通过实体模型构建出来是很有帮助的，这样就可以让结构可视化。所以，又一次，我们把办公室变成了一间滑稽搞笑的手工艺品工作室。

最容易的工作是创造出两种类型的建构模块。我们设计了宽菱形和窄菱形六面体的图样，并将其从硬纸板上剪下来，这样就可以折叠成四个菱形六面体的构型——两个宽菱形六面体和两个窄菱形六面体。我们试着根据预想的互锁规则把它们贴在一起，但是这个过程最后成了一场噩梦。所以，我们卷起袖子，用胶水将磁铁粘在硬纸板图样的各个角上。磁铁所在的位置要非常精确，这样它们就可以起到与互锁结构一样的作用。这些建构模块只有在满足了三维互锁结构规则的情况下才能吸在一起。我一直对来办公室参观的人这样强调，整个模型虽然看起来很混乱，但实际上很有规律。

接下来我会借助一些图片来说明我们的一些构型。图 4-1 左上方的构型是由 10 个宽菱形和窄菱形六面体以一种近乎球体的形状组装在一起的。

这组菱形六面体有一个很气派的名字——菱形三十面体，用通俗的话解释就是：“外表有三十个面，每一个面都是菱形。”

图 4-1 中间的构型移除了一个窄菱形六面体，显示出内部的一部分结构。右边的构型移除了一个宽菱形六面体和一个窄菱形六面体，显示出更多内部结构。

展示菱形三十面体是我们的第一步，如果将宽菱形和窄菱形六面体以任意倍大的体积按照准周期点阵的方式组装起来，它仍旧保持着二十面体的对称性。同样重要的是，我们搭建的建构模块，也就是这些菱形六面体以及新互锁结构之间是没有缝隙的。这些新互锁结构有意阻止菱形六面体形成任何其他结构，包括晶体中常规的周期性排列。

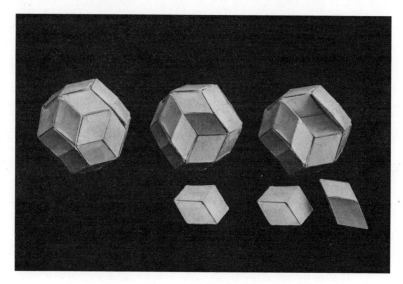

图 4-1　菱形三十面体

　　既然我们知道了三维准晶在理论上是可能存在的，接下来就需要识别出大量原子，这些原子将以类似的方式聚在一起，所用的匹配规则也与此类似。这样一种准晶就形成了，这是唯一可能的结果。

　　我们开始考虑其他的禁阻对称是否适用于准周期排列。答案是，所有的禁阻对称都适用于准周期排列，这令人难以置信。不过，这已经足够了。七重、八重、九重……事实上无数曾经被认为禁阻的对称现在都适用于准周期排列。图4-2 就是一个漂亮的实例，所展示的是一种具备七重对称性的准周期平面填充模式。

　　我和莱文很快发现了很多奥秘，有许多新方向可供探索，这让我们难以抉择该继续研究，还是停下来写科研论文。我们不相信这个领域有任何其他竞争者，这个想法让我有理由继续研究。最终，我做出了最重要的决定：继续研究，推迟发表成果，直到取得更深入的进展为止。

　　20 世纪 80 年代早期是我职业生涯中最多产的时期之一。莱文不是跟我一起工作的唯一一位天赋卓然的研究生。安迪·阿尔布雷克特和我致力于研究宇宙学中一个令人兴奋的新想法——宇宙膨胀论，当时这个想法刚刚由麻省理工学院的一位物理学家提出来，他的名字叫作阿兰·古斯（Alan Guth）。

图 4-2　七重对称的平面填充模式

　　科学理论一开始提出来的时候，几乎都不完备，宇宙膨胀论也不例外。古斯提出，膨胀期是假设的一个快速扩张期，它发生在宇宙大爆炸之后的须臾之间。膨胀期在某种程度上可以有力地解释，为什么如今宇宙中物质和能量的分布到处都一样。然而，为了解释这个问题，古斯不得不假设膨胀期将会在一个短暂的时期后结束。然而这个问题的困难之处就在这里。古斯找不到任何让膨胀停下来的方式。安德烈·林德（Andrei Linde）是一位独立工作的苏联理论学家，我和阿尔布雷克特与他一起解决了这个重要问题。

　　我们提出的"新膨胀论"很快得到了普遍认可。这个理论产生了深刻的影响，它引发了宇宙学、天体物理学和粒子物理学界一段卓有成效的创新期，而且今天还在继续。不同于我和莱文关于新物质形式的研究，新膨胀论宇宙学是一个研究者众多的领域，有很多雄心勃勃的竞争者，因此对很多重要的跟进式项目，我们都不可以掉以轻心。

　　同时，在整个这一时期，我还在低调地试探人们对我们刚提出的准晶理论的反应。我开始和著名的凝聚态物理学家及材料学家在非正式的场合讨论这个理论。然而令我感到惊讶的是，他们的反应都一模一样，令人很泄气。

您和莱文对新物质形式的想法富有想象力，虽然准晶有可能从数学上得到证明，但是相比于简单的周期性晶体，准晶过于复杂以至于不太可能在真实世界存在。

我可以理解他们的态度。毕竟，纯粹抽象的平面填充理论提出的新物质形式是对几个世纪以来盛行的科学智慧的挑战。我们需要用实验证明存在可以排列成真实准晶的原子组合。如果不用实验证明，我们的想法就只能是空想理论，与现实毫无联系。

莱文想马上发表我们的基本想法，然而我对上述这种批评比莱文还敏感。我想再等一等，等到我们研究出一种更为具体的提案时再发表。我还想提出一种可以试验的设想，因为这是任何科学理论的必要组成部分，这样就可以解释如何通过实验来识别新的物质形式。如果没有这些，我们的研究很可能不会得到认可。所以此时发表结果毫无意义。

1983 年，我和莱文达成共识。我们一致同意提交一份专利披露报告来保护知识产权，宾夕法尼亚大学技术许可办公室是我们存档的地方（见图 4-3）。提交的报告陈述了我们的概念，正式承认了我们的优先专利权。直到取得更多进展，我们才会向科学界公布结果。

这份披露报告介绍了我们的建构模块——菱形六面体，以及相匹配的互锁结构。报告里写到，我们设计这些联结来使建构模块排列成具备二十面体对称性的非结晶样式。报告里还写到，我们的想法可能会引出一种新的物质相（phase of matter），这些物质的特性既不像液体，也不像晶体，我和莱文将这些理论发明称为"类晶体"，之后重新命名为"准晶"。

这只是批评家所声称的抽象理论，还是一个有充分根据的科学理论，并在某种程度上可以用实验证明呢？如果我们足够幸运，找到了一个准晶，又怎样认出它呢？我和莱文花了数月时间进行了相关计算，结果发现答案相当简单。普通的 X 射线衍射图像或电子衍射图像就可以揭示准晶原子排列的准周期性和禁阻对称性。

```
UNIVERSITY OF PENNSYLVANIA
Philadelphia, Pennsylvania 19104                            INVENTION DISCLOSURE
Instructions:  See Reverse Side.  PRINT OR TYPE all information   No. UP    -

Inventor(s) Full Name        Office Address & Extension      Home Address        Citizenship
Paul Joseph Steinhardt     2N9D, David Rittenhouse Lab, E1   109 Valley Forge    USA
                                              X5949          Terrace, Wayne, Pa. 19087

Dov Irving Levine          2W1N, David Rittenhouse Lab, E1   919 Lombard St.
                                              X6214          Phila., Pa.         USA


Title of Invention (short & descriptive):

CRYSTALLOIDS

Description of Invention: (if more space is needed, use plain white paper.  Sign, date, and
  have each sheet witnessed.)
      The crystalloid was invented as a result of a recent investigation by D. Nelson,
  M. Ronchetti and one of us (PJS).¹  Our computer simulation studies indicate that the bonds
  that join atoms in simple supercooled liquids and glasses are, on average, oriented along
  the axes of an icosahedron, even though the bonds are randomly spaced.  The crystalloid was
  invented by Dov Levine and Paul Steinhardt as an idealization of such a structure.  A real
  material with atoms placed at the vertices of a crystalloid would represent a new phase of
  matter with properties different from either liquids or crystals.  We are continuing to
  study the physical properties of such a new phase and plan to publish our findings in a
  journal article and in Dov Levine's thesis.

Inventor Signature   (date)   Inventor Signature   (date)   Inventor Signature   (date)


Disclosed to and understood by:

A.F. GARITO


Witness Signature   (date)   Witness Signature   (date)   Witness Signature   (date)
A.F.G.     9-23-83
0176   WANG
```

图 4-3　专利披露报告部分展示

与晶体相比，准晶的衍射图像显示出的结构更丰富和复杂，部分原因在于构成准晶的原子是以不同的频率重复的，这些频率涉及一个无理数，比如黄金分割率。

如果 X 射线或电子束能够奇迹般地只衍射准晶中的一种原子，就能够产生真正的针状衍射，这种针状衍射就是所谓的"布拉格尖峰"，峰与峰之间有着相同的间隔。然而现实中，X 射线和电子束会从准晶中所有的原子上进行衍射。不同的原子群有着不同的针状衍射图像，原子间的间隔也不同。二十面体具有多重对称性，这同样增加了难度。

我们预期得到的衍射图像具有不同的形式，这取决于 X 射线或电子束是沿着五重旋转对称的轴线还是三重或是二重旋转对称的轴线照射的。图 4-4 展示了我们用计算机进行的预测，电子束对准了禁阻五重对称。

我们当时已经破解了神秘的对称背后的数学公式，所以才做出了大胆的、能够被实验证明的定量预测：准晶的衍射图像将会由绝对完美、排列成雪花状的针点构成。

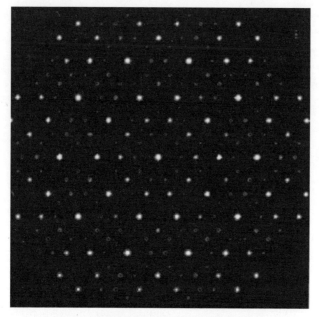

图 4-4　计算机预测的第一幅准晶衍射图像

图 4-4 是当时由计算机预测出的第一幅准晶衍射图像。我们的计算机编码以每个预测中的针点为圆心画圆。每个圆的半径跟预测的衍射 X 射线强度成比例关系。我们创造出的这张图在视觉上第一次呈现出了真实的准晶衍射图像所具有的亮点和暗点。

如果你看到了比较暗的针点，就会发现每一对点之间其实还存在更多更暗的点。这些点两两之间又存在着更暗的点，以此类推。如果我和莱文为每一个预测中的点都创造一个圆圈，图像就会变得太拥挤，圆圈与圆圈会合并成一团白色的模糊云团。我们知道实验应该只聚焦于最亮的点。所以，我们预测的图像接近于准晶的主要特征的衍射图像。

在创造准晶的衍射图像的过程中，我和莱文做出了一个预测，它有可能会被用来检验并有力地反驳我们的理论。所以，这时我们就到了另一个转折点：是否该发表我们的结果了？又一次，我决定暂不发表。我知道，如果我们想让这个全新的理论受到大家的认真对待，还需要完成其他的事情。我们必须证明，如果将理论模型中的菱形六面体替换成真实的物质，也是有可能的。

我对新膨胀论的研究一直阻力重重，到 1984 年夏天，这项研究最终偃旗息鼓。所以，我可以将大量时间用于准晶研究的最终阶段。我从宾夕法尼亚大学请了公休假，回到了 IBM 托马斯·沃森研究中心，我早期在这里进行过很多关于非晶态金属原子结构的研究。

我的计划是与晶体专家一起工作，创造出世界上第一件人造准晶。然而我没有想到的是，有人已经在做这件事情了。这件事情比我想象的要容易许多。事实上，这个发现完全是一个意外。

—— ◖◗ ——

> ◉ 马里兰州盖瑟斯堡
> ◷ 1982—1984 年

"不存在这种东西！"据说谢赫特曼曾这样认为，当时他正看着电子显微镜下奇怪的样本。这位 41 岁的以色列科学家偶然碰到了一种材料，它具有我和莱文曾预测的所有不可能的性质。此时他对我们的想法一无所知，也不知道他的发现意味着什么。不过，谢赫特曼认识到，他正在观察的物质十分不同寻常。这个物质最后使他赢得 2011 年的诺贝尔化学奖。

谢赫特曼在美国国家标准局（National Bureau of Standards）担任客座显微镜学家，在那里他和约翰·卡恩（John Cahn）一起工作，卡恩是他在以色列最好的理工学院——以色列理工学院遇到的研究生，也是凝聚态物理学界的重要人物，尤其因他对热金属液体冷却和凝固过程的研究而著名。

卡恩邀请了谢赫特曼，让他从以色列理工学院请两年长假，从事由美国国家科学基金会和国防高级研究计划局共同资助的一个大型项目。这个项目的研究目标是通过快速冷却铝和其他金属的液体混合物，对种类尽可能多的不同铝合金进行合成和分类。其他科学家的任务是创造合金，而谢赫特曼的任务是使用电子显微镜来对样本进行研究、识别和归类。对于材料学界来说，这是一项重要的贡献，因为铝合金很有用途，可以应用在很多方面。不过，这也是一项相对枯燥且冗长的工作。

罗伯特·舍费尔（Robert Schaefer）是该实验室的冶金学者之一，他对创造由铝和锰组成的合金尤其感兴趣，因为相比于纯铝，这种合金强度超群。他和同事弗兰克·比安卡涅洛（Frank Biancaniello）制作了一系列样本，样本中加入了不同等份的锰，每件样本都被按时送到谢赫特曼那里进行分析。

1982 年 4 月 8 日，谢赫特曼用显微镜分析了一件快速淬火后制成的铝锰合金样本（Al_6Mn，一个锰原子键结 6 个铝原子形成的合金），这个样本有着微小的羽毛状颗粒，近似于五边形。日本东北大学蔡安邦（An-Pang Tsai）和他的团队后来合成了一件更大的样本，它有着漂亮的小花造型和清晰可见的五重对称（见图 4-5）。

a　　　　　　　　　　b

图 4-5　蔡安邦团队合成的铝锰合金样本

当谢赫特曼发射了一束电子穿过这些颗粒以获得样本的衍射图像时，他获得的图案令人震惊。这幅图案具有看起来相当锐利的亮点，就像在晶体中看到的一样，但令谢赫特曼感到惊奇的是，这些亮点呈现出的是明显的十重对称。谢赫特曼以及世界上其他每一位科学家都知道，这是不可能的。

在笔记本的一面纸上，谢赫特曼画出了这幅图案的草图，而在另一面，他列出了部分衍射的波峰值，并写下了："十重？？？"

当谢赫特曼向同事展示这一结果时，他们没有特别感兴趣。所学的知识告诉他们，真正的十重对称是不可能的。每个人都认为，这种奇怪的衍射图像可以被解释为某种被称为"反复孪晶"（multiple twinning）的现象。

如果两颗向着不同角度延伸的晶粒结合在一起，通常就会形成晶体的孪晶现象。反复孪晶指的是向着不同角度延伸的三颗或更多晶粒结合在一起。图4-6展示的两幅图就是反复孪晶的例子。图4-6a是"三重孪晶"的例子。通过肉眼就能轻易地看出，结合起来的晶体向着三个不同的角度延伸。

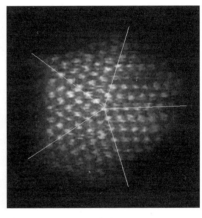

a   b

图 4-6 反复孪晶

图4-6b有些模糊，不太好观察，它实际上是黄金的反复孪晶，这件样本由5片互相分离的楔形构成，为了使之更加明显，图中加了5条直线。每个楔形内的原子都是模糊的白点，第一眼看上去，大体形状就像具有五重对称的准晶。不过，这是一个错误的结论，它不是准晶。

在显微镜底下，5个楔形明显都是由原子有规律地重复排列成的六边形组成。因此，每个单独的楔形都是一个晶体，遵从所有的晶体学定律。整体来看，这是一块具有反复孪晶结构的晶体。它是晶体的集合，只是碰巧以5块楔形的形式聚在一起，形成五边形的形状。任何由晶体楔形构成的固体总是被定义为晶体，无论楔形的数量是多少，抑或楔形是怎样排列的。

反复孪晶是一种非常常见的现象，因此谢赫特曼的同事，包括卡恩，都自然而然地坚信铝锰合金样本仅仅是另一种反复孪晶。没有人期盼着能在检查铝合金的乏味过程中找到任何、哪怕最低程度上的异乎寻常之物。整个实验室都没有理会谢赫特曼的这个发现，认为没有什么不同寻常。

然而，谢赫特曼不这样认为。他拒绝妥协，并不断地将样本拿给资深的科学家看。他认为，这是一种新颖的发现。抱着不确定的态度，卡恩告诉谢赫特曼，有一种实验可以解决这个问题。卡恩建议谢赫特曼将电子束聚焦于样本非常狭窄的一条区域上。一方面，如果样本呈现出反复孪晶的晶体，正如实验室其余研究者所猜测的那样，十重衍射图像中的很多点将会消失，留下的点形成的图像将具有某种众所周知的晶体对称。另一方面，如果样本真的突破了长久以来的既定定律，呈现出均匀的十重对称，那么无论电子束聚集于何处，所有标志着十重对称的点都将会持续存在。

谢赫特曼回到显微镜前，进行了这项至关重要的实验。无论从铝锰合金样本的哪个部分看，他发现的都是不可能的十重对称。这是一个令人震惊的结果，因为它违背了常规知识对反复孪晶现象的解释。然而，史料没有明确记载谢赫特曼是否向卡恩或实验室中的其他人展示过这个成果，之后他就完成了在美国为期两年的访学，回到了以色列。

然而，我们所知道的是，谢赫特曼从未放弃。他意识到自己的发现很反常识，如果不提供一些值得信服的解释，他的观点永远也不会受到认真对待。然而，他是一位电子显微镜学者，不是一位训练有素的数学理论家。所以，后来谢赫特曼跟一位名叫伊兰·布莱克（Ilan Blech）的以色列材料学研究者组成了团队，他希望布莱克可以给出一个可能的理论。

在谢赫特曼的鼓励下，布莱克基于一系列假设，提出了一个模型。首先，他假设铝原子和锰原子将以某种方式聚集成群，组成一团完全相同的二十面体。然后，他假设这些二十面体在铝锰熔液冷却和凝固时以一种随机的排列聚在一起。他进一步假设，在整个固体内，所有的二十面体将以某种方式在同一个方向上自行排列好。这个想法相当于假设一个人能在《龙与地下城》游戏中随机将数十个二十面体形状的骰子扔进碗里，骰子落得恰到好处，尖端都朝同一方向对齐。这个模型基于众多假设之上，一些假设似乎不可能在真实的物质中出现。

图 4-7a 展示了一对相邻并连接在一起的二十面体，它们的尖端就朝着同一个方向对齐，图 4-7b 大致展示了随机结构是如何出现的。

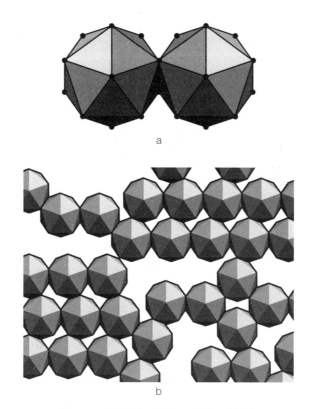

图 4-7　以随机方式聚在一起的二十面体

这幅图揭示出，当很多二十面体按照布莱克的想法聚在一起时，两两之间将会留出大块空隙。我和莱文在用泡沫塑料球和管道清洁通条来建构团簇时，遇到了同样的问题。我们已经知道，空隙是一个大问题，而且它们不会一直保持原样。因为在熔液冷却的时候，我们没有办法阻止原子进入空隙并填满它。而一旦原子填满空隙，它们就会向二十面体团簇施加巨大的压力，这将会破坏二十面体精巧的排列。这是我和莱文最终放弃使用二十面体团簇做填充的原因之一。我们的准晶模型用到的是菱形六面体，这些菱形六面体可以无缝连接在一起。

布莱克之后做了另一个有欠考虑的推测。由于他不知道原子可能会如何填充空隙，他只能推测构成二十面体团簇的原子将产生类似的衍射图像。这种推测没有经过真正的证明过程，所以布莱克没有把任何填补空隙的原子所产生的影响包括在内。令谢赫特曼和布莱克感到惊讶的是，衍射图像与谢赫特曼在电子显微镜下观察到的铝锰合金的图像具有本质上的相似性。

然而，这种计算还存在一个问题。与我们的准晶理论不一样的是，谢赫特曼和布莱克设计的模型不是准周期性的。他们假设二十面体团簇的排列是随机的。然而，随机的二十面体团簇集合不大可能会形成真正的针点衍射。当时不清楚的一个问题是，谢赫特曼所观察到的铝锰合金晶粒能否呈现出真正的针点衍射。谢赫特曼和布莱克忽略了这个问题。

他们转而写了一篇论文，其中描述了谢赫特曼的实验结果，同时做出了解释，提出了谢赫特曼－布莱克模型，并于 1984 年春天将论文投到了《应用物理学杂志》（ *Journal of Applied Physics* ）。

然而，论文立刻就被拒绝了。编辑觉得实验结果和理论都不具有说服力，因此没有让论文进入下一轮审阅环节，而在这一环节，其他科学家会相继审阅，并进行评论。

我和莱文还是没有发表任何东西，所以谢赫特曼和布莱克完全不知道我们的研究。他们没有想到我们的理论已经得到了充分发展，可以避免他们模型中存在的所有缺陷。他们也没有想到，我们的研究可以有力地解释那件奇怪的铝锰合金样本。由于谢赫特曼和布莱克的论文在被拿给同行传阅之前就被拒了，我和莱文也就不知道谢赫特曼实验的更多内容。

如果我们两个团队之间曾有一丁点儿的交流，就很有可能拧成一股绳，共同发表论文，阐述这项理论和相对应的实验过程。

然而，历史的展开方式并不遂人愿。

振奋人心的故事

大多数科学突破都是慢慢得到认可的，这个过程就像一艘轮船逐渐驶出大雾区域。然而，发现准晶真有其物而不只是假想，这个过程就发生在一瞬间。非常幸运的是，我就在这个过程发生的现场，这是一次难以忘却的经历。

— ◖◗ —

📍 纽约约克镇高地

🕐 1984 年 10 月 10 日

故事的开端发生在一个普通的秋日。我从宾夕法尼亚大学休了假，此后的几个月来一直在 IBM 托马斯·沃森研究中心，该中心位于纽约的北部。我希望能和该实验室的其他科学家一起工作，创造出世界上第一块合成准晶。

那天下午，我之前的搭档哈佛大学物理学家戴维·尼尔森正在 IBM 托马斯·沃森研究中心举办研讨会，会后计划来我办公室看看。莱文也会在办公室，我们打算给尼尔森一个惊喜。我急于将工作成果分享给他看，这项成果就是我们早先一起研究快速冷却的熔液时产生的关于新物质形式的大胆设想。

我和尼尔森已经好多年没有见过面了，我们热情地向对方打了招呼。他还跟以前一样，像个大男孩儿似的，干净整洁，戴着我印象中的金属框眼镜。我一直很期待跟他会面，因为我知道他会欣赏我和莱文所展示的东西。

几年前，我和莱文虽然曾为我们的想法申请过专利，但并未将披露报告分发给其他科学家看。宾夕法尼亚大学的律师最近给出了结论：尽管我们的想法是"一项重大发现……新颖而不张扬，但这项发现的应用价值仍然不太确定"。因为类似的原因，我们还没有向任何科学期刊提交关于准晶理论的论文。我们需要实验证据来支持不确定的论点，然后才可以发表研究成果。因此，当尼尔森来到办公室，坐下与我们交谈时，他对我们的工作还一无所知。

谈话开始时我告诉尼尔森，我和莱文有一些振奋人心的成果给他看，但我还没说是什么成果，尼尔森就打断我说，他也有一些振奋人心的成果给我看。我们都笑了，然后一致认为客人优先。

尼尔森伸手去拿公文包，然后掏出一份"预印文件"，那是一份呈递给某家专业期刊的科研论文，已经打印好以供严格的同行评阅，只有论文被接受才会发表。常规的做法就像现在一样，先分享和讨论预印版本，这种前互联网时代的传阅方式效率非常低。

这份论文由丹·谢赫特曼、伊兰·布莱克、丹尼斯·格拉蒂亚斯（Denis Gratias）和约翰·卡恩团队联名提交。

我立刻被论文标题——《一种长程定向有序但不具有平移对称性的金属相》（*Metallic Phase with Long-Range Orientational Order and No Translational Symmetry*）震惊到了。慢着，我想，不具平移对称性？这就意味着材料中的原子是随机分布的。定向有序？这就意味着原子之间的键结是对齐的。

这个标题以及尼尔森向我展示的内容使我确信，这篇论文一定与三年前我们进行的计算机模拟过程有关，当时我们正在检验他的"立方状"想法。

我想这一定就是他向我展示这份预印论文的原因。这份论文看起来像是对我们之前研究发现的实验验证。

我迅速浏览了总结性的摘要部分，以证实自己的第一印象是对的。接着我内心突然产生一阵警觉。这些科学家在研究一种奇怪的新型铝锰合金，他们发现……我的天哪！"它具备二十面体对称性排列的锐利衍射亮点。"

我感到自己的心跳加速。这肯定不是我和尼尔森一直在研究的东西，这更像我和莱文拟定的准周期晶体的概念，只不过我们还没发表。

是其他研究团队剽窃了我们的成果吗？我想。

我飞速扫视了一下摘要的其余部分，欣慰地发现答案是否定的。论文里面没有提出理论解释，正如我之后所获悉的，这个谢赫特曼－布莱克模型被判定为不可信。这篇论文仅仅宣布了实验数据，没有进行理论解释。我和莱文研究了数年的成果没有被抄袭。

随着我剑拔弩张的心情平复下来，我开始快速翻阅预印论文的其他部分以获取更多细节。当翻到第 8 页时，我屏住了呼吸，因为映入眼帘的是一幅非常熟悉的衍射图像（见图 5-1），这就是我和莱文预测过的准晶的衍射图像，具有二十面体对称性的种种迹象。这不可能。

我感到自己的胸膛开始怦怦直跳，脑袋里火光四射。我立刻认识到这意味着什么。

准晶真的存在！证据就在这儿，我和莱文一直探索的疯狂想法事实上并不疯狂！

我知道这是一个非凡的时刻。无论时间多么短暂，我是唯一一个既见过实验图像，又见过理论图像的人。我是世界上唯一一个能够确定准晶变为科学现实的人。

我竭尽全力保持镇静，让这个时刻持续得久一点儿，也为了有更多时间品味这个实验。又过了一刻，我从椅子上跳起来，仍然一个字没说，径直穿过办公室，从我的办公桌里拿出一张纸，那是我为会议准备的。我仍然压抑着心中的喜悦，慢慢走回原来的地方。

图 5-1　准晶的衍射图像

"看这儿，尼尔森，"我尽可能冷静地说，"这是我想让你看的振奋人心的成果。"

我右手拿着刚刚从办公桌里拿出的纸，上面有我和莱文为准晶预测的衍射图像波峰，左手拿着那份预印论文，并翻到了经过实验测量的衍射图像的那一页。

这两幅图像一模一样。

对我们的研究很熟悉的莱文立刻有了反应。"哦，我的天！"

我不确定尼尔森在想什么，但我和莱文对所发生的事情已经确定无疑。两支科学团队虽然在相距 240 千米的实验室工作，却在完全不知道对方付出的情况下，成功地获得了完全独立但绝对互补的科学突破。

我和莱文虽然已经提出准晶理论，但没有实验证据。谢赫特曼的论文有实验，但没有理论解释。一个同样的拼图游戏，两个团队各自掌握着不同的碎片，最终拼在一起，促成了一项完美的、关乎大自然的重大发现。

尼尔森开始提出各种问题，他想知道我们是如何预测出雪花状衍射图像的。我和莱文试着回答他的问题，并详细解释了我们的研究。事实上，我们兴奋得几乎不能自持，整场交谈都显得语无伦次。

我和莱文之所以兴奋，是因为我们的理论可以解释这个看似不可能的实验结果。然而万幸中的不幸是，这同样意味着我们没有时间庆祝了。我告诉莱文，我们必须放下正在做的其他所有事情，把过去三年中积累的所有结果都整理在一起。我们需要从中挑出最重要的内容，然后写一篇简短的论文递交给《物理评论快报》（*Physics Review Letters*）。接着，我们需要将所有结果包含进来，写一篇篇幅更长的论文。

所有这些工作都可以很快做完，因为我们已经完成了绝大部分研究，剩下的只是排列材料的先后次序，以及选择以何种顺序呈现哪些部分。

在递交给《物理评论快报》的论文中，我们先介绍了准晶的概念，解释了准晶是一种新物质形式，准晶中的原子呈准周期排列，并具有一种长久以来被认为不可能的对称性。我们还证明了具备这种特性的固体，其电子衍射图像全部是由陡峭的布拉格尖峰组成的，波峰清晰可见，它们之间也没有大片云状物。我们也介绍了自己构建的原子积木——菱形六面体，以及相关的匹配规则，这些匹配规则让原子以准周期的模式结合在一起。我们还提供了所预测的衍射图像，这是我们三年来投身于理论研究获得的最终成果。

接着，我们把注意力转向谢赫特曼团队的研究成果。既然这篇论文还没有经受评阅或者发表，他们的合金最终被证明不是准晶也是有可能的。所以，我和莱文比较保守，没有说两个图像一模一样，而是说明：

> 我们最近观察到的铝锰合金的电子衍射图像与二十面体准晶紧密相关。

在跟尼尔森的重要会面不到三周之后，我和莱文提交了论文，其中有对这种奇异的新物质形式的理论解释。我们在论文题目中正式将这种物质形式的名字介绍给科学界："准晶——一种新型的有序结构体。"

此刻，我和莱文已经准备好与那个实验团队接触了，告诉他们这个振奋人心的消息。然而，尼尔森已经写信给美国国家标准局的卡恩，告诉他我们已经发展出相关理论了，所以我就省去了自我介绍。我们迅速约定在约克镇高地会面，卡恩和他的同事兼共同作者格拉蒂亚斯一起前来，后者是法国的一名晶体学家。

卡恩体型高大，面容和蔼。虽然我们之前从未见过面，但他不知道的是，他最为重要的一些研究曾经深刻而专业地影响过我。在会面的开头，他介绍了自己的背景，尤其是对一个几乎不为人所知的过程的研究，这个过程被称为"离相分解"（spinodal decomposition），发生于金属熔液凝固之时。

卡恩几乎是窃窃私语地说，他曾听说有一位宇宙学家正在利用这些想法发展关于早期宇宙的新理论。"你就是一位宇宙学家，关于这件事你知道些什么？"他问。

"对，"我说，"事实上，我确实知道某位宇宙学家正在使用你的实验结果来发展理论。"我微笑着说："那个人就是我。"卡恩的离相分解理论其实就是我发展新宇宙膨胀论的关键灵感所在，并据此引出了现在被称为"优雅退场"（graceful exit）的论点，来取代最初的爆炸膨胀过程。"终于见到你本人了，我倍感荣幸。"我告诉他说。

简单介绍完宇宙学方面的这层联系后，我们开始进入正题，花了 5 小时兴奋地就准晶交换意见。每个团队都各自解释了这段并行的历史，一个是实验层面的，另一个是理论层面的。令每个人都兴奋不已的是，两项研究的重大结果最后交织在一起。

卡恩解释了他的门生谢赫特曼是如何在 1982 年美国国家标准局研制的合金中首次发现十重衍射图像的。当谢赫特曼给卡恩看这幅图像时，卡恩嘱咐谢赫特曼通过实验将最有可能的解释，也就是"这块合金只是普通的反复孪生晶体"排除在外。

卡恩告诉我们，两年之后，也就是 1984 年，他才听说这项研究。当时谢赫特曼回到实验室，带来了多次试验反复孪晶的结果以及一个用来解释这块奇怪合金的模型，这个模型是他和布莱克提出的。谢赫特曼告诉卡恩，他们的论文被

《应用物理学杂志》拒绝了。

令卡恩非常欣喜是，谢赫特曼改进了数据，尤其是研究结果，实验结果表明反复孪晶的想法是不正确的。然而，他感到遗憾的是，谢赫特曼－布莱克模型太过粗略，还缺点什么。

卡恩不建议谢赫特曼追求理论上的完备，而是建议他把重点放在报告实验结果上。卡恩表示可以先给权威的《物理评论快报》提交一份缩简版的论文。谢赫特曼接受了卡恩的忠告，并邀请卡恩加入，作为合作者来帮忙重写这篇论文。所以，卡恩联系了格拉蒂亚斯，就是那位法国晶体学家，加入他们的团队，帮忙验证这一分析过程。最后的成果就是尼尔森拿给我看的预印论文，由谢赫特曼、布莱克、格拉蒂亚斯和卡恩共同联名拟提交发表。

卡恩告诉我们，他正在尝试重复这些无法解释的实验结果，实验室团队正在做进一步的研究，以夯实关于铝锰合金的这个不同寻常的结论，并搜寻其他可能有着类似衍射图像的材料。

接下来轮到我们讲述自己的故事了。我和莱文详细地阐述了自己的观点及其验证方法，以及过去三年里所进行的研究。最重要的是，我们向他们展示了所预测的那幅具备二十面体对称性的准晶衍射图像。在场的所有人都注意到，这幅图像与预印本中经过测量的铝锰合金衍射图像极为相似。

这是一次令人心醉、耗尽心力却又振奋人心的会面。

几个星期之后，我在一次会议上首次做了关于准晶理论的公开演讲，这次会议对我有着特殊的意义。这是一场特别安排的研讨会，主办方是宾夕法尼亚大学物质结构研究实验室（Laboratory for Research on the Structure of Matter）。演讲大厅挤满了人。对于我来说，这次经历勉强算是一次回家省亲，我们的研究结果收到了热烈反响。我对实验室的领导和成员充满感激之情，因为他们在过去三年里一如既往地给予我们鼓励和经济支持，即使在我们的准晶理论的科学价值不被看好的时候。

卡恩花了两个多小时从马里兰州盖瑟斯堡赶来参加这场演讲，真是给足了我面子。我刚一结束演讲，他又一次给予我高度的赞扬，并站起来公开支持我们的理论。卡恩宣布说，在他看来，我们的准晶模型准确地解释了他们团队发现的新物质。

我们提交了论文，也发表了第一次公开演讲，接下来终于有时间反思和整理已经完成的工作了。自上中学以来，我心中一直隐藏着一个科学梦想，这个梦想最终在一次心血来潮的大学讲座上被观众认可，变为科学现实。我对这个新的科学现实从逻辑层面做了进一步的推演：

> 如果准晶是一种真实存在的新物质形式，正如实验室的证据所显示的那样，那么它们一定也存在于自然界中！

也许准晶就藏在我们的眼皮子底下，我们只需要想一想哪里可以找到它们，甚至博物馆里就有可能陈列着被错认为晶体的准晶。

这个想法令我非常兴奋。在接下来的几个月里，我带着这个目标观察了好几个博物馆的矿物收藏品，包括费城的富兰克林研究所、纽约的美国自然历史博物馆以及华盛顿的史密森尼国家自然历史博物馆。我从展品中一个一个地搜寻着被误认的准晶。由于博物馆中藏有准晶的直觉不太可靠，所以我从未告诉过博物馆的任何人，最终无果而终。也许我那些关于自然界中可能存在准晶的观点并不准确。

— ◖◗ —

谢赫特曼团队于 1984 年 11 月 12 日在《物理评论快报》上发表的论文公布了他们的实验结果，而我们关于这些结果的理论论文于 12 月 24 日发表在该期刊上，排在 1984 年的倒数第二期。

这两篇论文的相继发表恰逢其时，完美呼应。

自发表之后，这两篇论文立刻引起了来自全世界科学家和记者的注意，产生了强烈又积极的反响。科学期刊和大众媒体纷纷报道了相关内容，包括《今日物理学》《自然》《新科学人》《纽约时报》。其中，《纽约时报》有篇标题为《新物质理论已被提出》（*Theory of New Matter Proposed*）的文章描述了我们如何"创造性地提出一种关于新物质准晶的理论，该理论初步解释了美国国家标准局最近发现的一项令人费解的实验结果"（见图 5-2）。

图 5-2　《纽约时报》发表的两篇相关文章

注：图 5-2a 来自《纽约时报》于 1985 年 1 月 8 日的报道，图 5-2b 来自《纽约时报》
　　于 1985 年 7 月 30 日的报道。

当这项科学突破在全世界传播开来时，我和莱文惊讶地发现世界其他地方也有科学家一直在进行相关研究。有些对彭罗斯平面填充的数学解释感兴趣，有些对准周期性感兴趣，而有些甚至在思考具备二十面体对称性的物质。在互联网普及以前，信息的分享要困难得多，所以我和莱文之前不知道有这些论文，因为它们没有发表在物理学家熟知的期刊上。不过现在，我们不断收到这些作者的来信，饶有趣味地读着他们所写的内容。

我们对荷兰数学家尼古拉斯·德·布鲁因（Nicolaas de Bruijn）的研究尤其感兴趣，他在 1981 年写了一系列优秀的论文，里面提到，他用一种精巧的"多重网格"构造出二维的彭罗斯平面填充，这其中没有依赖任何正常的匹配或细分规则。我和莱文与宾夕法尼亚大学另一位天赋卓然的年轻研究生约书亚·索科拉尔（Joshua Socolar）组成团队，进一步推进这项研究。最终，我们三个成功地利用德·布鲁因的多重网格法，创造出在任意多重维度上具备任意重对称的准周期图像，包括超出三维的纯数学构想。

我们的广义多重网格法直截了当地证实了我和莱文已经证明的东西：准晶图像可以具备晶体图像所禁阻的任意重的不同对称。只不过我们之前所用的方法是一种比较抽象、间接的数学方法。显而易见，现在可能的物质形式从被严格限制变为无限制了，这是一次重大的范式转变。

"投影法"是另一种重要方法，它由几个独立的理论学者团队研究发展而来。根据这种方法，我们可以通过更高维度的周期性"超立方"团簇投影或说阴影获得彭罗斯平面填充和其他准周期图案。超立方相当于三维立方，但它们存在于四维或更高维度的空间中，是一种想象中的几何图形。大多数人只有通过训练才能想象得出这种方法如何起作用。数学家和物理学家发现，投影法可以有效地分析准晶的原子结构，并推算出它们的衍射特征。

广义多重网格法和投影法成为一种强有力的数学工具，人们可以借用它们生成二维的菱形平面填充图案或三维的菱形六面体。不过，这两种方法都有一个巨大的局限：无法提供关于匹配规则的任何信息。比如，十一重对称图案（见彩插1）和十七重对称图案（见图 5-3）仍然是由多重网格法生成的。

这些华丽精密的图案由简单的菱形组成：一些菱形宽一点儿，一些菱形适中，一些菱形窄一点儿。然而，它们没有缝隙或互锁机制来阻止这些填充形状以晶体的样式排列。

图 5-3　十七重对称图案

所以，如果你有一堆包含这些填充形状的地砖，准备用它们铺地板，在缺乏完工图参考的情况下，可能会铺成普通的晶体样式，因为这种样式很容易构建。你也可能会铺成一种随机的样式。也有可能你会铺成准晶的样式，但这个可能性非常小，你需要匹配规则的指导，以免在铺设的过程中犯错。

想象一下，将上图中每个不同的图形替换成一组原子。即使具有精确排列成准晶的可能性，但如果没有原子之间匹配规则的引导，以阻止原子排成晶体或随机图案，那么这些原子熔液往往会固化成晶体或随机图案，而且从直觉上来说，这种可能性更大。可能的排列样式还有很多，除了准晶，其他每一种排列样式对原子之间的协调程度都没有那么高的要求，而且它们之间的排列也无须那么精密。

这就是为什么我和莱文一开始拼命工作以证明为宽菱形和窄菱形六面体构建

互锁结构是可能的，这种结构作为一种匹配规则，可以阻止它们形成晶体和随机排列，迫使它们排成准晶的样式。

然而排列成准晶样式只需匹配规则就足够了吗？也许准晶还需要其他特性，从而使原子能够自然而然地排列成理想的准周期样式。

———— ◖◗ ————

普林斯顿

1985 年 1 月

索科拉尔自告奋勇，跟我们一起挑战这个难题。在我们之前利用广义多重网格法推演出任意对称的研究中，他已经展示了自己的天赋，所以我很高兴他能投身于这个大项目。索科拉尔高高瘦瘦的，总是充满耐心，对人体贴，对于年轻人来说，这种品质很稀有。我参与讨论时总会表现得过度兴奋，而他会使讨论冷静下来。索科拉尔还有一种非凡的几何直觉，在我们所有的合作中，这种直觉被证明极其宝贵，带来了累累硕果，使我们合作至今。

我和索科拉尔决定回到彭罗斯平面填充上以寻求启示。我们注意到，彭罗斯二维图案的匹配规则还具有另外两种特性，而我和莱文研究过的宽菱形和窄菱形六面体并不具备。第一种特性是安曼线，也就是为每个菱形装饰上横纹，当拼在一起构成彭罗斯平面填充时出现宽宽窄窄的通道。我和索科拉尔决定在几何建构中纳入安曼线的三维对等物，我们称之为"安曼面"（Ammann plane）。第二种特性是收缩－膨胀规则，就是将彭罗斯平面填充中的两个菱形进一步细分为更小的碎片。

我和索科拉尔推测，同时具备所有 3 种特性的填充图案可能是理解真实的原子熔液如何凝聚成准晶的关键。这 3 种特性分别是匹配规则（互锁结构）、安曼面和收缩－膨胀规则。安曼面和收缩－膨胀规则很重要，因为它们有可能会解释一些随机排列的原子是如何被组织成精密的准周期排列的。我和莱文发展出的匹配规则也很重要，因为它可能会解释原子是如何在这个结构中保持锁定的。

我们精心推敲出来的推理过程如下：如果建构模块可以沿着以准周期模式间隔开的安曼面来堆叠构建，那么就有可能想象出一种液态原子可以固化成准晶。刚开始时一些细小的原子团聚成簇，然后有更多的原子一层层地附上去，每一层都将形成一层安曼面。

这一层层的生长类似于很多周期性晶体生成的方式，所以我们有理由想象，准晶也会发生类似的过程。

三维收缩－膨胀规则似乎说明了准晶的另一种生成方式。首先，液态原子一开始可能会形成很多小团簇；然后，这些团簇可能会聚在一起，形成更大的团簇；再接着，这些大团簇可能会聚在一起，形成更大的团簇；以此类推。这种较小团簇有层次地聚在一起形成较大团簇的过程可能与收缩－膨胀规则作用下的小填充块组合成较大填充块的方式是一样的。

我们还可以想象，一些准晶可能是通过层级式的生长和堆砌积累的方式固化而成的。

虽然我和莱文用硬纸板构建的宽菱形和窄菱形六面体具备匹配规则，但这种规则不同于安曼面或收缩－膨胀规则。我和索科拉尔的目标就是找到另一种模型，它具备所有 3 种特性。在三维二十面体对称这种复杂的情况下完成这项工作，将是一项重要的数学功绩，足以媲美彭罗斯曾在二维平面上的设计。如果我们成功了，就可以说明，液态原子生成准晶就像生成普通晶体一样简单和自然。

然而，同时拥有 3 种特性的建构模块真的存在吗？

我和索科拉尔着手寻找答案。1984 年年末，就在关于准晶的前几篇论文发表之后，我们开始集中力量研究新的数学方法来制造准晶，这一方法来自彭罗斯平面填充的启示。

我们采用的方法涉及一种奇怪的代数组合，所用的工具有铅笔、纸以及三维的实体几何模型。我们还要解决算术等式的问题，从而预测三维模型中安曼面的精确位置，这是我的工作。索科拉尔的工作是观察安曼面在哪里交叉，然后用我们的广义多重网格法来决定模型的形状以及安曼面从中穿过的方式。

我和索科拉尔分居两地工作，这让该项研究变得更具挑战性。索科拉尔在费城的宾夕法尼亚大学，而我仍然继续在公休假期间，并兼任着新泽西州普林斯顿大学高等研究院客座讲师一职。当时像 Skype 这类通信软件要等到二三十年以后才会出现，所以我和索科拉尔只能通过电话来交流，无法互发任何影像资料。

我会给索科拉尔打电话讲述我的计算如何规定安曼面排列的方式，随后他也会通过电话告诉我根据我的计算所推导出的建构模块。索科拉尔能够将我们俩的想法结合起来，然后用透明、彩色的塑料薄板建构出某种非凡的实体模型，这些薄板至今还摆在我办公室的书架上，成为固定不变的摆设。当几个星期后亲眼见到这些模型时，我非常激动，因为我们俩的计算严丝合缝地结合在了一起，就像手伸进了正好合适的手套一样。我们于 1985 年 9 月将论文呈交给了《物理评论 B》（*Physical Review B*）。毫无疑问，我们解决了这个问题。

现在我们明确地知道，对于三维的二十面体对称来说，存在同时符合匹配规则、安曼面以及收缩 - 膨胀规则的建构模块。它们具有二维彭罗斯平面填充的所有特性，但对称性要复杂得多。这项研究有望解释真实生活中具备二十面体对称性的准晶。

我和索科拉尔最终找到了一家制造公司，他们可以制造出我们已经发明出的 4 种类型的建构模块。这种塑料模块有着特意设计的乐高样式的连接，可以落实所有的匹配规则。

有一种形状与我和莱文曾使用过的宽菱形六面体是一样的（见彩插 2，其中白色模块就是这种形状）。其他三种形状与我和莱文研究过的任何一种形状都不同。根据面数的不同，它们有着不同且复杂的希腊语名字。不过，它们所有的面都是菱形，而且菱形的大小和形状完全相同。事实上，名字并不是很重要，不过对于那些想练习一下希腊语的小伙伴来说，将这些名字以从大到小递增的顺序呈现会好一些，它们分别是：菱形十二面体（rhombic dodecahedron，十二个菱形面，黄色）、菱形二十面体（rhombic icosahedron，二十个菱形面，蓝色）、菱形三十面体（rhombic triacontahedron，三十个菱形面，红色）。

不得不承认，我很喜欢这些构型单元，它们不仅显示了新的建构模块是怎样搭配在一起的，而且相比于我和莱文一开始用泡沫塑料球和管道清洁通条以及硬纸板和磁铁做的工艺实验，它们还代表着一种巨大的进步。

彩插 2 上的几层结构显示了这 4 个三维构型是如何搭配在一起的。

这次数学上的精巧计算非常成功，给了我极大的自信，我相信已经没有理论上的障碍可以阻止我们延伸关于准晶的概念了，这个概念已经从抽象的二维彭罗斯平面填充世界延伸至真实的三维物质世界。

三维建构模块的制造很及时，因为到 1985 年春天，关于准晶的发现将会掀起一场关于新研究领域的火热讨论。来自世界各地的不同团队开展的新实验、研发出新准晶合金的可能性，以及提出新理论或想法，这类新闻每周层出不穷。这一热潮促生了一系列会议、工作坊以及特邀讲座，包括加州理工学院那场讲座，这才让我有幸遇见了费曼，那是一场令我无比欣喜的邂逅。

就在同一时期，谢赫特曼邀请我去参观他位于以色列海法市的以色列理工学院的实验室。

我们之前在一场会议上见过面，但只是短暂地交流了一下。这一次访问让我们第一次有足够多的时间在一起交流观点。

谢赫特曼是一位亲切有礼的东道主，他对自己的工作和祖国都深感自豪。他领我参观了自己的实验室，并展示了最新的实验数据，然后带我从海法出发，一路游览至戈兰高地。

我钦佩谢赫特曼身上那种勇敢而独立的意念，这促使他做出了伟大的发明。不过，我对我们关于科学的讨论并不满意。谢赫特曼的专业知识在电子显微镜和衍射图像方面，他对理论的兴趣有限。我很快就发现，他还沉醉于用布莱克最初提出的谢赫特曼－布莱克模型来解释铝锰合金。该模型认为，这种材料由二十面体团簇组成，由于一些不可解释的原因，它们的方向都以同样的方式对齐，尽管它们在空间中的位置是随机的。由于一些原因，谢赫特曼似乎认为，该模型与我们的准晶理论是一样的。

我试图向他解释关键的不同之处：第一，该模型是不完整的，因为团簇与团簇之间有很大的缝隙，这一点被忽视了；第二，该模型不是一个稳定的结构，所以它不能代表一种新的物质相；第三，该模型不具备这样的衍射图像，即沿着直线对齐的锐利针点组成的衍射图像。

然而，谢赫特曼对这些区别并不在意。他显然认为，由随机出现的二十面体团簇组成的谢赫特曼－布莱克模型更易于想象，所以不愿意去思考我指出的关键不同之处。我感到很失望，因为我没能说服他。事实上，在接下来的很多年，他在演讲中一直使用谢赫特曼－布莱克模型，而不是准晶模型。

谢赫特曼不是唯一一个抵制准晶模型的人。几个月之内，关于这块奇怪的铝锰合金开始浮现出其他看似正确的解释。不过更令人困扰的是，一个有关准晶概念的严重问题就要暴露出来了。

其他理论的出现，以及准晶概念本身存在的问题令我深感不安，同时令我万分气馁的是，一切都很快指向科学界一个越来越强烈的共识：准晶是不可能真实存在的，正如我一直被告诫的那样。

06

完美的不可能

 费城

🕐 1987 年

距我和莱文发表论文介绍准晶概念已经有两年多了，在这期间，科学界对这一概念的态度几经波折。

在我们论文发表的第一年，准晶理论被认为是对新发现的具有二十面体对称性的合金进行科学解释的唯一可行理论。事实上，这个理论可能在科学界引发了很大的轰动，并催生了一系列不可思议的新发现。

最初实验中用到的元素是铝和锰，而现在科学家开始将铝和除锰以外的其他元素合成在一起，发现了更多具有二十面体对称性的准晶合金。在这个过程中，他们发现一种材料具备八重对称，还有具备十重对称和十二重对称的，这些都坚实地证明了具备其他对称的物质是存在的，而在此之前，这被认为是不可能的。

我钦佩这些科学家获得的发现。到目前为止，一切都符合准晶理论的预测。

然而，好景不长，命运的钟摆开始向另一个方向摆动，针锋相对的解释开始浮现出来，尖锐的批评也开始不绝于耳。

最初也是最猛烈的批评者是两度获得诺贝尔桂冠的莱纳斯·鲍林（Linus Pauling）。鲍林在科学界是一位先驱性人物。作为量子化学和分子生物学的创始人之一，他被认为是 20 世纪最重要的化学家之一。

"没有准晶这种东西，"鲍林嘲讽地开玩笑道，"只有准科学家。"

鲍林提出，所有已经被发现的特殊合金都属于反复孪晶的复杂案例，这与美国国家标准局的资深科学家刚开始提出的观点类似。不过鲍林还提出了一种与众不同并且非常明晰的原子排列，他认为这可以解释那些特殊的衍射图像。

如果鲍林是正确的，那么报道新材料就没有任何价值了。我们所有的研究都将归于沉寂，沦为历史花絮。对于那些材料科学和化学领域的科学家来说，比如谢赫特曼和他的同事，鲍林的反对令人胆寒，被视作一种严重的威胁。在鲍林的科学生涯中，他一直在挑战和战胜传统智慧。你绝对不会想要这样一位智力上的对手。

不过，因为一个简单的原因，我没有像他们那样担忧。我从来不认为鲍林的另一种观点是正确可行的。首先，鲍林关于二十面体铝锰合金的反复孪晶模型比我们基于准晶理论的解释要复杂得多。当谈到科学问题时，最简单的解释通常是最优解。

我和约书亚·索科拉尔已经证明，准晶模型需要 4 种不同的建构模块（见彩插 2），每一种都由数十个原子构成，并呈准周期样式排列。鲍林则认为，这种物质是很多朝着不同角度的晶体内在生长的结果，是反复孪晶模型的一个案例。卡恩一开始就和谢赫特曼讨论过这个话题。根据鲍林的理论，每个晶体中重复的建构模块各由 800 多个原子构成。这样看来，说他的想法比我们的理论复杂，这一点儿都不为过。

事实上，我更担心的是另一个针锋相对的理论，在鲍林的想法广为人知的同时，这个理论也开始崭露头角，它就是二十面体玻璃模型（icosahedral glass model）。这个理论由纽约州立大学石溪分校的彼得·史蒂芬斯（Peter Stephens）

和布鲁克海文国家实验室（Brookhaven National Laboratory）的艾伦·戈德曼（Alan Goldman）共同提出，该理论是谢赫特曼－布莱克模型升级后的版本。

这种新的二十面体玻璃模型涉及一种原子结构，它们由二十面体形状的团簇构成，在空间中以一种无序的样式排列。这一特性从理论上解释了"玻璃"这个词，因为"玻璃"就是由原子随机排列而成的物质。在这个模型中，每个二十面体形状的团簇的角都是相互对齐的，对齐的角在空间中都指向同一方向。这一特性同谢赫特曼－布莱克模型很类似，不过有了明显的改进。史蒂芬斯和戈德曼还解释了团簇如何以更小的缝隙和间距聚在一起。

根据衍射图像亮点的锐利程度和对齐方式，大家可以从理论上区分开二十面体玻璃模型和我们的准晶理论。完美的准晶可以产生真正呈针点排列的交错直线图像，而二十面体玻璃的衍射图像跟基于准晶理论预测出的衍射图像十分类似，只是亮点比较模糊，并且没有完美地对齐。

不幸的是，最初的数据因为所测物质的特性而显得模棱两可。简单地说，谢赫特曼刚开始得到的铝锰合金样本的质量不是太好，该合金内部存在一些缺陷。一直试图独立复制该样本的团队遇到了同样的问题。

从已发表的照片来看，研究者在起初的样本中观察到的模糊性和衍射亮点的位置问题并不是非常明显。这些照片往往过度曝光，从而隐藏了这些问题。不过后来，宾夕法尼亚大学物质结构研究实验室的保罗·海尼（Paul Heiney）和彼得·邦塞尔（Peter Bancel）做出了更加精确的 X 射线衍射图像，这些图像明显地暴露了这些问题。

他们的实验室就在我办公室的街对面，所以一得到实验结果我就可以进行研究。我虽然对自己的理论深信不疑，但也不得不承认，当看到新的衍射图像时我还是有点儿担忧。该图像清晰地显示 X 射线衍射亮点很模糊，而且没有对齐，这与我们预测出的图像不匹配。与这些结果看上去匹配的是跟准晶理论针锋相对的二十面体玻璃模型。

情况看起来很糟。然而，即使如此，我仍旧坚信 X 射线衍射的结果不一定会给我们的理论画上句号。对于这种模糊性以及衍射波峰出现的小小的错位，可能有一种简单的解释。如果最初被用来创造准晶的液体混合物冷却得太快，自然而然就会出现这种情况。快速冷却过程往往会在随机出现的缺陷位置上冻结，让原子达不到理想的排列。

正如结果所显示的那样，目前存在的所有二十面体铝锰合金样本都是通过快速冷却的过程合成的。这一点有充分的证据可以证明。因为如果物质冷却得比较慢，它就不能形成准晶，相反，铝原子和锰原子会完全重新排列，形成一种经典的晶体排列。

我和索科拉尔与著名的凝聚态物质理论学家汤姆·卢本斯基（Tom Lubensky）组成团队，一起分析了这种情况。我们三个发展出了一套详细的理论来描述准晶衍射图像中因为快速冷却过程带来的缺陷而可能导致的各种变形。我们发现，基于这套理论可以预测出曾在铝锰合金 X 射衍射图像中观察到的一模一样的模糊性和衍射波峰错位的情况。这意味着，我们的理论同时适用于预测锐利或模糊的针点，针点是锐利还是模糊取决于冷却过程。所以，我们仍然有成功的可能性。

然而，二十面体玻璃模型也有成功的可能性，因为它预测了模糊的亮点。然而雪上加霜的是，实验数据还为鲍林的观点留下了余地，也就是说，铝锰合金实际上是一种反复孪晶。当然，前提是每个重复的建构模块中至少存在 800 个原子。

因此，这 3 个理论实质上都可以解释谢赫特曼的数据。

从理论上来说，还有一种实验可以解决这场纷争，这一实验涉及一种样本的加热而非冷却。如果一个人长时间缓慢地加热这种样本，但不加热至让样本熔化的温度，就有可能出现 3 种不同的结果。第一种结果是形成一块更完美的准晶，有着我和莱文曾预测的尖锐波峰；第二种结果是形成一块更完美的反复孪晶，与鲍林的理论相一致；第三种结果是保持一种无序的二十面体玻璃状态，有着模糊的波峰，与史蒂芬斯－戈德曼模型相一致。

遗憾的是，谢赫特曼的铝锰合金永远无法参与这项加热实验，因为它有着晶体化的倾向。这块合金仅仅加热一小段时间，所有的二十面体对称性就会被破坏，因此它不可能决定哪种理论是正确的。

事实上，虽然谢赫特曼发现这块特殊的合金已经有 30 多年了，但实验仍然无法确定这块铝锰合金是真正的准晶还是二十面体玻璃，或者是鲍林所说的反复孪晶。

这种困境在某种程度上解释了为什么科学界花费了那么长时间才接受准晶，并将它当成一种新物质形式。

科学界迟迟不肯接受准晶的另一个原因是，准晶从本质上来说更加理论化，它主要基于对彭罗斯平面填充的详尽研究。更倾向于二十面体玻璃模型的批评家认为，真正的准晶是不可能获得的，因为没有一种看似合理的方式来"生成"准晶。

对于晶体学家来说，"生成"这个词意味着从液态的原子混合物中缓慢形成晶体。你可以制作糖晶体，也就是我们熟知的冰糖，只要把许多糖在水中溶解，然后等几天让糖晶体形成即可。类似的过程也发生在自然界和实验室里。在微观层面发生的变化是，液体中的一些小原子聚集成团簇，然后越来越多的原子附着在上面，直到团簇"生成"一种肉眼可见的物质。这一过程发生的前提是，原子必须保持一种常规的周期性排列，无论它们附着在哪里。既然液体中随机接近团簇的原子只与该团簇中最近的原子互动，那么必定存在一种简单的力量或者相应的规则，决定着原子附着在哪里以及不附着在哪里。

根据建立彭罗斯平面填充的经验，对于准晶来说，不存在这样简单的"生成规则"。比如，你决定用某彭罗斯图案填充一大片地面，需要用到一摞宽菱形和窄菱形地砖。因为你知道匹配规则，所以可以确保填充的每一块地砖都会与彭罗斯规定的互锁规则相一致。你的目标是完全填充这片地面，不留下任何缝隙。

你可以预测到，这项工作可以轻易地完成。毕竟，彭罗斯证明，完全填充一片表面是有可能的，即使表面是无限延伸的，按照他的互锁规则铺设地砖就可以完成。

然而，这么想你就完全错了。彭罗斯平面填充就像一款充满挑战的拼图游戏，即使只由两种形状拼成。这个问题有一个权威的解决方案，可以将所有的拼图碎片都互相连接起来。不过，若想找到这种精确的解决方案，需要耐心和多次试错。

如果你已经开始一块一块地铺地砖，很有可能会遇到这种情况：每次你铺上一块地砖时，即使你一丝不苟地遵从了所有互锁规则，但只要铺上一二十块地砖，就会碰到困难。你最终会发现有一块地方宽菱形和窄菱形地砖都不合适。这时你可能会重新开始，再次尝试，选择不同的搭配方式。然而很不凑巧的是，你没铺多久又受阻了。

这一问题的关键在于，彭罗斯的互锁规则只保证铺上去的地砖与最邻近的几块能不留缝隙地拼在一起，但无法保证铺上去的地砖与图案中剩下的所有地砖都能不留缝隙地拼在一起。除非你很幸运，否则铺到较远的部分地砖就会发生冲突。而这种冲突只有当你突然铺到某个时刻，地砖都不合适时，才会显现出来。科学家将这类陷入僵局的状态称为一种缺陷。

如果你继续铺地砖，很快就会发现自己制造了另一个缺陷，接着还会出现各种缺陷。到你将数百块地砖都铺完时，累积的缺陷将会非常多，导致你难以辨认所铺的到底是不是彭罗斯平面填充。

当然，彭罗斯确实证明了地砖是有可能无缝衔接地拼在一起的，但他从来未宣称过，通过任意一种排列方式就可以将地砖铺成完美的图案。事实上，他非常清楚的一个事实是，合适的排列几乎不可能找到。

批评者认为，如果符合匹配规则的彭罗斯平面填充都存在这个问题，那么一个接一个附着在团簇上形成准晶的原子也存在同样的问题：生成过程中会出现许多缺陷，所以形成任何类似于真实准晶的物质都是不可能的。怀疑论者宣称，出于各种实际的原因，完美的准晶是无法实现的物质状态。

这真的是准晶理论故事的低谷期。这两个问题似乎不可克服。制作铝锰合金的最好方法是通过快速冷却过程进行，但这个过程总是会形成 X 射线衍射图像中的模糊亮点，而不是我们所预测的锐利针点。而且现在又出现了一种强有力的概念性论点，认为准晶是不可能实现的物质状态。

这场争论被两次突破化解了，一次来自理论，另一次来自实验。

> 📍 约克镇高地
> 🕐 1987 年 7 月

理论上的突破伴随着一种替代性规则的发现，它可以替代彭罗斯的互锁规则，我们称之为"生成规则"。这种规则使地砖铺成完美的图案成为可能，并且在此过程中不犯任何错误，也不产生任何缺陷。生成规则的灵感源自我对位于纽约约克镇高地的 IBM 托马斯·沃森研究中心的再一次拜访。这一次，我是在暑期被邀请来继续准晶研究的。

有一天在该中心工作的时候，一位名叫乔治·小野田（George Onoda）的研究员邀请我和他的同事戴维·迪文琴佐（David DiVincenzo）一起吃午餐。他们想和我一起讨论如何在彭罗斯平面填充中避免出现缺陷。我认识小野田已经有好几年了。我们相识于 1984 年，我在休假中第一次拜访了 IBM 托马斯·沃森研究中心，大概在同一时期，我和莱文发表了关于准晶理论的第一批论文。我之所以认识迪文琴佐，是因为他曾是宾夕法尼亚大学的一名研究生。

当我们坐下吃午餐时，小野田解释说他很熟悉彭罗斯的互锁规则频繁引发的缺陷问题。他曾努力解决这个问题，并发现可以通过构建补充规则来降低缺陷发生的频率。这个想法听起来非常有趣。所以，我们很快结束了午餐，来到附近的一个会议场所，在那里我们可以围着一个大圆桌坐下来交流。小野田拿出一个盒子，里面装满了彭罗斯平面填充的纸片，然后开始证实自己设置的新规则。

小野田的规则是对匹配规则的一种改进，完全没有问题。虽然我们还是会遇到困境，比如有一个缝隙填不上，但我们能够在困境首次出现之前将 24 片纸片拼在一起。在理解了小野田新规则的运作规律后，我们发现可以补充另一个规则，让这个过程更完美。在尝试了这个规则后，我们又发现了另一个规则，可以使这个过程得到进一步的改进。在接下来的两小时，我们每个人轮流补充新规则，直到突然发现，我们可以将整个桌子用纸片拼满而不犯任何错误，也不用再补充更多规则。

这一定是一幅很奇怪的画面，3 位科研人员趴在一张桌子上专心致志地构建着一幅自制的拼图。然而，如果在这个过程中有任何一个人提出不同意见，我们就永远不会发现这一个个规则了。在这个拼图游戏上投入的时间越多，它就越吸引我们。我们中没有人期待找到能将这么多彭罗斯纸片拼在一起而不产生缺陷的规则。

美中不足的是，我们必须列出一长串咒语般的规则，才能达成目标。比如"如果要构造这样的图案，加一片宽地砖到这条边上去"，但接下来，当我开始更仔细地研究这张"咒语清单"时，我发现清单上的所有规则可以简述为：将纸片拼在"开放顶点"（open vertex）的位置上。

平面填充的顶点指的是任意一点，只要几张纸片的角能对到一起即可。而开放顶点指的是一块楔形空间，在其中可以填充更多纸片。

我们设计的一长串新规则清单可以简化成一句话：仅当存在产生"合法顶点"（legal vertex）的唯一选择时，才能向顶点位置填充一张纸片。合法顶点就是完美的彭罗斯平面填充中出现的顶点，如果一个顶点不行，重新选择另一个顶点再进行尝试。

这样一条简单的规则真的管用吗？从数学的角度证明这条规则是一项巨大的挑战，为此我们花费了数月时间。我又一次联系了索科拉尔，他被公认为世界级的平面填充专家。自我俩首次将准晶可能的形成原因理论化以来，已经过去了好几年。我们当时用到了匹配规则、安曼线和收缩－膨胀规则，而现在，再加上卓越的计算机编程技术和索科拉尔发明的数学推理，我们可以证实，这 3 种特性都非常重要，特别是在证明新的顶点规则一定会起作用方面，只需小小的技术微调，给最初作为种子的地砖集合加上一种彭罗斯平面填充玩家所称的"十脚"（decapod）构型。

我们设计的新生成规则与彭罗斯最初的匹配规则相去甚远。匹配规则限制了两块地砖拼合在一条边上的方式，而生成规则限制的是一组地砖拼合在一个顶点上的方式。然而，就像匹配规则一样，生成规则也会产生这样的结果：在真实世界原子的相互作用中，原子之间的作用力只能维系几个原子键的长度。

生成规则引起了科学界的轰动，最受触动的人之一就是罗杰·彭罗斯。我第一次遇到彭罗斯是在 1985 年，当时我邀请他来宾夕法尼亚大学和我们致力于准晶理论研究的团队以及实验室同事会个面。我热切地向他展示了他原创的发明带来的所有研究成果。彭罗斯是一名典型的谦谦君子，讲着一口清脆的英式英语，礼貌地问了数百个问题，并慷慨地分享了自己的观点。我们很快建立了持续至今的牢固友谊，因为我们在准晶和宇宙学方面有着诸多共同兴趣。

然而，1987 年，彭罗斯还深信怀疑论者是对的。基于他在建构彭罗斯平面填充时遇到的问题，他认为原子之间只有普通的作用力，不可能形成非常完美的准晶。然而，几年后，他改变了主意。1996 年，我被邀请参加了彭罗斯的 65 周岁生日聚会，这次生日聚会是专门为表彰他及其诸多历史性贡献而举办的，地点在牛津大学。这次盛会给了我向彭罗斯展示我们生成规则的数学证明结果的机会。我送给他一套我们的三维建构模块（见彩插 2）留作纪念，这套模块很不常见，他欣然接受了。

又过了 30 多年，我们才完成了三维生成规则的证明。尽管同样的原理也适用于二维彭罗斯平面填充，但证明过程要困难得多。而可视化三维建构模块就更困难了，因为要考虑的构型比二维多得多。我和索科拉尔把这个问题放在了一边，直到 2016 年，我们决定再次直面这个问题，这次可以利用升级换代的可视化技术。当时，索科拉尔在杜克大学担任教授，同时加入研究的还有他天赋卓然的本科生康纳·韩恩（Connor Hann）。最终，我们 3 人一起完成了证明。

发现二维彭罗斯平面填充的生成规则已经足以打消怀疑论者的疑虑了，他们认为完美的准晶是难以获得的。不过，会不会存在一组元素，可以在实验室中形成完美的准晶呢？

> 📍 日本仙台市
> 🕐 1987 年

在我们关于生成规则的论文发表之前，地球另一端的一位科学家已经用新元素合成了准晶。

蔡安邦和他在日本东北大学的合作团队宣布发现了一种漂亮的新二十面体准晶，由铝、铜和铁元素合成。与之前合成的准晶不一样，蔡安邦的样本不需要经过快速冷却过程。所以，该样本可以进行淬火，这意味着它可以被温火加热数天，而不变形为晶体。这种准晶几乎毫无缺陷，而且具备坚实而漂亮的多面造型，可以清晰地显示出内在的五重对称。

如图 6-1 所示，这块准晶第一眼看起来可能很普通，像一块多面的金刚石或石英晶体。然而，它绝对不普通。这是历史上首个绝对完美的五边形刻面，而且相比于谢赫特曼的铝锰合金呈现出的无序、羽毛状的结构来说，它代表着一种巨大的科学进展。

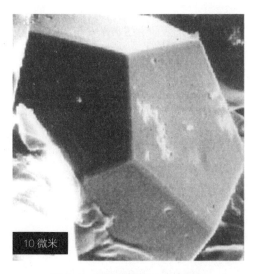

图 6-1　蔡安邦团队合成的准晶

在准晶被发现以前，大多数科学家宣称，具备五重对称的刻面是不可能存在的，因为它们违反了几个世纪以来由阿维和布拉维建立的规则。然而，蔡安邦团队合成的这块准晶便是毋庸置疑的证据——它们真的存在。

验证这些结果花费了很长一段时间，不过海尼和他的学生邦塞尔最终获得了铝铜铁合金样本的一幅 X 射线衍射图像，就像他们曾针对谢赫特曼的铝锰合金做的一样。这一次，海尼和班塞尔获得了一些显著不同的发现。新样本中的布拉格尖峰既陡峭又精确，不模糊失真，而且这些尖峰的位置完美地沿着直线对齐，与我们预测的二十面体准晶模型相一致。

蔡安邦团队展示的是首个毫不模糊、真实可信的二十面体准晶样本。二十面体玻璃模型的鼓吹者心悦诚服地做出退让，准晶最终被认可为一种真实的物质形式。在接下来的几年中，越来越多的完美准晶样本被找到，其中很多是蔡安邦和他的合作团队找到的。很多年以后，当我最终有机会在日本遇到他时，欣喜地表达了对他及其历史性贡献的感激和钦佩之情。

尽管有了新的实验证据，但还是存在极少数怀疑论者，包括很有威望的鲍林，他仍旧坚持自己的反复孪晶模型。

—— ◖◗ ——

📍 费城
🕐 1989 年

我邀请鲍林来宾夕法尼亚大学看我，以便回顾海尼和班塞尔对蔡安邦团队合成的样本做出的决定性测量结果。这是一次值得纪念的会面，鲍林花了数小时仔细地梳理了数据，我对此印象深刻。在回顾数据的时候，他问了很多细节性的问题，试图找出这幅新 X 射线衍射图像的潜在问题。

到这一天结束的时候，鲍林终于被说服了。假设每个建构模块包括 800 个原子，他曾认为一个由这种建构模块组成的模型可以解释谢赫特曼的铝锰合金，但这样一个模型解释不了新的准晶。不过，这并不意味着鲍林承认了失败。他要回去增加自己理论中每个建构模块的原子数量，直到与新实验数据相符，即便这个想法会让他的理论变得更加费解。

鲍林告诉我们，他计划写一篇新论文投给《美国国家科学院院刊》(*Proceedings of the National Academy of Sciences*)，在论文中，他会描述自己改进的反复李晶模型，以适应蔡安邦的完美准晶。为了表示专业上的尊重，他邀请我们也写一篇论文，解释为什么准晶模型更简单明了地解释了实验结果。在鲍林的支持下，两篇论文在当年后半年的一期院刊上先后发表了。

我和鲍林在那几年一直保持着通信，同时期越来越多的元素在实验室里被合成完美的准晶。时光匆匆，他越来越熟悉准晶理论了，似乎承认了这种理论的优势所在。我相信他承认准晶理论已经胜出了，只是还没有准备好放弃心心念念的想法。我其实对这样的现状感到很欣慰，我享受我们之间一直以来的友好辩论。1994 年，我通过新闻得知，他去世了，享年 93 岁，我非常悲伤。

到此刻为止，我们非常清楚的一点是，在实验室中，研究者可以合成完美、稳定的准晶，这个过程已经不存在任何障碍了。准晶理论赢得了广泛认可，而且每年都会定期召开关于准晶的国际会议，有数百人来参加，来自世界各地的实验家、理论学家和纯数学家会在会议上分享他们的创造性成果。

我很荣幸能够成为他们中的一分子。不过，关于合成准晶这个主题，我觉得研究者太多了，它已经很成熟了，所以不合我的口味了。为了能够继续致力于准晶研究，我需要寻找一个新的问题，一个没有人思考过的问题。

我提醒自己，实验室里生成完美的准晶这一过程被证明比任何人曾想象的都容易。

有没有这种可能，完美的准晶可以在没有任何人工干预的情况下自然生成？

这个想法与我 1984 年曾短暂探索过的一个问题类似，准确时间是我和莱文发表了第一篇论文之后不久。当时的那个问题是：如果合成准晶是可能的，并且可以轻易地创造出来，那么天然准晶呢？

到目前为止，准晶只能在实验室里合成，这种小心翼翼的控制过程过于洁净，无法在自然界中复制。我非常确定，其他科学家会认为天然准晶的想法是荒唐的，它们不可能真实存在。这正是我开始思索这个想法的原因。

The Second
Kind of Impossible

The Extraordinary Quest
for a New Form of Matter

第二部分
追索开始了

07

自然打败过我们吗

> 📍 普林斯顿
> 🕐 1999 年

"有人曾发现过天然准晶吗？"

就在我的演讲结束时，一位兴致勃勃、头发花白的同事冲上讲台问了这个问题。不久前，我加入了普林斯顿大学物理系的教研组，这是我来这里的首次演讲，我决定讲述准晶的历史。此时距我和莱文首次引入准晶概念已经过去 15 年了。

我没认出这个提问题的人，也从未在任何教研组会议上见过他。不过，很快我就知道为什么没见过他了。他自我介绍说，他叫肯·德菲耶（Ken Deffeyes），来自地质科学系。我对他的到来感到很惊讶，一般只有物理学系和天体物理学系的研究员会来参加每周的例行研讨会。

我很欣赏德菲耶提出的问题，因为这意味着他理解了我演讲的主题含义。我曾展示过一系列关于新理论的论点，以表明准晶的生成可能跟晶体一样稳定且容易。所以，唯一合乎逻辑的解释是，作为地质学者，他就想了解有没有人知道自然界中是否存在准晶。

"没有，"我回答道，"我过去曾花时间在博物馆的收藏品中查找过，但是毫无结果。"我微笑着说："不过，我有一个想法可以系统性地探寻它们的存在。"德菲耶将眼睛瞪得圆圆的，并请求我详细讲述一下这个想法。

我告诉他，这涉及在计算机数据库中进行自动化搜索，这个数据库包含成千上万幅衍射图像。这些图像中的一些来自合成材料，也有将近一万幅衍射图像来自天然矿物。好几年前，我曾雇用了一名本科生，让他在数据库中一幅幅地搜索可能的准晶。然而没过多长时间，他就嫌累不干了。之后，我意识到这个筛选过程需要完全自动化。我们可以利用计算机程序缩小搜索范围，获得最接近准晶的样本，然后在实验室检测它们。

德菲耶认为这是一个好主意，他告诉我他正好认识一个人可以干这项工作，这个人名叫陆述义（Peter Lu），是一名聪颖的本科生。陆述义中学时代曾在美国科学奥林匹克锦标赛（National Science Olympiad tournaments）中连续四届赢得"岩石、矿石和化石组"的金牌。他目前是物理系的一名大三学生，这意味着他明年可能会寻找大四的论文课题。陆述义还有使用电子显微镜的研究经历，如果有任何潜在的准晶被搜索和识别出来，都会成为他的加分项。

德菲耶还推荐我联系姚楠（Nan Yao），他是普林斯顿大学成像与分析中心的主任，同时也是电子显微镜方面的专家。德菲耶说姚楠是陆述义的老师，天资卓越，曾给陆述义做过指导。姚楠还在取得特殊物质的衍射图像方面具有高超的技术。

第二天，德菲耶把我介绍给了陆述义。他似乎是这个项目的完美人选，热情高涨，雄心勃勃，渴望挑战。他虽然个头不高，很年轻，但说话时自信满满，总是带着一种毋庸置疑的语气。他虽然没参加过我的讲座，但已经从德菲耶那里听说了很多我的事，所以对于这个项目以及自己的资历，他胸有成竹。

接下来，陆述义和德菲耶带我去见了普林斯顿大学成像与分析中心的姚楠，参观了那里的设备。该中心设有电子显微镜，还有一系列其他昂贵的仪器，用来研究各种各样的材料。该中心向整个大学所有系的科学家、学生以及附近业界实验室的专家开放。姚楠对我们的项目很热心，热切地想在各个方面提供帮助，包括使用中心的电子显微镜。我注意到他的冷静和含蓄，以及带我们参观设备时的专业态度。我知道他会是一位非常有价值的团队成员。

有了德菲耶、陆述义和姚楠的加入，我发现找对了人员，我们具备了知识储备和技能来推进天然准晶的系统搜寻工作。我等待了很长时间的追索终于热切地开始了。

尽管陆述义的天赋大部分在矿物学和实验物理学方面，但他很快吸收了准晶数学的基础概念。基于国际衍射数据中心（International Centre for Diffraction Data）保存的衍射图像，我们开始开发一套计算机算法，这套算法可以让我们将可能是准晶的矿物列出来。

国际衍射数据中心是一家非营利性组织，旨在从全世界的实验室收集关于物质材料及其 X 射线粉末衍射图像（powder-diffraction pattern）的信息。这些信息被保存在一个加密数据库里，科学家和工程学家只有订购才能准入。专家通常使用该数据库来对比他们正在研究的衍射图像和之前已知材料的衍射图像。

该中心还提供相关软件来提取数据库中的信息。不过，我们最后发现，信息的提取过程太过麻烦，他们一次只提供一幅粉末衍射图像，而且还要输入一长串描述性信息，这对于我们来说太烦琐了。

为了进行统计分析，我们只需得到粉末衍射图像的数据。我们给国际衍射数据中心写了一封信，解释了一下我们的项目，并询问他们能否允许我们使用他们解密版的数据库。接下来我们也编写了一款软件来提取相关信息，并准备将信息压缩进一个大文件夹，供我们分析用。我们不确定结果会怎样，因为我们索要的是他们最有价值的商品的特殊准入权。不过最后，他们慷慨地提供了我们所需的一切，不计任何回报。

接下来需要克服的障碍是，我们被限制只能使用粉末衍射图像。如果该中心能够提供单晶衍射图像，我们用一下午的时间就能将准晶图像（见图 7-1a）从单晶图像（见图 7-1b）中选出来。

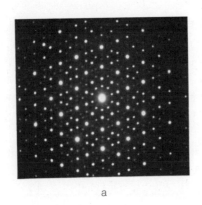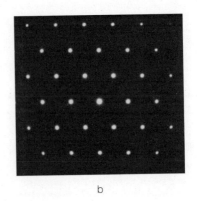

a   b

图 7-1   准晶和单晶衍射图像

然而，该中心不收集单晶衍射图像，因为大多数材料不存在单晶衍射图像。制作高质量单晶衍射图像的前提是必须得有一个特定大小和厚度的样本。对于科学家所研究的大多数矿石和材料来说，若想找到这样的样本，既艰难又耗费时间。

所以，科学家改为收集很多碎小的单个颗粒，相对于其他颗粒，这些颗粒的原子排列朝着随机的角度。像这样的颗粒粉末自然界中可能就有，或者可以通过将一个或多个小型样本研磨成细碎的粉末而轻易制备。

将 X 射线照向聚集在一起的颗粒，就产生了所谓的 X 射线粉末衍射图像，这类图是将所有颗粒的衍射图像合并在一起形成的。比如，如果所有的单个准晶都有一幅锐利的针点衍射图像，像图 7-2 左侧所示，那么粉末衍射图像看起来就像图 7-2 右侧一样。

粉末衍射图像与你可能观察到的情况类似：如果将锐利的针点衍射图像放在转盘上快速转动，那么每个点都会变成一个模糊的圆圈。左图展示了具备清晰的十重对称的针点排列，而右图粉末衍射图像的所有关于对称的信息都丢失了，留下来的不过是有着不同半径和亮度的圆圈。

假设你只有右边的图，你有办法还原它来自一种随机排列的颗粒粉末，而且每个颗粒都能生成如左图所示的图像吗？这就是我们试图要回答的问题。结果奇迹真的出现了，我和陆述义竟然通过右图圆圈的间隙和亮度等信息，识别出了潜在的准晶，并推测出大家已经很熟悉的雪花状衍射图像（见图 7-2 左侧）。

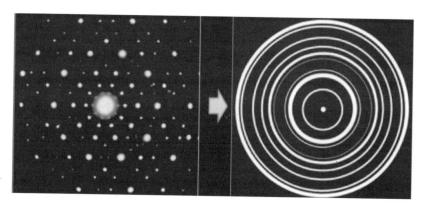

图 7-2 雪花状衍射图像和粉末衍射图像

图 7-3 总结了我们的发现。这幅图展示了我们为国际衍射数据中心的每幅粉末衍射图像计算出的两种不同特性。横轴显示的是样本的粉末衍射圆圈的半径与完美的二十面体准晶半径的接近程度，纵轴显示的是亮度的匹配程度。

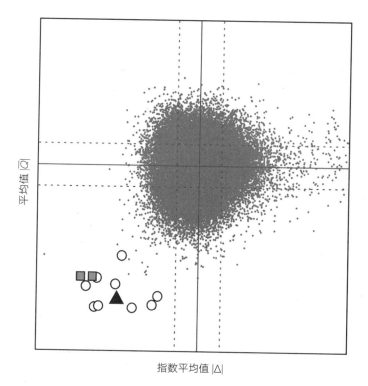

图 7-3　坐标图

图 7-3 左下边的两个暗色方格代表国际衍射数据中心已知的两种合成准晶。所以，在实践中，这两个方格与我们所能达到的完美程度非常接近。如果某种天然矿物的粉末衍射图像数据非常接近这两个方格，我们就有理由认为，它们属于准晶，其中每个颗粒都有一幅针点衍射图像。

图 7-3 中的点代表了超过 9 000 种矿石的对比结果，这些点与暗色方格的距离太远，所以这些矿石不太可能成为准晶的候选者。圆圈代表与方格最为接近的矿石的粉末衍射图像，象征着潜在的准晶。

圆圈就是我们要找的矿石样本。我和陆述义最终找到了这些样本，接下来就是将其带回普林斯顿的实验室做进一步的研究。样本一旦到位，就会被切割成薄片，并被放在电子显微镜下检视，以确定它们是不是真正的准晶。

在普林斯顿大学的最后一学年结束时，陆述义在大四论文答辩上展示了自己的研究结果。根据惯例，教职人员会向大四学生提许多问题以测试他们对研究主题的熟悉程度，这个过程让人备受煎熬。不过，陆述义表现得有点儿嚣张，他认为自己应该去施行"煎熬"。看来确实如此。

结果，陆述义把在场的人都给逗乐了。作为论文正式答辩的一部分，他用涂了薄薄一层准晶金属的特制平底煎锅煎了一块牛排。将合成准晶作为不粘锅涂层是这种新物质形式早期的商业应用之一，该涂层由法国准晶学家让－玛利·杜布瓦（Jean-Marie Dubois）及其研究团队设计并取得专利。一家法国制造商为这种不粘锅注册了商标，并取名为"赛博诺克斯"（Cybernox）。

这种准晶涂层很顺滑，就像常见的不粘涂层铁氟龙一样，但其耐用性要好得多。陆述义没用任何黄油就煎了牛排，这证实了准晶涂层一点儿也不粘锅。他的压轴好戏是，当牛排还在锅里时，他就用锋利的餐刀去切割，如果将他的锅换作铁氟龙涂层做的平底锅，可没有人会这样做。陆述义向大家展示了锅没有受到任何损坏，因为准晶材料非常坚实。不过，切牛排的刀就很难说了，因为平底锅表面留下了大量金属碎屑。

陆述义还展示了我们在国际衍射数据中心搜索到的相关细节，并解释了我们发明的搜索算法以及研究出的候选样本。虽然我们没有成功地发现天然准晶，但这次尝试收集和测试矿石的过程就像一连串冒险故事，惊险又好玩。

在数月的辛勤工作之后，我们最终成功地获得一件样本，它成为我们最具希望的候选矿石之一。不过，这件样本只有几英寸大小，为了在电子显微镜下研究它，我们需要将它切成如头发丝般细的薄片。

切片过程需要一种特殊的设备，而普林斯顿大学没有这种设备，所以我们将样本送去了加州大学洛杉矶分校的实验室。我们期待该实验室能够完成薄片的切割，并寄回样本剩下的部分。如果我们成功地在切片中发现了准晶，那么样本其余部分对后续的研究来说极为珍贵，将会成为博物馆非常重要的一件展品。

然而，当我们收到加州大学洛杉矶分校寄回来的包裹时，里面只有一块超薄的切片。我们那么努力获得的罕见样本，其余部分去哪里了？

我发狂般地致电加州大学洛杉矶分校，想知道他们什么时候能寄回样本的其余部分。当我终于连线到相关的技术人员时，他愉悦地回答说："哦，我们以为你们只需要一片切片，所以把剩下的样本都扔掉了。"

听到这个消息时我被吓坏了。据我们所知，这可能是这一矿石在世界上的唯一一件样本。如果我们检查了切片，发现里面包含第一份天然准晶，那么就必须接受这样一个事实：这份罕见矿石的 99.99% 都被扔进了垃圾箱。接下来的几小时我们等待姚楠的关于这份薄晶片的检查结果，这个过程真的是令人如坐针毡。当他报告说这件样本不含准晶后，我和陆述义离开了实验室，情绪十分复杂，既失望又欣慰。

结果证明，我们识别、收集并检测的所有矿石都不含准晶。在陆述义通过论文答辩的一年后，我们将实验结果发表在《物理评论快报》上，其中讲述了我们的计算机搜索算法和一系列冗长的失败案例。

我们的研究方法的一个不足之处是，国际衍射数据中心从世界各地不同的实验室收集到的数据质量参差不齐，这导致我们的自动搜索算法做出了很多误判。我不得不接受这样一个事实：还要经历很多次失败，我们才能发现真正的天然准晶。

陆述义以最高荣誉学士的殊荣从普林斯顿大学毕业，之后前往哈佛大学研究生院研究完全不同的课题。他虽然不再参与天然准晶的研究，但仍然着迷于准晶的平面填充之美。当陆述义还是一名研究生时，我们两个有时会讨论一个问题，那就是彭罗斯虽然成功地建构了准周期平面填充，但没意识到平面填充中隐藏的准周期排列。所以，我猜测，有可能在彭罗斯之前，就有人无意识地设计出了准周期平面填充。伊斯兰文化中精密的镶嵌填充图案中就有可能有这样的平面填充，因为很多伊斯兰文化都有着关于数学的先进知识，而且对几何图形深感兴趣。

几年后的一个暑假，陆述义有机会到乌兹别克斯坦的布哈拉（Bukhara）旅行，他发现了很多周期性图案的样例，包括在一种重复图案中发现了具备十重对称的星形。这次经历启发了他，回国后他就开始从伊斯兰平面填充中进行搜寻，结果发现了很多平面填充都类似于他在布哈拉看到的图案——具备规律的五重或十重对称的周期性星形图案。有一次他在伊朗伊斯法罕市（Isfahan）的达布 - 伊玛目神殿（Darb-i Imam）—— 一座曾于 1453 年留下历史铭文的纪念馆，发现了一种不能简单地用周期性来描述的图案（见彩插 3）。

— ◐ —

陆述义立即联系了我，请我帮助分析这幅复杂的平面填充。我们将照片转换成一幅精确的几何图形，其中包括 3 种形状，称之为"吉里赫瓷砖"（girih tiles，见彩插 4）。我们发现，这幅图案几乎呈完美的准周期排列，除了一小部分可能由于后来修复存在错误。另外，我们发现，可以通过一种收缩或者细分规则建构这样的图案，并且可以无限地延伸下去。不过，这种细分规则比彭罗斯平面填充的构建规则要复杂得多。

然而，没有记录显示当时达布 - 伊玛目神殿的工匠是如何设计这种复杂图案的，我们只能基于在神殿遗址上观察到的碎片进行推测。尽管这种设计体现出了我和陆述义识别出的关于某种收缩规则的知识，但并没有证据显示工匠曾应用了何种匹配规则。目前，其他伊斯兰平面填充中的图案还不足以断定它们呈完美的准周期排列。

伊斯兰平面填充成了一种艺术和考古项目，令人迷醉。不过，我还没有打算放弃对天然准晶的追索。我仍然希望有人能对我和陆述义已经发表的那篇关于国际衍射数据中心搜寻结果的论文做出回应。

在那篇论文的结尾，我们提供并分享了剩下的潜在准晶候选清单，那些都是我们未能检视的矿石，希望有人愿意加入探索当中。"竭诚邀请感兴趣的研究者联系陆述义和保罗。"

我们希望这个邀请能起到科学界归航信标的作用。然而令人遗憾的是，没有人回复我们的请求，没有人……等了 6 年之久都没有人回复。然后……

08

新伙伴卢卡·宾迪

普林斯顿、波士顿和意大利佛罗伦萨

2007 年

2007 年 5 月 31 日，我和陆述义收到一封来自意大利的一位矿物学家的邮件，这位矿物学家名叫卢卡·宾迪（Luca Bindi）。我们一时不知所以，因为我俩之前都没有听说过宾迪，但他显然听说过我们。

宾迪一直在研究一类特殊的，被称为"非相称晶体"（incommensurate crystal）的矿石。这种晶体的原子虽然是以准周期方式排列的，类似于准晶，但仍然保持着阿维和布拉维提出的长久以来屹立不倒的对称规则，这一点准晶是不具备的。

在研究非相称晶体的时候，宾迪看到了我们那篇系统地搜寻天然准晶的论文。他注意到，我们正在邀请合作者，他便写邮件联系我们，表示愿意加入。

宾迪介绍说自己是佛罗伦萨大学附设的自然历史博物馆矿物部的主任，并提出自愿帮忙，研究该博物馆藏品中发现的任何潜在准晶的候选矿石。

换句话说就是，一位我从来没有听说过的意大利科学家自愿加入他从没见过的几个美国科学家设计的乱枪打鸟式的研究，而且这场对于天然准晶的探索在过去8年里没有产生任何像样的结果。这个家伙是谁？我想知道。

陆述义那时已经是哈佛大学的一名研究生了，正致力于与准晶毫无关系的项目。他问：我们是不是应该与这位不认识的科学家合作，继续推进关于准晶的研究？为什么不呢？

宾迪很快就对这场天然准晶的搜寻变得和我一样痴迷。尽管他天生好动，爱往户外跑，但也很有耐心，可以在实验室里独自工作，不眠不休，即使成功的可能性微乎其微。

我和陆述义先给宾迪发去了基于国际衍射数据中心的矿石资料列出的准晶候选清单。接下来，宾迪按照清单继续在博物馆里采集样本，并认真地加以分析。结果不是很好。在接下来的几个月里，他给我的定期报告都很令人失望。失败一次又一次袭来。

那时，我建议宾迪不要继续搜索地球上的矿石了，"陨星中含有准晶的希望更大，因为它们包含的是各种各样的纯金属合金。我会和你一起研究，因为我对此非常感兴趣"。这个想法后来被证明很有预见性。然而，宾迪当时对我的建议不置可否，也许因为他是一名矿物学家，陨星超出了他的专业知识范围。

就在这个时期来来回回的交流中，我和宾迪建立起了深厚的友谊，尽管刚开始的时候他在实验室里经历了一次又一次失败，但我们的友谊经受住了考验。我们对彼此的尊重建立在科学的基础之上，并通过每天的电子邮件和网上交流生根发芽。

—— ◗◖ ——

意大利佛罗伦萨和热那亚
2008 年 11 月 3 日

在经历了一年多的失败之后，宾迪突然单方面地做了任何优秀的科学家都会做的选择。他抛开了失败的策略，采用了新方法。

尽管我和陆述义最初用于分析的国际衍射数据中心的文件包括了数千种矿石的衍射图像，但还有一些稀有或最近发现的天然矿石没有包括在内。宾迪决定专注于这些矿石。他只聚焦于包括金属铝和铜的矿石，这进一步缩小了搜索范围，铝和铜是当时非常流行的元素组合，可以创造出很多合成准晶。

2008 年 11 月上旬，我赴意大利参加了热那亚一年一度的"科学节"，并受邀在会议上做了关于《无尽的宇宙》（*Endless Universe*）一书的演讲，这本书是写给普通大众的科普读物，介绍了我和物理学家尼尔·图罗克（Neil Turok）提出的宇宙循环理论。该理论较提出之时取得了很大进展，如今它已经替代了膨胀论，成为主流理论。膨胀论也是我几十年前参与提出的，但现在已经被认为不可行了。

我有一段时间没有跟宾迪联系了，也没有去打扰他。我没有告诉他我那周会在意大利。有一天，我步行穿过所住酒店前面的圣罗伦佐大教堂广场，想找个地方喝点儿可口的意式咖啡，当时我的黑莓手机震动了一下——是宾迪发来的信息。我点开信息提示，做好了又一次失败的心理准备。结果是一封电子邮件，里面写着：

> 我研究了博物馆的一份样本（来自博物馆的矿物学馆藏），标签是"铝锌铜矿石"（khatyrkite，$CuAl_2$）。经过初步的扫描电镜（scanning electron microscope，SEM）研究，我发现这件样本包含了 4 种物质相：铝铜相（cupalite，CuAl），二铝铜相（khatyrkite，$CuAl_2$），一种由铜、铁、铝（CuFeAl）组成的未知相，以及最后一种化学计量比为 $Al_{65}Cu_{20}Fe_{15}$（归一化为 100 个原子）的相。

信息其余部分都聚焦于最后一种相，这种化学式为 $Al_{65}Cu_{20}Fe_{15}$ 的矿物质中含有 65% 的铝原子、20% 的铜原子和 15% 的铁原子。

彩插 5 中展示了宾迪提到的样本，图中的塑料盒还是一开始盛放样本的塑料盒，旁边放了一枚作比例对照的 5 分钱的欧元硬币。盒子里占地最大的是一块油灰——用来固定矿石，这样矿石就不会因为盒子的移动而四处碰撞或撞碎。整个样本的直径仅有 3 毫米（见彩插 6，该图是放大后的图像），被油灰填料固定在最高的位置。

彩插 6 是我第一眼看到这件旁边放着 5 分钱欧元硬币的小颗粒时的样子，它将会引领我们开启一项伟大的事业。

这个盒子中样本的标签为"铝锌铜矿石"，一种包含了二铝铜（每两个铝原子周围有一个铜原子）的晶体矿石。铝锌铜矿石被列在国际矿物学协会（IMA）的官方目录中，这意味着它的构成和周期结构已被广为人知，而且它的特性也已经被仔细地测量和记载下来了。在佛罗伦萨博物馆的官方目录中，这份样本的登记编号是 46407/G，塑料盒顶部的标签编号是 4061。我们也不明白这样标记的原因。盒子上面还标记有一个单词 Khatyrka，这是俄罗斯远东地区一条河流的名称，此外还标记着一个词 Koriak Russia，这是俄文 Koryak 的另一种拼法，指楚科奇自治区的科里亚克山脉，该地区位于俄罗斯堪察加半岛以北和西伯利亚以东。

这幅特写图（彩插 6）揭示出，这个矿石颗粒包含着非常复杂的构成物质。宾迪发现，颜色浅一点的部分包含了常见的矿石，比如橄榄石、辉石、尖晶石等。颜色暗一点的部分则主要是铜和铝的合金。这个盒子上的标签是"铝锌铜矿石"，无论是谁写下的标签，他们都认为二铝铜晶体是该矿石的主要组成部分，具有研究价值。

宾迪已经切开了该矿石，以研究它的构成。他切了 6 份薄片，每一份的厚度只有人的头发丝那么细。然而，为了切成薄片，宾迪被迫牺牲了整个样本。在制作切片的过程中，90% 的样本被毁坏了，它本来会成为极其珍贵的矿石样本的。彩插 7 是该样本的特写，宾迪曾兴奋地在电子邮件中描述过这块薄薄的切片。

灰阶影像可以显示出不同材料的混合，看起来就像材料被随机糅杂在一起一样。电子探针（electron microprobe）可以通过一束窄窄的电子束扫描样本，来测量样本的化学构成，利用这项技术，宾迪能够识别出切片中的大多数矿物质。影像中的每个点分别对应着不同的测量结果。

在黄色的点对应的位置上，宾迪发现了二铝铜矿石——$CuAl_2$（如前所述，每两个铝原子与一个铜原子相匹配）。红色的点对应着另一种稀有晶体，这种晶体被称为"铜铝石"，也就是 $CuAl$，是一种混合物，其中铜原子和铝原子各占一半。

宾迪还发现了一些真正令人困惑的点。在绿色的点对应的区域，其混合物中铝、铜和铁原子的数量大致相同，国际矿物学协会天然矿物的官方目录中没有这种组合的记载。蓝色的点是 $Al_{65}Cu_{20}Fe_{15}$，官方目录中也没有这种组合的记载。

宾迪迫切地想把这两种神秘的矿物质分离出来，也就是绿点和蓝点对应的矿物质，以便获得它们的粉末衍射图像，并识别出它们。因此，他冒着很大的风险，利用一种特殊的工具对蓝点和绿点进行了冲孔。这项操作需要非凡的手眼协调能力，因为这部分只有借助显微镜才能看见，薄如蝉翼。最终，宾迪成功地获得了切片。不过，这块易碎的切片的其余部分在冲孔过程中都被毁坏了。

关于这些不同的矿物质是怎么彼此连接在一起的，这部分珍贵的信息被丢失了。实际上，宾迪当时没有意识到这件标本有多么罕见和重要，或者这部分信息在以后会变得那么至关重要。他唯一的目标就是尽快分离出单个的矿石颗粒，这样他就能取得 X 射线衍射图像，以确定有没有准晶的候选。

原始样本剩下的只有两个微小的矿石颗粒，宾迪将这两个颗粒粘到一对细细的玻璃纤维末端。它们虽然微小，但足够宾迪获取 X 射线粉末衍射图像了。

宾迪将结果与已发表的合成准晶图像进行了比照，获得的发现令他兴奋不已。不过，他不确定两者是否真正匹配。他没有所需的计算机程序来进行我和陆述义曾设计的精密测试，他也不能只基于粉末衍射图像就确定某种原子排列是旋转对称的。我和陆述义在使用国际衍射数据中心的数据库时也碰到了同样的问题。

在看完宾迪的邮件几分钟之后，我直接将他的粉末衍射图像转发给陆述义，他会做一项测试，对宾迪的粉末衍射图像与我们期待看到的关于天然准晶的数据进行定量的精确对比。在结果出来之前，对宾迪的发现感到兴奋是毫无意义的。

两天后，我回到美国，收到了初步的结果。基于测试和合理的分析，蓝点对应的颗粒很有可能包含天然准晶。不过现在高兴还为时过早。正如我向宾迪解释的那样，"很有可能"和证据确凿不能同等而语，想想我和陆述义之前那些充满希望的研究最终都沦为泡沫。因此，在我们确定是不是真的发现了天然准晶之前，还需要进行更多检测。

然而，原始矿石只有两个微小的颗粒。我们在佛罗伦萨或普林斯顿附近的博物馆藏品中快速地查验了一遍其他的铝锌铜样本，但是无果而终。所以，我们没有选择，只能聚焦于已有的颗粒。宾迪的实验室没有所需的高倍数仪器来对剩余材料进行决定性的检测。不过，我有办法找到合适的仪器以及进行检测的最合适人选。我将请求普林斯顿大学成像与分析中心的主任姚楠来解决这个问题。

2008 年 11 月 11 日，距我初次和宾迪一起工作已经过去了大约一年半，这天我在办公室收到了一个从意大利佛罗伦萨寄来的塑料盒。这个盒子里有两根小小的铜管，用来固定我们要进行粉末衍射实验的样本。每根铜管中有一根细细的玻璃纤维，玻璃纤维的末端都粘着近乎看不见的深色矿石颗粒。

我想确保样本安全地到达了，于是打开包装，拿出塑料盒，斜着眼睛使劲看，以看清纤维末端的颗粒。我向当时正好在我办公室里的学生解释说，我花了 10 多年时间来寻找天然准晶，如果真的找到了，至少这块准晶应该跟鹅卵石一样大。

"这也太令人泄气了，"我说，"如果它是第一块天然准晶，也太小了吧，看都看不清！"

09
"准" 新年快乐

📍 普林斯顿

🕐 2008 年 11 月 21 日

　　我紧紧地攥着小盒子，以爬山般的脚步从办公室慢慢走向普林斯顿大学成像与分析中心。盒子里面是我从宾迪那里收到的两根铜管，每根铜管上固定着一根细细的玻璃纤维——大约 2.5 厘米长，末端粘着珍贵的矿石颗粒。

　　当我走进办公室时，姚楠正低着头在写字桌上忙工作。我迅速环视了一周，目之所及的角落都堆满了书、杂志或者与一个个项目相关的盒装样本。

　　虽然办公室不是很整齐，但这足以证明姚楠花了大量时间为各院系的教职人员和学生提供服务。我已经欠他一个很大的人情了。一直以来，他不仅为我们的研究花费了很多私人时间，还提供了自主经费，来支持我们的研究。

　　姚楠从写字桌前站起身，高兴地绕过成堆的物件来向我打招呼。他身材高大、瘦削。我们愉快地寒暄后，他请我坐下。我环顾四周，不知道该往哪儿坐，因为椅子和小咖啡桌上都摆满了别人的研究材料及杂物。不过，姚楠很快收拾干净所有东西，将它们摞在地板上，以便给我留出空间。

姚楠知道我带着宾迪的样本来找他检验。我很快将盒子递给他，然后往后坐了坐，看看他有何反应。姚楠是美国显微镜协会的一位德高望重的会员，一直秉持着他那冷静而谦虚的职业风度（见图 9-1）。不过，当看向盒子里面只有两个小颗粒时，他还是明显地吃了一惊，用于检验的每个小颗粒的厚度大约只有 0.1 毫米。我本来就很担心材料太少了，姚楠的反应让我更加紧张。

图 9-1　姚楠在实验室

情况确实和我猜想的一样糟糕。

姚楠告诉我，把颗粒从玻璃纤维上取下来将会很危险。所以，我们决定在不取下来的情况下进行测量，看看能有多少发现，这样就不会损坏样本了。虽然我们进行的 X 射线衍射测量和宾迪的做法一样，但所用的设备更为精密，以检验样本是不是潜在的天然准晶。

然而几个星期过去了，结果还是徒劳无功。即使姚楠利用了更先进的设备，也无法在宾迪的结果上更进一步。我们测量到的粉末衍射尖峰与宾迪获得的结果大致相似。我们认为，承载样本的轻薄易碎的玻璃纤维可能是问题的根源。当姚楠旋转样本时，这些玻璃纤维抖动得太厉害了，导致 X 射线衍射图像变花了。

我们考虑把这些颗粒从玻璃纤维上取下来，然后将其粘在较固定的承载物上。然而，正如姚楠和我已经讨论过的，重新粘贴这些微小的样本将会非常冒险。若想抓住这次机会，就应该让这次的操作值得我们的付出，而不仅是重新粘贴样本，再重复同样的检测。所以，我决定，我们应该直接跳到最重要的检测上：对样本的单个晶粒进行穿透式电子衍射。

穿透式电子衍射的优点是，它利用的是一束精确聚焦的电子束，这束电子束能对准一片碎屑内的很多不同晶粒中的一个微小晶粒进行穿透，结果就会得到一幅直接的衍射图，它可以揭示原子排列的对称形式。

然而，检测这份样本确实是一项艰巨的挑战。首先需要把颗粒从玻璃纤维上移下来，将其分成很多微观的单个晶粒；然后在所有这些晶粒中挑选，找到对于电子束来说足够薄且可以穿透的晶粒。

姚楠的计划是在玻璃纤维末端滴一点丙酮，让胶慢慢软化，然后小心地把单个晶粒一个一个地用镊子从玻璃纤维上移下来。这种做法虽然听起来很简单，但实际上是一件极其细致的活儿，需要高超的技艺才行。

姚楠拿来往玻璃纤维上滴的丙酮，然后小心翼翼地挤出小小的一滴。我坐在旁边，屏住呼吸。丙酮滴在了玻璃纤维的末端，接着我眼前的整个颗粒突然消失了。

我们都很震惊。这个颗粒包含的应该是金属晶粒，而金属晶粒在丙酮中无法熔化。这是怎么回事？我们两个一言不发，但都感到心惊胆战、莫名其妙。我们的目光慢慢从纤维末端向下移动，接着同时倒吸一口凉气。

我们完全没有料想到，将这个颗粒粘到纤维尖端所用的胶水那么少，只加了一小滴丙酮就完全将它从纤维末端取下来了。

这个颗粒本来会掉在地板上，受到污染，或者更糟，这个几乎看不见的颗粒可能会完全消失。不过幸运的是，玻璃纤维末端下方35厘米远的地方是一张桌子，上面放着一只小型的白色坩埚，大小、形状大概和洋娃娃的茶杯差不多。姚楠把坩埚放在那儿是为了接住当用镊子移晶粒时摘下来的碎屑，而巧合的是，这个坩埚直接放在了纤维末端的下面。

当我和姚楠往下移动目光时看到，一小滴丙酮和整个由金属晶粒组成的颗粒安稳地落在了白色坩埚的正中央。

这个颗粒小如粉末一般，如果要开始工作，我们只能从这个厚度仅有 0.1 毫米大小的颗粒做起，而它刚才已经被分裂成数百个微小晶粒，全部浸在一小池丙酮中。我们不得不等待丙酮完全蒸发干净，才能把这个颗粒放在特制的金色格子上，这个格子有一枚硬币大小，通常被用来在穿透式电子显微镜下研究粉末状样本。

电子束很细，每次只能研究一个晶粒的一部分。理想的晶粒应该是煎饼形状的，这样就会有很宽的平面，而电子束穿过的纵向就会非常薄。

看着样本中的微小晶粒，我和姚楠意识到，要将它们切成想要的厚度是没有希望了，因为这个厚度将是一毫米的千分之一。我们唯一的希望是找到一个晶粒，碰巧足够薄，而且其形状跟我们设想的一致。

不凑巧的是，在我们推进这项工作之前，还需要等待一段时间。因为普林斯顿大学的寒假快要开始了，到时普林斯顿大学成像与分析中心就会关门，而且当寒假结束后，我们检验所需的显微镜在接下来的两个月都会被预订满。

我对样本是否包含准晶并不感到乐观。大约 10 年前，我和陆述义曾经研究过几种矿石，它们虽然都有令人振奋的粉末衍射图像，但都没能通过严格的穿透式电子显微镜的检验。我想这个样本也不会有什么不同。即使如此，一想到要等上几个月才能验明结果，还是令人很烦恼。

我问姚楠能否快点儿检查样本，他指向了日历上接下来两个月唯一开放的日期：1月2日星期五凌晨5点。这真是一个大惊喜，没有人会在新年第一天过后天还没亮就工作。

这个没有人想要工作的时间段并未令我泄气。"好的！"我说，"到时见！"值得一提的是，姚楠也同意了。

—— ◐ ——

📍 普林斯顿

🕐 2009 年 1 月 2 日

当闹钟在凌晨 4 点 30 分响起的时候，普林斯顿大学的气温只有 -7℃左右，非常寒冷。我全身裹在最温暖的一件冬季外套里，戴上帽子和手套，在黑暗中前往中心实验室见姚楠。

当我开车穿城而过时突然想起，虽然我和姚楠在几个星期前就约定好了，但是从来没有确认过日期。他不会忘了吧？我思忖着。也许我白白从温暖的被窝中爬起，在寒风中苦等了。

然而，当我到实验室的时候，姚楠这位在专业上造诣极高的科学家已经在工作了。我坐在他旁边，前面是穿透式电子显微镜。他已经将样本小心翼翼地放在了承载样本的金色格子里，金色格子就放在显微镜下，样本周围被抽成真空状态，此时他正在样本中寻找有希望的晶粒来研究。姚楠用显微镜查找合适的晶粒，我通过旁边监视器上投射的图像可以看到他的一举一动。

过了几分钟后，他终于挑出了一个晶粒——宽两微米，大约是人类头发丝厚度的千分之一，它的放大图像见图 9-2。在显微镜下，这个晶粒的形状大致像一把小斧头。姚楠说晶粒靠近斧子柄的部分足够薄，电子束可以穿透。

姚楠操作控制器缓慢地移动承载样本的格子，直到斧子柄与电子束的射线保持在同一直线上。经过几轮检查之后，姚楠宣布说他已经准备好可以开始了。

第一步是采用穿透式电子显微镜的"会聚射线模式"（convergent beam

mode），这种模式针对的是几近完美的晶体样本，可以生成一种被称为"菊池图样"（Kikuchi pattern）的交叉缎带式图像。"菊池图样"的命名是为了纪念日本物理学家菊池正士，他于 1928 年发现了这一图样。

0.5 微米

图 9-2　晶粒的放大图像

令我们感到惊讶的是，这个晶粒立刻产生了一种漂亮的菊池图样。我们没有想到能在这个颗粒中找到一份如此完美的样本，更没有想到能在第一次尝试的部位就得出这种图样。

然而，真正惊掉我们下巴的是这份图样包含十根辐条，以十重对称的形式排列，如图 9-3 所示。我目不转睛地盯着监视器。对于普通的晶体来说，不可能存在十重对称的菊池图样。找到这样的图样是我们的第一个目标，即这份样本可能真的是天然准晶。

我从座位上一跃而起，这真是一个令人振奋的早晨。

菊池图样的辐条与电子束可能是对齐的，所以电子束才能近乎完美地沿着原子排列的对称轴穿过。姚楠操纵着控制器，重新对齐样本，将显微镜调至衍射模式。

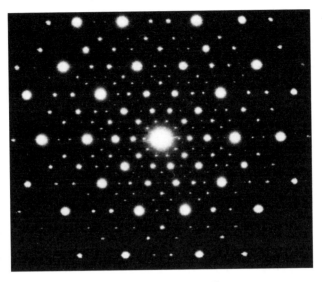

图 9-3　晶粒的衍射图像

姚楠按了一下调模式的按钮，屏幕上出现的图像让我完全惊呆了。我看到一组针点衍射圆点，它们以雪花状样式排列，构成五边形和十边形，这是理想的二十面体准晶的标志性图像。我情不自禁地露出笑容，不敢相信所看到的一切。这比谢赫特曼于 1982 年得到的电子衍射图像更完美。他的那份样本是合成的，而我们这份样本是天然的。我盯着屏幕上的图像，敬畏之情油然而生。

我和姚楠没有大喊"找到了"，也没有欢呼或者祝贺对方。事实上，我们完全沉默了，因为此时不需要言语。我们两个都知道，我们见证了"第二种不可能"的时刻——天然准晶的首次发现时刻。

大多数科学家终其一生做研究，都希望能有这样的时刻。虽然此时我和姚楠在温度很低的实验室里冻得瑟瑟发抖，但内心非常激动，我们是多么幸运。这真是令人无比兴奋的时刻。

自我首次开始在自然历史博物馆的矿物展品中搜寻天然准晶以来，那次非正式的研究已经过去了将近 25 年。自我和姚楠、陆述义、德菲耶开始在全世界的矿石数据库中系统地搜索天然准晶以来，已经过去了 10 年。很多人认为，这个耗时费力的项目前景黯淡，也许还有点儿傻。正如反对者所预言的，我们从未获得过一次鼓舞人心的成果，甚至压根没有接近过这个成果。

不过，那次不成功的搜寻行动让我认识了宾迪，并知道了他所管理的博物馆储藏室里被遗忘已久的样本。而现在，数十年的失败再也不会影响我们了。没有什么能吸引我的注意力，除了我在监视器上看到的东西。图 9-4 是我们那天早上看到的首张衍射图像的过度曝光版本。

图 9-4　衍射图像的过度曝光版本

我和姚楠一边赞叹着这幅图像，一边开始交流。我们的会话非常程式化，冷静地讨论了接下来的步骤。

第一步是把样本放在载玻片上，并倾斜一定的角度，然后沿着不同的方向观察不同的图像。这次实验至关重要，因为它将证实，这件样本有着二十面体的所有对称性。

正如姚楠解释的那样，这次实验只有在让空气重新进入样本周围的真空，重置载玻片才可以进行。这个过程很复杂，需要花费很长时间才能完成。尽管仪器已经被别人预定了，但是我们的发现意义重大，因此姚楠决定在那一周再挤出些时间来进行这项实验。我暂时可以回家了。

我走出实验室，来到普林斯顿大学滴水成冰的大街上，天还很黑，人烟稀少。不过我一点儿都不觉得寒冷。在开车回家的路上，我几乎处于梦游状态，脑海里一遍又一遍回想着实验室的情景。天然准晶，这不可能。

经过几小时短暂的休息后，我发了一封邮件给宾迪，标题是"准新年快乐"。宾迪是世界上第三个知道天然准晶刚刚被发现的人。不过，他可能会说自己是第一个。最初在他佛罗伦萨实验室里用于粉末衍射实验的样本包罗万象，但他果断地缩小了样本范围，他在科研上的直觉被证明非常敏锐，这也给了他极大的自信，于是他将那份包含准晶的矿石寄给我。

几天后，姚楠遵守了承诺，又挤出了时间使用穿透式电子显微镜进行了实验。他以不同角度旋转着样本，结果发现了一系列衍射图像都具备长方形的对称性（见图9-5a）和六边形（见图9-5b）的对称性。

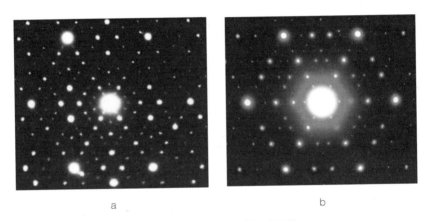

a   b

图9-5　姚楠再次发现的衍射图像

姚楠需要将样本旋转一定的角度才能将十重对称转换成长方形对称，然后再转换成六边形对称，最后得出的实验结果与所预测的二十面体精确吻合。比如，一条经过二十面体中心和它的一个对角之间的假想线与一条经过二十面体中心和它的一个三角形平面中心之间的假想线形成一个夹角。毋庸置疑，我们的晶粒有着完美的二十面体对称性。

宾迪之前的实验显示，晶粒包含了铝、铁和铜元素，3种元素的比例与蔡安邦团队在1987年合成的历史性样本的比例基本一致。蔡安邦团队的样本是具备针点衍射波峰的首个合成准晶案例。不过，我们还需要进行精确的测量以求准确。

我们有一小份蔡安邦团队合成的准晶，是 1989 年他送给我的纪念物。这块矿石是我非常重要的一件收藏品，陈列在我办公室里已经有 20 多年了。我敲下来一小片给了姚楠，这样他就可以在合成样本和首次亮相的天然样本之间进行定量比较了。

结果发现，每件样本的配比都近乎完美地保持一致：$Al_{63}Cu_{24}Fe_{13}$（63% 的铝原子、24% 的铜原子以及 13% 的铁原子）。蔡安邦团队那份刻面平整的二十面体合成准晶和天然铝锌铜矿石样本中的微小晶粒有着近乎一样的排列及构成。

这两种物质从世界的两端来到普林斯顿大学，其中一个是在日本的一家实验室里制造出来的，而另一个是天然形成的，来自意大利。现在，这两块矿石被发现有着近乎完美的匹配度。这不可能！

我和宾迪写了一篇论文，标题是《发现天然准晶》（*Discovery of Natural Quasicrystals*），在姚楠和陆述义的帮助下，我们投给了《科学》杂志，这是一家发布新科学结果的顶级期刊。我知道我们得等待几个月，才能知道论文会不会被发表。

此刻，我本来应该庆祝我们最终成功地发现了天然准晶，这是我几十年以来一直追寻的目标。然而相反，我感到格外不满意。我有一种恼人的预感：铝锌铜矿石样本中仍然藏着需要被发现的东西。

我无法准确地说出到底是什么让我有这种感受，也不知道要过多久我才能找到这种东西，只是有一种强烈的预感：冒险才刚刚开始。

10
当你说这不可能的时候

📍 普林斯顿

🕐 2009 年 1 月 8 日

我使劲敲了敲一扇高高的橡木门，门上用玻璃镶嵌着一个标签——"林肯·霍利斯特教授"（Prof. L. Hollister）。这是我第一次拜访这位著名的地质学家，在之后的日子里，我们将多次一起参加会议，但一开始我不知道自己该期待什么。

霍利斯特是一位岩石学专家，岩石学是研究岩石起源和构成的一门科学。他还是一位讲究实际的科学家，兴趣广泛，在普林斯顿大学深受学生的爱戴。不过此时的我没有预料到的是，他将来会成为我们最强有力的批评者之一，很快他将会质疑我们整个研究的有效性。

在整个职业生涯期间，霍利斯特一直在挑战着传统观点，而且最终证明他是正确的。20 世纪 70 年代，他首次踏入岩石学领域，当时标准的观点是变质岩中的矿物质构成是一致的，因为它们都是在高温高压状态下形成的。而霍利斯特证明，情况并不是这样的。作为首批得到月球岩石的地质学家之一，霍利斯特揭示了来自月球火山岩中的特定矿石为什么不是在月球表面以下很深的高压环境下形成的，事实上，它们是由月球表面快速冷却的岩浆形成的。他还去过遥远的地区，比如加拿大的哥伦比亚、美国的阿拉斯加和不丹，通过一系列的远足探索，他有力地推进了我们对大陆地壳的了解。

霍利斯特在职业上取得的成功依赖于荒野中的生存技巧，以及一套强硬、有效且实用的实验室研究方法。我知道，除了他，没有更好的人选可以帮忙弄清我们的天然准晶是如何形成的。

自蔡安邦团队于1987年制造出第一件完美的人造准晶样本 $Al_{63}Cu_{24}Fe_{13}$ 以来，人造准晶的制造在全世界变得越来越容易了。不过，蔡安邦的实验室有着严密的操作流程，不同的金属能以刚刚好的比例调和在一起，而且在冷却合金的过程中，他们会小心翼翼地调整速率。所以，他的团队制造出了完美的人造准晶样本（见图10-1a）。相反，我们在佛罗伦萨的样本中发现的准晶是自然形成的，形成过程没有受到严格的控制，并且跟其他矿物质一起挤在合金里（见图10-1b）。

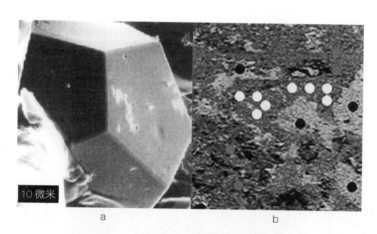

10 微米

a　　　　　b

图 10-1　人工合成和自然生成的准晶

右图白色的点代表准晶所在的位置，较暗的点代表各种各样其他的晶体矿石。

天然准晶与合成准晶有着同样的原子构成，有着近乎一样的完美结构，就如同我们看到了两个长得一模一样的孩子，但他们的父母分别来自世界上两个相隔很远的地方。我想知道这一切是怎么发生的。

当霍利斯特打开门欢迎我的时候，我的第一印象是：他长得可真像地质学家。肤色黝黑，头发雪白，外表粗犷，身高五尺，他站在那里，好像时刻准备拿起背包冲向另一次户外冒险（见图 10-2）。

霍利斯特看起来非常健康，如果他不提，我永远也猜不到他已经 70 岁了，马上要退休了。他正在办公室里打包东西，怪不得屋子里不太整齐，到处散落着地图、显微镜，还有大石块样本。

霍利斯特邀请我进了里间，这里空间更大一点儿，有地儿可以坐，接下来的 30 分钟我一直在讲述自己的研究结果。我告诉他，我们是如何首次发展出了准晶理论、又如何在实验室里发现了合成准晶，以及自 20 世纪 90 年代起我对天然准晶的探索。我还告诉他，就在不到一个星期之前我们如何在普林斯顿大学成像与分析中心发现了天然准晶。

图 10-2　霍利斯特的照片

接着，我向他提了一个一直困扰着我的问题：大自然是怎么做到的？

霍利斯特眯起眼睛，愤怒地盯着我。他的学生都非常熟悉这种目光，他们将之称为"霍利斯特凝视",这种目光一定意味着麻烦要来了。

他一定对我表示同情,因为我只是一名理论物理学家,对地质学一无所知。霍利斯特凝视慢慢缓和下来,接着他轻声告诉了我一个坏消息。

"你们所研究的东西……"他说,伴随着长长的、戏剧性的停顿,"……是不可能的!"

"等一下。"我赶快打断了他的讲话。几十年以来,我不断地听到这句话,所以想解释一下。

"准晶一定是可能的。"我提醒他,"我们已经在实验室里制造出了准晶,包括与我们刚刚发现的天然样本具备相同构成的合成准晶。"

很明显,霍利斯特已经按捺不住性子了,他把嗓音提高了一两度。"我不是担心准晶的部分,"他斩钉截铁地说,"虽然我从没听说过准晶,但你刚才的解释听起来说得通。令我担忧的是,你说准晶和晶体铝锌铜矿石都包含游离态的金属铝。"

"铝对氧的亲和力极强,"他强调,"地球上有非常多的铝,但都不是游离态的,它们都跟氧键合在一起。"铝一旦和氧键合在一起,就会失去光泽,而且也无法像游离态金属铝一样轻松地传导电子。

"据我所知,自然界中还没有出现过游离态金属铝或任何包含铝金属合金的样本。你以为手中的是一块天然的含铝矿石,但我很遗憾地告诉你,它可能只是铝金属精炼工厂的一块废料。"我们日常生活中遇到的金属铝都是由从氧化铝中分离出来的游离态金属铝合成的。

霍利斯特说得振振有词。出于对他声望的尊重,当时的大多数地质学家听到他铿锵有力的语气以及所传递的信息,都会感谢他的忠告,从此不再进行相关研究。

然而,坐在他面前的是一名固执的理论物理学家。虽然对于地质学来说,我只是一名初学者,但对于不可能的挑战来说,我再熟悉不过了。所以,我告诉霍利斯特,无论何时我听到"不可能"这句话,都会问自己同样的问题。

"当你说'不可能'的时候……你的意思是指像 1+1=3 这种情况是不可能的，还是指完全不可能，但是一旦成真，将会非常有趣？"

庆幸的是，霍利斯特没有把我的问题当成粗鲁的打扰，因为他没有立刻把我赶出办公室。相反，他停顿了几秒来思考这个问题。当他再次开口说话时，嗓音回到了正常状态。

"我想，"他认真地说，"如果要给出某种自然的解释，我就必须得找到铝金属轻松地与氧分离的情况。这需要极高的压力，只有地表 3 000 米以下接近地核‐地幔边界的地方才有可能具备这种条件。"

他继续推测："假设你能成功地制造出游离态金属铝来合成准晶，你还需要一种机制，它能将游离态金属铝带到地表上来，这个过程要非常迅速，以免矿物质分解，以及在带回的过程中铝和氧发生反应。"

有那么一刻，我担心霍利斯特可能会认为这是一条无路可走的绝境。不过，事实证明是我多虑了。

"有一种办法可以将游离态金属铝带到地表，"他说，"你可能认识杰森·摩根（Jason Morgan），他是普林斯顿大学的地球科学家，参与建立了现代地球板块构造学说。"

"摩根几年前就退休了。他提出了一个理论：地壳中有可能存在超级地幔柱（superplume），一种从地核‐地幔边界向地表喷涌的管状物质。如果超级地幔柱真的存在，我们可以将它与形成夏威夷群岛的著名地幔柱进行对照，前者只不过是一个超大的版本而已。"

"超级地幔柱理论从来没有被证实过，"霍利斯特接着说，"如果你的样本是在地核‐地幔边界形成的，并通过超级地幔柱被带到了地表，那么这将是这一理论的首个直接证据。"

霍利斯特说完后，我的眼睛睁得跟铜铃一样大。这意味着我们的样本有可能是天然形成的。而且，如果它最后被证明是天然形成的，将意义重大。

在短暂的沉默之后，我胆怯地提出了一直深藏在心底的一个想法。"如果问题的关键在于将铝和氧分离，有没有可能这个样本是在太空中形成的，比如陨星内部？"

关于准晶可能来源于陨星这个想法，我很久之前就有了。这个问题我已经思考好几年了，甚至向宾迪提出了这种可能性，但是我们从来没有探索过。不过，当时我并没有意识到这个问题非常幼稚。我以为太空中几乎没有或者根本没有氧元素，事实上，陨石和小行星中充满了与其他元素键合的氧元素。

庆幸的是，霍利斯特没有指出我的错误。"我对陨星了解不多，"他说，"但是我认识一个人，他非常了解。"

霍利斯特指的是格伦·麦克弗森（Glenn Macpherson），时任美国史密森尼国家自然历史博物馆陨石分馆的主任。麦克弗森于 1981 年在普林斯顿大学获得了博士学位。霍利斯特认识他有几十年了，他当前的职位也是霍利斯特推荐的。

霍利斯特建议我去麦克弗森位于华盛顿特区的办公室进行拜访，他还主动提出要陪我一起去，我高兴地接受了。我把他的主动当作一种积极的信号，即这位传奇的地质学家对我们的发现有点儿兴趣。

我一回到办公室，就给意大利的宾迪发了一封邮件，告诉他我跟霍利斯特见面的事情。宾迪知道霍利斯特的专业名气，对他非常尊重。我为了尽可能地表现出乐观，并没有告诉他霍利斯特的第一印象是，这件样本只是一件普通的金属废料。

宾迪跟我一样，之前都没有意识到自然界中从未出现过游离态金属铝。因此，我们非常担心读者对《科学》杂志上发表的那篇论文会有怎样的反应。在这篇论文中，我们不仅报告了一种不可能的新物质形式——准晶，还宣布我们发现了天然游离态金属铝。这让我们的发现倍加不可信。

宾迪对霍利斯特提出的关于超级地幔柱的想法印象深刻，并对我们这次总体还算顺利的会面及其达成的结果表示羡慕不已。事实上，我开始忧虑起来。这两个被提出的解释——超级地幔柱和陨石假设，都听起来不太可能成功。不过，它们值得我们尝试。

一个星期后，我和宾迪收到了来自《科学》杂志编辑的好消息。我们那篇关于首个天然准晶被发现的论文通过了第一轮审核。前景看起来非常明朗。编辑没有直接拒绝这篇论文，这意味着他们不认为论文的论据荒谬至极，即使是准晶中含有游离态金属铝的那部分论据。然而，真正的考验是下一轮科学同行对论文的评阅，他们都是来自这个领域的专家，像霍利斯特一样，他们可能会认为我们关于发现天然游离态铝金属的报告愚不可及。

—— ◐ ——

华盛顿特区

2009 年 1 月 24 日

"这不可能！"

当我和霍利斯特爬上楼梯走向史密森尼国家自然历史博物馆的入口时，麦克弗森已经站在楼梯的尽头等我们了。他帮忙打开了博物馆厚重的大门，同时不经意地说出了他对来自佛罗伦萨的那份矿石样本的想法，而且声音很大，每个人都听见了。

我不知道霍利斯特已经告知了麦克弗森我们见面的目的，当我们到达的时候，他已经仔细地研究过我们的样本了。所以，当麦克弗森进行自我介绍时，我为他的话语感到惊讶。

麦克弗森比我和霍利斯特高一点儿，他很清瘦，发色深黑，鬓角斑白，蓄着深黑色的小胡须。与霍利斯特不一样，他看起不像是把时间全部花在实验室的人。

麦克弗森领着我和霍利斯特进入博物馆，帮我们申请了特殊证件，因为我们需要它们来进入博物馆的内部密室。然后他带我们通过了一条长长的、迷宫般的通道，穿过了无数走廊、电梯和安全门，接着又穿过更多的走廊，才来到他的办公室。在我们跟着他穿过漫长的通道这段时间，麦克弗森抛出了各种我们的样本可能不是天然样本的理由，这让我深受打击。

麦克弗森对我们说，游离态金属铝的存在，也就是霍利斯特的忧虑所在，只是第一个问题。我们一到办公室旁的会议室，他就让我们坐在一张大桌子前，然后递来了一系列核心论文和相关数据，证实在地球上形成天然游离态金属铝是多么不可能。

"至于陨石嘛……"麦克弗森阴沉沉地说。他开始针对我的核心理论。麦克弗森曾见过各种各样的陨石，以他对陨石的全部了解，他向我们保证，从未见过任何包含游离态金属铝或铝合金的样本。

麦克弗森极其确信，我们的样本是……他说出了一个带有诅咒和侮辱性的词——渣滓。

渣滓是一个语义丰富的名词，本义指的是工业过程中产生的一种副产品。渣滓意味着非天然，意味着我们找到的不是我以为我们已经找到的。渣滓是一个难听的词，我不想听到。

然而，麦克弗森的证明过程还没有结束。他解释道，第二个重要问题是，在我们的 3 件样本中，也就是铝锌铜矿石、铜铝矿石和天然准晶中，游离态金属铝与游离态金属铜混合在一起。他强调，这同样是不可能的。正如铝对氧有一种亲和性，铜对硫也具有亲和性。

这两种金属分别存在于不同晶族的矿物中，因为它们的化学键键合方式不同。麦克弗森表示，它们不可能通过任何天然的地质化学过程形成金属合金，比如铝锌铜矿石、铜铝矿石或者天然准晶样本，这是难以想象的。

第三个问题是，这件天然准晶样本没有发生任何腐蚀。一件包含金属铝的样本怎么可能存在于地表而没有任何的锈蚀迹象呢？

麦克弗森还阐述了很多其他原因，解释了这件准晶样本为什么可能不是天然的。

我倾听着，并且做了笔记。可以看出麦克弗森对这个问题真的考虑了很多，这好像是为了给霍利斯特留下深刻的印象，因为后者是他过去的良师益友。起初，霍利斯特还试图通过超级地幔柱的新颖观点来捍卫天然准晶的研究成果，但最终，他在麦克弗森持续的狂轰滥炸之下退缩了。几小时之后当我们离开史密森尼国家自然历史博物馆的时候，霍利斯特似乎完全相信了麦克弗森的结论：我们的准晶样本一定是炼铝厂或实验室产生的一件人造副产品。

史密森尼国家自然历史博物馆的这次会面可能标志着这场调研的结束。我很确定霍利斯特和麦克弗森再也不想听我或宾迪的相关研究结果了。

不过，我没有受到麦克弗森论点的影响。他们的论点都基于一系列合理但没有经过证明的科学假设之上。当麦克弗森提出诸多证据来支持自己的论点时，他所有的证据只是基于过去所观察到的现象。没有证据可以证明我们以后不会有新的发现。

我倾向于站在另一个角度来审视这种局面。如果麦克弗森的论点是错误的，来自佛罗伦萨的天然准晶样本不是渣滓，那就意味着还存在一些比我们一开始想象的更叹为观止的东西，它们不但能证明天然准晶的存在，还可以颠覆关于自然界中可以形成的矿石种类的主流假设。

我和霍利斯特一回到普林斯顿大学，就给宾迪写了一封电子邮件，对这次会面如实做了一份全面的总结。当我按下发送键时很想知道，这个令人失望的消息是否会让宾迪放弃这项研究。没等多久答案就来了。几分钟后，一封回复邮件出现在我的邮箱里。

宾迪没有放弃，他很有信心，我们的准晶样本是天然的。不但如此，他跟我一样，对这场调研忠心耿耿，同时坚定地表示要跟我一起工作，从科学的角度证明关于天然准晶的研究结果。我和宾迪彼此都承认，这是在铤而走险。这将是一场非常公开的争斗，即使尽了最大努力，结局仍有可能非常尴尬。

为了推进研究，我们需要制定一项新的策略，同时还需要两位最严厉的批评者霍利斯特和麦克弗森来扮演关键角色。

蓝队与红队的对决

我和宾迪处于巨大的压力之下。我们已经撰写并提交了科研论文，宣布了我们的发现，论文的评阅也正在进行。然而现在，我们受到了霍利斯特和麦克弗森的强烈反对，二人都不同意我们的结论。

他们认为，这份天然准晶样本是渣滓，我们被蒙蔽了。天然铝锌铜矿石，也就是我们的天然准晶以及游离态金属铝都是不可能存在的。

他们的反对将我们置于了一个非常可怕的境地。一方面，如果提交给《科学》杂志的论文被发表了，但之后被证明是错误的，正如霍利斯特和麦克弗森所认为的，我们的名声将会遭受损失，未来的研究项目也将会受到毁灭性的影响。另一方面，如果我们决定不发表并撤回论文，这种反复行为将会引起注意和怀疑，导致天然准晶的搜寻工作在科学界失去可信度，甚至完全走向末路。

绝境逢生的唯一办法是，尽我们最大的能力尽快在论文发表前解决核心的问题。这件准晶是天然的还是渣滓？我们认为，现有证据明显倾向于这份样本是天然的，不过我们还需要更多证据，需要实实在在的证据，足以影响最严厉的批评者的证据。

让霍利斯特和麦克弗森加入我们的研究至关重要。首先，我们四个可以组成一个绝佳的团队。我们的专业知识会形成互补，而且他们两个的极度怀疑态度对我们的研究来说也是一种优势。无论我和宾迪多么努力地尝试，都能接受被完全否定。

首要原则是：你绝不能欺骗自己，而你又是最容易被自己欺骗的人。——理查德·费曼①

理查德·费曼在我加州理工学院的毕业典礼上发表过一场精彩的演讲，主题是"确认偏误"（confirmation bias）的危险性。确认偏误是一种广为人知的人性弱点，几十年以来一直是人们的研究对象。这种现象是指各行各业的人往往会忽略与他们已有的观点相左的证据，而热切地接受看起来能够支持他们的证据。费曼的演讲主旨是：你越相信某物，就越容易犯错。

我一直秉持着这条哲理。很长一段时间以来，我总结出了一种屡试不爽的解决问题的方法，那就是我经常会为团队寻找这样的人，他们的角色我心里有数，就是可以想象的最猛烈的批评者。我的批评者一定要比论文发表后任何其他可能挑战这项研究的人都严厉。我会把反对者分配到"红队"，把支持者分配到"蓝队"，目标是让两支队伍在激烈但友好的竞争中决出胜负，揭示科学的真相。

在关于准晶的研究上，霍利斯特和麦克弗森都是反对者，所以他们是红队的完美人选。其实这是他们的隐含角色，因为我们从未当面讨论过。我和宾迪代表蓝队，主要负责收集探索性的证据。

蓝队的成员，也就是我和宾迪，立刻通过网络举行每日例会，讨论我们的研究进展，这场讨论很快变成了过山车式的冲刺。前一秒我们还很激动，转瞬就变成了

---

① 这句话来自理查德·费曼 1974 年的一次演讲，他在这次演讲中提出了"货物崇拜科学"（cargo cult science），意思是新提出的科学思想不能立刻被追捧崇拜，而是应该以科学的眼光被审视。"货物崇拜"一词源自美国土著对运到新大陆的货物表示痴迷的一种情感体验。——译者注

害怕。很长一段时间之后，我们发现自己迷上了这种肾上腺素飙升的时刻。

宾迪建议我们通过网络来交流，而不是口头会话。这被证明非常有预见性。对于我们这场曲折的调研来说，书面记录将会成为非常珍贵的资料，我们经常回顾这些记录，从中检索信息，借此唤起记忆。

我们的每日例会非常激烈，常常不可避免地陷入相互对抗的局面：我们中谁能发现最有趣的信息呢？我们互相竞争，寻找最佳的新科研论文、最佳的相关网站、关于佛罗伦萨样本起源的最新线索，以及实验室里检测其余部分颗粒所得出的最佳新数据。大多数时候，宾迪显然是赢家。不过，我也会时不时地获得一次心虚的胜利。

我们优先考虑的第一件事情是，搞清这份被标为"铝锌铜矿石"的样本是如何以及何时到了宾迪的矿物博物馆的。

宾迪梳理了博物馆的卷宗，把 20 年之前的书信记录都翻了出来。信件显示，博物馆是在 1990 年获得铝锌铜矿石的，这是一宗包含 3 500 个标本的大型采购中的一批。库尔齐奥·齐普里亚尼（Curzio Cipriani）是宾迪的前任馆长，这宗采购花费了大约 3 万美元。有趣的是，我们如今视若珍宝的铝锌铜矿石曾经在黑市上的价格不到 10 美元，这真是令人大跌眼镜。

根据记录，齐普里亚尼从阿姆斯特丹一位名叫尼柯·科克科克（Nico Koekkoek）的私人矿石收藏家手中收购了这批标本。这条信息虽然令人兴奋，但并不完整，令人失望。这些老旧的纸质文件都没有提到他们的来往信息。

—●—

📍 荷兰阿姆斯特丹
🕐 2009 年 2 月

我和宾迪开始在网上寻找荷兰的电话簿，最终找到了很多姓科克科克的人，但没有人名叫尼柯。我们也找到了许多矿物交易商，狂轰滥炸似的给他们发了邮件，有的用英语，有的用荷兰语，请求他们的帮助。我们虽然努力了一个月，但是没有挖掘出一点儿线索。

我心想，如果没有尼柯·科克科克这个人，我们该如何确认佛罗伦萨的那份样本的起源呢？

我们走投无路，失望至极。不过，我和宾迪被这项调查的其他方面深深吸引。时间太短暂，我们别无选择，只能同时推进很多不同的想法。

我们最头疼的问题之一是，霍利斯特和麦克弗森一个劲儿地坚持认为，来自佛罗伦萨的样本中的铝合金只是矿渣。铝锌铜矿石和铜铝矿石在国际矿物学协会的目录清单中被认可为矿石，但是霍利斯特和麦克弗森都不相信这两件矿石的相关分析。最关键的问题是"无氧的金属铝是否存在"。"不可能！"他们两个都轻蔑地说。

我和宾迪认为，只要在不同的藏品中找到另一件铝锌铜矿样本来证明铝合金是天然的，我们便可以说服他们。矿石来源一定要可靠，才能让他们信服。

我们开始搜索声望很高的博物馆，那里有大量的矿石藏品，比如华盛顿特区的史密森尼国家自然历史博物馆、纽约的美国自然历史博物馆等。然而两边都空手而归，坦白地讲，这真是出乎我们的意料，而且有一点令人担心。

之后我们转向了藏品更为现代的博物馆，其中有一些矿石目录我们可以在线浏览。又一次无功而返，这就令人更加担心了。接下来，我们开始在小一点儿的博物馆、学术研究所以及全世界的个人藏品中搜索那些数量有限的藏品。

我们向国际矿石交易商寻求帮助。他们是否有铝锌铜矿石，是否将铝锌铜矿石卖给了别人？我们搜索了一个供业余爱好者和职业矿石学家使用的免费矿石数据库。这个网站上会不会有人拥有铝锌铜矿石？

最终，我们用尽一切方法在世界范围内一共搜索到了 4 个铝锌铜矿石的潜在来源，这真是令人惊喜。其中 3 份样本在北美和西欧，第四份样本可能是最具希望的，在俄罗斯的圣彼得堡。

尤其令我兴奋的是，宾迪发现其中一份样本被保存在明尼苏达州诺斯菲尔德市卡尔顿学院（Carleton College）的矿物收藏品中。我心想，收藏在学术研究院的样本一定是真实可信的。当我得知卡尔顿学院的首席地质学教授卡梅隆·戴维森（Cameron Davidson）不仅是普林斯顿大学毕业的研究生，也是霍利斯特之前的一名学生时，我更加自信了。

戴维森同意把矿石寄给我检查。我对这份特别的样本有着很高的期待，每天都要检查好几次邮箱，焦灼万分。然而，一个多星期后我收到一个坏消息——戴维森亲自检测了那块矿石，发现该矿石完全是伪造的。矿石标签是"铝锌铜矿石，一种铝和铜的合金"，但是经过检测没有发现任何标签中所注的成分，无论是铝元素还是其他元素。

另外两份准样本也出现了类似的情况。最终，检测证明，除了俄罗斯的那份样本，其他的样本都是伪造的。

搜索铝锌铜样本的这段经历证明了国际矿石市场的局限性。业余收藏者热切地将手伸向不同类型的矿石，越多越好，但是他们仅凭肉眼没有办法鉴定矿石的真假。与钻石不同，钻石非常昂贵，所以独立的鉴定被视为一种正常的程序，而大多数矿石价格都适中，采用专业检测太耗费时间，也比较昂贵，所以常用的做法是，业余收藏者仅仅基于交易商的展示就采购样本，而交易商可能并没有进行任何检测。

最终，收藏者可能会将没有经过检测的矿石捐给或者卖给博物馆或学术研究所。接下来馆长就会陷入与收藏者同样的困境——检测既耗费时间又费用昂贵，常用的做法就是简单地接受既定标签。

所有这些伪造的样本都证明：国际矿石市场就像一个很大的赌场，每件矿石买卖就像投掷骰子。我开始佩服霍利斯特和麦克弗森对佛罗伦萨那份样本的极度怀疑态度，即使该样本是在一家负有盛名的博物馆里发现的。

也许，那份样本就是伪造的？

— ◖◗ —

> 📍 俄罗斯圣彼得堡
> 🕐 2009 年 2—3 月

我们的希望落在第四份也就是最后一份样本上，该样本在俄罗斯的圣彼得堡矿业博物馆。鉴于我们之前的失败，这次我尽量控制自己不要表现得那么热情。不过，我还是觉得这次无论如何都会成功。

我想，俄罗斯的样本应该是真的，因为它是铝锌铜矿石晶体的官方"完模标本"（holotype），这也许意味着它经过了严格的鉴定。

完模标本指经过国际矿物学协会鉴定的新矿石。若想该协会认可一件新矿石，必须递交一系列检测结果，国际矿物学家委员会将会审查检测结果。如果委员会觉得检测结果是令人信服的，接下来必须呈交并公开发表一份描述新矿物的文件。另外，完模标本的样本一定要捐给公共博物馆。

有 3 位俄国科学家与铝锌铜矿石完模标本有关联，他们分别是列昂尼德·拉津（Leonid Razin）、尼古来·鲁达舍夫斯基（Nikolai Rudashevsky）、列昂尼德·维亚索夫（Leonid Vyal'sov）。我和宾迪得知他们曾于 1985 年合作发表了一篇科学论文，报告了铝锌铜矿石和铜铝矿石的发现，论文见图 11-1。这值得我们的关注，因为这份完模标本与我们手中的那份铝锌铜矿石具有雷同之处。铝锌铜矿石和铜铝矿石都是我们在佛罗伦萨的样本中找到的非常稀有的矿物质。

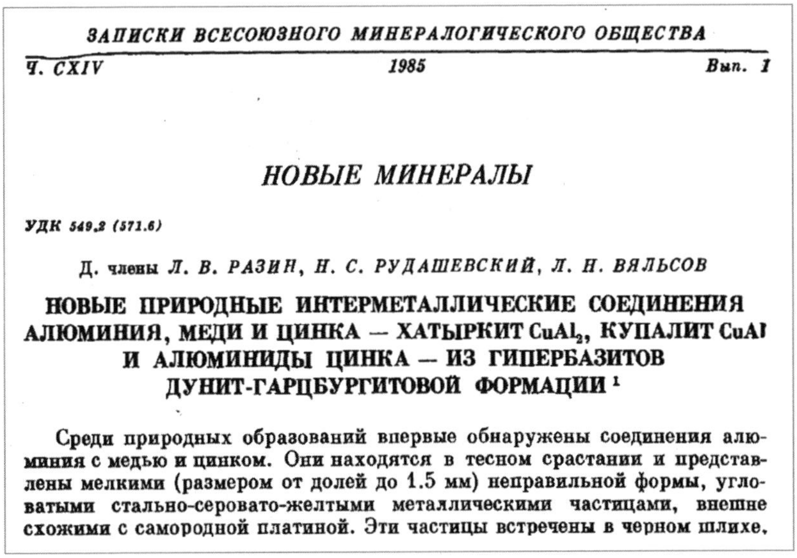

ЗАПИСКИ ВСЕСОЮЗНОГО МИНЕРАЛОГИЧЕСКОГО ОБЩЕСТВА

Ч. CXIV   1985   Вып. 1

НОВЫЕ МИНЕРАЛЫ

УДК 549.2 (571.6)

Д. члены Л. В. РАЗИН, Н. С. РУДАШЕВСКИЙ, Л. Н. ВЯЛЬСОВ

**НОВЫЕ ПРИРОДНЫЕ ИНТЕРМЕТАЛЛИЧЕСКИЕ СОЕДИНЕНИЯ
АЛЮМИНИЯ, МЕДИ И ЦИНКА — ХАТЫРКИТ CuAl₂, КУПАЛИТ CuAl
И АЛЮМИНИДЫ ЦИНКА — ИЗ ГИПЕРБАЗИТОВ
ДУНИТ-ГАРЦБУРГИТОВОЙ ФОРМАЦИИ [1]**

Среди природных образований впервые обнаружены соединения алюминия с медью и цинком. Они находятся в тесном срастании и представлены мелкими (размером от долей до 1.5 мм) неправильной формы, угловатыми стально-серовато-желтыми металлическими частицами, внешне схожими с самородной платиной. Эти частицы встречены в черном шлихе.

图 11-1　论文部分截图

我和宾迪认为，如果圣彼得堡的完模标本如我们所期待的那样是真品，将会成为有力的证据，证明佛罗伦萨的那份样本也为真品。所以，我们回到俄罗斯的那篇论文上，重新检视相关内容。

论文中写到，新矿物质是在"堪察加半岛－科里亚克山脉"地区被发现的，也就是阿拉斯加和白令海峡的另一边。堪察加半岛是一块弧形的陆地，由位于西边的鄂霍次克海和位于东边的太平洋之间的活火山喷发而形成。基于这篇论文的内容，后文我们经常会提到"堪察加半岛"这个地方，无论是在讨论或演示过程中，还是在论文中。作为关键矿物质的场址，"堪察加半岛"也会在本书中多次出现。

事实上，这份完模标本的发现地位于科里亚克山脉，这条山脉位于堪察加半岛的北部地区，堪察加半岛是楚科奇自治区（Chukotka Okrug）的一个部分，

Okrug 这个词指的是俄罗斯的行政区。

科里亚克地区最大的排水河流之一是哈泰尔卡河（Khatyrka），"铝锌铜矿石"（khatyrkite）的名字就是这么来的。根据俄罗斯科学家所述，他们沿着里斯特芬尼妥伊支流在哈泰尔卡河附近淘洗蓝绿色黏土时发现了铝锌铜矿石。

令我和宾迪尤其兴奋的是，铝锌铜矿石的发现地与宾迪在他们博物馆中发现的塑料盒上的标签是一致的："铝锌铜矿石，俄罗斯科里亚克。"

既然标签都对上了，这是否意味着佛罗伦萨的那份样本也来自同一个地方呢？也许是。如果真是这样，将意味着样本是天然形成的，因为在俄罗斯的那种偏远地区，开不了冶炼厂，也开不了工厂。

即使这两份样本来自不同的地方，铝锌铜样本的真实存在，再加上与佛罗伦萨的那份样本有着同样的基本化学构成，对于蓝队来说，这足以成为好消息。

如果我们能向霍利斯特和麦克弗森证明，圣彼得堡的完模标本具备天然的来源，就可以迫使他们重新评估反对意见。

我们接下来要做什么就变得很清楚了，那就是拿到那份完模样本，然后核实最初的实验室检测结果。

我和宾迪打算利用我们共同的影响力向圣彼得堡矿业博物馆借用完模样本。我们解释说，我们想通过这份样本来鉴定佛罗伦萨那份样本的真实性，并对完模样本进行一系列特殊的非侵入性检测，无论如何也不会毁坏这份样本。

令人遗憾的是，圣彼得堡矿业博物馆的主任拒绝合作。对于科学家来说，彼此借用一下样本做检测是非常普遍的一件事情，尤其是在原始样本不会被毁坏的情况下。然而，俄罗斯的主任严格禁止任何人触碰那份完模样本，包括他自己编制内的科学家团队。

这对我和宾迪来说是一次非常难堪的挫败，令人难以接受。我们又一次走投无路，备感沮丧。

在我们检验样本的期间，《科学》杂志发表了另一篇跟进报道，内容与我们宣布发现天然准晶的那篇论文有关。几个月来我一直担心的就是这一刻。我和宾迪马上遭到霍利斯特及麦克弗森的严厉批评，我猜想他们的观点也是其他地质学家的观点。所以，我做好了心理准备，来迎接来自杂志文章摧枯拉朽般的批评，以及一封令人如坐针毡的回绝信。

既然做好了最坏的准备，我就开始愉悦地阅读那些有关我们论文的评论和分析，有时还会发现惊喜。由匿名的同行组成的专业评审团队总体上都表示支持，他们认可这项发现的重要性，并提出了善意的问题和建设性的意见。

我和宾迪毫不犹豫地采纳了评阅人的意见。一旦我们的修订被考虑，这篇论文就有可能被接受，这意味着不到两个月的时间论文就有可能被发表。这当然是我们想要的结果。不过，这就产生了一个迫切需要解决的问题：我们蓝队与红队之间的对峙。

霍利斯特建议使用一种新方法。如果我们可以确定圣彼得堡那份样本的确切发现地，就可以研究周边的地质情况。他猜想，我们可能会在那里找到一些东西，用来解释游离态金属铝到底是否存在。

我与霍利斯特立即前往普林斯顿地图和地理空间信息中心（Princeton's Maps and Geospatial Information Center）开展工作。我们花了数小时来研读楚科奇地区的地图，在该中心收藏的大地图上寻找细如丝织的里斯特芬尼妥伊支流，这是一项既耗费时间又原始的寻找方法。

俄罗斯团队的那篇论文提供的信息足够详细，所以我们将搜寻范围缩小至16 ～ 32 千米。在正常情况下，这是有用的。然而，需要我们评估的这一块地域太广阔了，而且科里亚克山脉的地形变化多样，地质环境每隔几千米就呈现出剧烈变化。我们需要找到那条与样本发现地尽可能接近的珍贵支流。

我总觉得这条支流的名字特别有韵律，至少在发音方面是这样：里斯特——芬——尼妥——伊。我一次又一次地重复着这个名字，同时仔细搜索着地图，就好像如果我默默地诵颂着这个名字它就会突然出现一样。里斯特——芬——尼妥——伊，里斯特——芬——尼妥——伊，里斯特——芬——尼妥——伊。也许就是因为这样，这个名字进入了我的潜意识。

我平常几乎记不起任何梦境，但是有一天晚上我从地图馆回到家之后，做了一个特别生动的梦，是关于里斯特芬尼妥伊支流的。梦境是这样的：我和宾迪在一座小山前面朝这条支流站着，小山拔地而起，巍峨耸立，我们的手紧紧相扣，高高举起以示胜利，而且我们笑得很开心。

我从来没有想过去科里亚克山脉那么遥远的地方旅游，但是梦中的经历在情感上是如此强烈，所以我醒后将它写了下来，并在一次网络例会上告诉了宾迪。这是一个不同寻常的梦，我猜想，蓝队经历的所有失败和挫折让我产生了心理阴影。

我和霍利斯特虽然花了很长的时间查找了所有可用的资料，但从来没有在地图上发现里斯特芬尼妥伊支流的任何踪迹。所以，我们又一次走投无路。

蓝队与红队的竞争开始倒向一边，我的分数再也保持不住了。

———— ◑ ————

📍 普林斯顿和佛罗伦萨
🕐 2009 年 3—4 月

尽管蓝队的大部分努力都聚焦于验证圣彼得堡那份样本的起源和合法性，但我们还在调查一些其他的相关事项。比如，我和宾迪在努力寻找可以说明天然铝存在的科学解释。

我们惊讶地发现，科学家已经发表了很多论文来论证大自然中发现纯游离态金属铝的事实。这种铝就是不与铜或其他金属混合的铝，是纯铝，与我们样本中的铝一样。当我和宾迪向霍利斯特及麦克弗森展示这些论文时，他们对每一个论点都嘲笑一番。他们说，这些作者都不是很出名，证据也不具有说服力。正如红队目前所认为的那样，天然金属铝肯定是不可能存在的。

然而，我联系了相关的科学家，开始购买他们的材料样本，最终得到了我愿意称之为"世界上最大（据称）的天然铝收藏品"。

我一开始检测这些样本的时候，不得不承认霍利斯特和麦克弗森可能是对的。大多数样本都存在很大的问题，其中一个样本尤其可疑，它看起来像一块被闪电击中的电线碎片。其他的就很难评估了，我认为很有必要进行更为严肃的分析。我本来可以自己检测这些样本，但最终还是决定将这些样本交给最怀疑其真实性的人来检测。

因此，我把整件收藏品都拿给了麦克弗森，并希望他可以检测一下史密森尼国家自然历史博物馆实验室中的每件样本。但不知怎的，他从来没有腾出过时间。也许他太不相信或者太忙了，抑或两者兼而有之。在写作本书的时候，我的收藏品仍然在等待着他的检测。这件收藏品不会占用他书架多少空间。"世界上最大的天然铝收藏品"可能还不到手掌大。

我和宾迪发现了很多其他论文，都在描述发现于偏远地区的游离态金属铝。这些地区肯定能追溯到过去人类的活动。这些铝的来源有铸工厂余料、喷气式飞机燃料残余、原子弹试爆、炒锅以及长期置于热炉上的硬币。基于我们的研究，所有由这些人为过程产生的样本都具有佛罗伦萨那份样本所没有的物理特性。这虽然并不能证明我们的样本是天然的，但至少为蓝队萎靡已久的士气带来了一丝希望。

我和宾迪还发现，不同的科学论文提出的理论各不同，有些观点认为游离态金属铝可能是自然形成的，而一些观点有点儿玄乎，我们不知道如何判断它们的可行性。

最开始的时候，我希望我们可以基于堪察加地区的地质情况筛选出这些理论中的大部分。不幸的是，这个想法最终被证明太过天真。无论天然铝理论成立所需的地质学特性有多么离谱，楚科奇地区都有。这个地区的地质条件就像一个大杂烩，这也解释了为什么地质学家数十年以来一直在研究这个地区。因为该地区的地质条件非常复杂，致使这些理论没有一个被淘汰。

———— ◖◗ ————

> 以色列特拉维夫
>
> 2009 年 3 月

决定是否发表我们投给《科学》杂志的那篇论文的截止日期很快迫近了。然而到目前为止，我和宾迪都无法证明，我们发现的准晶是天然的。不过，我们相信它是天然的，所以我们打算做最后一次努力，去寻找列昂尼德·拉津，他是1985 年俄罗斯那篇论文的首席作者，首次报告了楚科奇地区发现的铝锌铜矿石和铜铝矿石。

根据网络上有限的信息，我们得知拉津是 1985 年苏联铂研究所（Soviet Institute of Platinum）的负责人，1985 年也是那篇论文发表的时间。这对于我们来说意义重大，因为铂有着战略性的技术应用，楚科奇地区的铂储量也非常可观。拉津的职位揭示了他曾在这个偏远的地区工作过。

拉津是铂研究所的负责人，暗示着他不是一位普通的矿业学家。他一定具有重要的政治背景才被任命到这个职位的。

拉津还活着吗？他还在俄罗斯吗？我和宾迪给很多俄罗斯科学家发了邮件。所有人都是把我们推荐给别人，别人又推荐给别人。又一次，我们掉进了爱丽丝梦游仙境的兔子洞里，只能在迷途中探索。

最终我们得知，拉津是一位著名人物，不过他在同事中不是很受欢迎或钦佩。一些人告诉我，他在苏联国家安全委员会中有着强大的人脉关系，并且从来不惧利用这些人脉毁灭他的竞争者。

其他人包括国际知名的地质学家和权威的俄罗斯科学院成员，也告诉我们拉津并不值得信任。他们不相信拉津找到了包含游离态金属铝的天然矿物，原因仅仅是，他们不认为拉津是任何消息的可靠来源。换句话说，我们的俄罗斯同行同意霍利斯特和麦克弗森的观点，但是理由各不相同。他们同样认为这件样本可能是伪造的。

坦白地说，这是我和宾迪最不愿听到的消息。此刻，拉津的论文是我们唯一的指引。我们仍然希望拉津的发现被证明是合法的，即使所有的证据都对我们不利。

在好几轮电子邮件的帮助下，我们最终找到一些人，他们告诉我们拉津仍然活着，20世纪90年代早期苏联解体后的某段时间，他从俄罗斯移民去了以色列。以色列不是一个很大的国家，查阅每个城区的电话号码是相对容易的一件事情。我很快发现了特拉维夫清单中列出的"L·拉津"。

我尝试着拨通了电话。然而问题是，无论谁接了电话都可能不会说英语。我挂了电话，拽来普林斯顿大学的一位以色列研究生来充当翻译。

我请来专业的希伯来语翻译后又一次拨通了电话。问题又来了，接电话的人也不说希伯来语。

我又拽来一位来自俄罗斯的研究生来帮助我。终于成功了。电话那头的人说着一口流利的俄语，我立即确信电话那头正是列昂尼德·拉津的家。

在等待拉津接电话的时候，我深吸了几口气。我意识到我们即将进行一场非常重要的会话，这场会话将会影响到整个研究的未来。

在简短的自我介绍之后，我告诉他我对1985年那篇关于铝锌铜矿石和铜铝矿石的论文非常感兴趣。

"您是那篇论文的首席作者列昂尼德·拉津吗？"我问，并尽量控制住自己的兴奋情绪。

"是的，我是拉津院士。"他冷冷地说。

拉津不是很友好，言辞很正式。他明显想让我知道他的地位是俄罗斯科学院的尊贵成员。

我决定不告诉他我在美国拥有相同的地位，也被选入了国家科学院。相反，我试图让他放轻松，所以我称赞了他的论文并描述了我们如何在一块岩石中发现了一种新物质相的样本，该样本与他发现的矿石有着类似的化学构成。

拉津的反应不冷不热，令人纳闷。我本来以为拉津会很兴奋，因为一位科学家给他打电话讨论他在 25 年前写的一篇论文。我曾预想，当他得知自己的论文可能会帮助确立一种新物质形式时，应该会很兴奋。

然而相反，拉津显得非常冷漠。我觉得他的态度令我反感，但我还是继续问他问题。

"是您亲自在野外发现铝锌铜矿石样本的吗？"

"Da[①]。"他回答说。我不用任何翻译就可以理解这个答案，所以欣慰地笑了。

"您的地质学田野笔记还在吗？"我希望能读到他是如何发现铝锌铜矿石样本的，以及他对周围地质环境的记录。

拉津支支吾吾地说："我不确定，也许笔记在莫斯科。"

我的目光离开自己的笔记本，对于我来说，他的支支吾吾是一个危险的信号。

霍利斯特已经告诉过我，每个领域的地质学家都知道自己的笔记本放在哪里。田野笔记本是价值连城的所有物，必须时刻随身带着。地质学家的笔记本记录了采集到的每块岩石、晶体或黏土样本的所有细节，以及找到这些东西的特定环境。不会有人将笔记本随便乱放或落在别处。拉津表示不确定自己的田野笔记本在哪里，这打乱了我的计划。

---

① 俄语中的"是"，念作 Da。——译者注

我尝试了另一种策略。"您可以给我解释一下您发现样本时的周边情况吗？"

"论文中都写清楚了。"他冰冷地回答道。

我继续问："可是我想知道更多关于地质环境的明确细节。"

拉津又一次支支吾吾，然后说："我不记得了。"

我的目光又一次离开自己的笔记本，危险的信号在火焰中爆炸了。

拉津声称亲自找到了铝锌铜样本，并在该样本中声称发现了独特的新物质。他将这种独特的新物质当作圣彼得堡矿业博物馆的完模标本，并呈递给国际矿物学协会，最终被确定为一种新矿物质。

而现在，他告诉我不记得在哪里发现样本的了。

我继续问着清单上所列的问题。"您还有更多的样本吗？"

"也许有"，他回答道，"可能在莫斯科。"

几秒钟之后，我打开一个旅游网站，查看从特拉维夫到莫斯科的往返机票价格，不到 500 美元。我心想，还不错。

"你愿意坐飞机去莫斯科吗？"我问，"去找找地质学田野笔记本和可能存在的其他样本，我可以包揽你的飞行费用和食宿费用。"

"也许。"这会儿他的声音喑哑了一些。

我和翻译试图弄清"也许"的意思。

他是有什么健康问题吗？没有。是有什么政治问题吗？没有。他犹豫去俄罗斯是因为其他原因吗？不是。移民以色列以后，他已经来回旅行过好几次了。

最终我们豁然开朗，拉津可能想要一点儿报酬。

我试图向他解释，我们是搞学术的科学家，正在研究矿物质，这实际上没有什么市场价值。我们正在搜寻微小的铝铜铁合金样本，这些样本从商业应用的角度来说一文不值，但从科研的角度来说价值连城。

我们的资金非常有限，可以包揽他去俄罗斯的旅行费用，但付不起经济报酬。

我本希望拉津会感激这次机会，为科研做一些贡献。相反，他变得很安静，不再回答我们的问题，很快便挂断了电话。

在接下来的几天里，我仔细地衡量了所有选择，并思考了如何才有可能吸引拉津。我向之前的学生莱文寻求建议。自我和莱文提出准晶的概念以来，已经过去了 25 年。他现在是海法市以色列理工学院的教授，也是一位值得信赖的同事。

莱文帮我联系了一位他在海法的俄罗斯朋友，他同意和拉津谈谈要求。我心想，提供一小笔报酬也许是有用的。

然而，中间人从拉津那里带回的要价高得吓人。他想要的远远大于我可以负担得起的。莱文的朋友试图从另一方面说服我。他告诉我，很多以色列的俄罗斯移民都有经济上的问题。他说，拉津是一位可靠的科学家，我应该慷慨一些。

然而，我很怀疑拉津这个人。他在电话通话中给我留下了非常坏的印象。如果我送他去莫斯科，我不怀疑他能找出某本地质学笔记本，但基于我们的会话，我对笔记的真实性没有信心。

我挣扎了好几天，心痛不已，最终决定与拉津断绝联系。

我们最后的背水一战也失败了。我和宾迪彻底失望了。我们为什么想了解圣彼得堡的那份完模标本的起源呢？如果不了解这个信息，我们又如何鉴定佛罗伦萨那份样本的真实性呢？如果不鉴定铝锌铜矿石样本的真实性，又如何证明我们曾发现的准晶不是赝品呢？

我以为我和宾迪已经掉到了坏得不能再坏的谷底了，不幸的是，我错了。事情还会变得更糟。

12

上帝若非有意捉弄，就是太过任性

📍 普林斯顿和佛罗伦萨

🕐 2009 年 4 月底

数月的调研工作以失败告终，蓝队开始越来越绝望。

走投无路的我和宾迪绕了一圈儿以后又被迫回到了起点。我们还有一半的胜算，因为我们可以研究剩下的微小晶粒，不过，这些研究都很耗时，而且很难分析，令我们极其痛苦。这些微小晶粒不仅很难操控，而且很多包含矿物质的混合物，非常复杂，需要好几天才能研究清楚，在某些情况下得花费好几个星期。

所有晶粒合起来的大小比句号还要小。无论我们多么努力工作，要在《科学》杂志发表我们那篇论文的截止日期之前将所有晶粒的物理特性弄清楚是不可能的了，剩下的时间不到两个月。

我和宾迪无能为力，我们不仅要进行这项调查，还要兼顾其他的研究项目、日常的教学任务以及去外地参加会议和演讲。作为佛罗伦萨自然历史博物馆的负责人，宾迪要为前博物馆负责人库尔奇奥·齐普里亚尼筹办高规格的追悼会。齐普里亚尼是宾迪的密友和同事，他用了半个世纪的时间来管理佛罗伦萨藏品中的矿石。

齐普里亚尼的遗孀玛尔塔（Marta）也在帮忙筹办丈夫的追悼会。有一天，在一场会议之后，宾迪和她随便聊了聊。宾迪向她诉说了我们项目的各种历程，以及对现状的惋惜。研究材料也消耗完了，我们没有任何头绪，面对正在迫近的截止日期手足无措。

玛尔塔安静地点着头，同情地倾听着。宾迪提到我们的调查研究以一件样本为中心，这件样本来自他们博物馆的一件标有"尼科·科克科克"的藏品。听到这里，她的眼神突然亮了起来。她知道已逝的丈夫曾亲自负责那件藏品，而且尤其喜爱那件标有"尼科·科克科克"的矿石。所以，她毫不犹豫地决定向宾迪揭示她丈夫最大的一个秘密。玛尔塔告诉宾迪，她丈夫经常将矿石从办公室带回家，在地下室组建的私人实验室里对这些矿石进行了更彻底的研究。

外带博物馆的样本是被严格禁止的，即使如齐普里亚尼这样备受尊敬的馆长，都必须遵守这些规则。所以，当宾迪听到这个信息时，感到非常惊讶，但同时对这件事情非常感兴趣。如果齐普里亚尼这么热爱这件藏品，那么他的个人实验室中可能藏有重要线索。宾迪热切地接受了玛尔塔的邀请，第二天就去她家里拜访。

宾迪发现，曾经身为专业人士的齐普里亚尼在实验室工作时谨小慎微，他在笔记本上记录了所有细节。宾迪快速翻阅了这本整齐有序的笔记本，在其中一页上，铝锌铜矿石用一个熟悉的编号 4061 来标记，这与宾迪刚开始从博物馆储藏室中获得的铝锌铜矿石盒子上的数字一模一样。

宾迪一边环视自己导师的秘密实验室，一边惊讶于他竟然收集了这么多藏品。这里有超过 100 件样本，他把每件样本都储藏在塑料盒中。在整理这么多藏品的过程中，宾迪发现了一个盒子，里面有一个小玻璃瓶，贴着"4061-铝锌铜矿石"的标签，瓶子里面有一小点儿粉末状材料。显然，齐普里亚尼从原始样本上刮下了一点儿，带回了家里的秘密实验室，但是之后他可能好几年都没有碰过这份样本。

当宾迪发邮件告知我这些消息时，我被这样的好运气震惊到了。

我们面前突然出现了更多铝锌铜矿石可供研究，而且它们与包含着天然准晶的那件矿石来自同一处！

我很确定齐普里亚尼的秘密藏品有助于我们确认铝锌铜矿石样本及其蕴含的天然准晶的真实性。这种命运的反转就像一个奇迹。如果我们幸运的话，就会发现准晶和其他天然矿物质之间的直接联系，也就是霍利斯特和麦克弗森一直要求我们出示的那种证据。

我和宾迪坚信这个发现极其重要，所以我们决定立刻把样本寄给麦克弗森。我们想用这个原始材料给红队最持怀疑态度的人当头一击，这份样本是让他们信服的最好方式：佛罗伦萨那份样本是天然形成的。

宾迪在第二天就将这份粉末状样本邮寄给了史密森尼国家自然历史博物馆的麦克弗森。我们放松下来，热切地等待着他的回应，同时还在等待他一定会向我们提供的研究宝库。蓝队即将反超！此刻，唯一可以与我这种兴奋情绪相媲美的就是深深的欣慰感，我们即将胜利。

—◗◖—

> 📍 华盛顿特区
> 🕐 2009 年 5 月 12 日

10 天后，我收到了麦克弗森的邮件，但不是我们所期待的祝贺留言。当我读到第一行时就愣住了：

> 我现在倾向于相信，上帝若非有意捉弄，就是太过任性。

"什么？不！"我心想。我开始阅读剩下的留言，这不是什么好消息：

> 两个晶粒我都看了。它们都是阿颜德陨石（Allende meteorite）的碎片……整个颗粒包裹在薄薄的晶粒之内，这种颗粒只能来自阿颜德陨

石的基质或者某种几乎与该颗粒完全相同的 CV3 碳质球粒陨石①。我花了 30 年的时间研究阿颜德陨石,这就是阿颜德陨石,或者是与阿颜德陨石非常相似的陨石。这与铝锌铜 - 铜铝矿石一点儿关系都没有……假定这是阿颜德陨石,推定的发现地(西伯利亚)则距离该陨石坠落的地点(墨西哥北部)有 13 000 ~ 16 000 千米远。如果这是该陨石的碎屑,那我只能说,铝铜合金的存在意味着你拥有一片有 60 亿年历史的外星飞船碎片,它曾被刚形成的婴儿期太阳系困住……保罗,我不知道该说些什么。基于我目前所知道的,我认为应该先把论文撤回,直到我们可以提出相关证据时再提交……这件事对于我来说,真是啼笑皆非,我会回家好好喝一杯。要是在以前(包括 40 年前),我会去找艾伦·方特(Allen Funt)的《隐藏摄影机》②来看。这种感觉就像某些人在某处扰乱了我的心绪。

齐普里亚尼秘密实验室中找到的最后一线希望也破灭了。

作为世界上最重要的阿颜德陨石专家之一,麦克弗森立刻就识别出了齐普里亚尼小玻璃瓶中粉末状晶粒的特性,这肯定错不了。阿颜德陨石因降落在墨西哥阿颜德附近而命名,该陨石于 1969 年 2 月 8 日穿破大气层,敲开了地球的大门。麦克弗森花了数年时间来研究阿颜德陨石的每个方面,因为该陨石携带着太阳系诞生的秘密。

一些宇宙学家认为,宇宙产生于 138 亿年前的宇宙大爆炸。另一些宇宙学家则认为,这次大爆炸实际上可能是一次反弹,使宇宙从较早的收缩期过渡到当前的膨胀期,在这种情况下,宇宙可能比前一种情况要古老得多。宇宙学家一致认为,无论宇宙诞生于哪种情况,138 亿年前宇宙的温度和密度都要比太阳核心高得多。当时的宇宙充满了炙热的气体,气体中满是自由活动的质子、中子和电子。当宇宙发生膨胀时,热气冷凝,这些横冲直撞的基本粒子开始结成团块,相继形成原子、分子、尘埃、行星、恒星、星系、星系群以及成群的星系群。大约在宇宙形成的 90 亿年以后,在被称为银河系的星系中,太阳系形成

---

① 碳质球粒陨石按其微量元素含量(如钙、钾、铱、锌)细分为 CI、CM、CO、CV 等组别。——译者注

②《隐藏摄影机》(Candid Camera)是艾伦·方特主持的一档真人实景恶作剧节目。——译者注

了，它从一朵星云开始，由早期数代的恒星残余形成。充足的物质聚集在星云中心，最终形成了早期的太阳。余下绕着太阳旋转的尘埃慢慢聚集在一起，凝结成行星、小行星以及其他天体，我们今天可以观察到，它们沿着各自的轨道绕太阳运转。

阿颜德陨石与其他被称为"CV3 碳质球粒陨石"的陨石一起形成于 45 亿年前太阳系诞生的时候，当时太阳燃烧得正旺。科学家对该陨石的样本都垂涎三尺，因为这些样本包含着极为有价值的信息，可以揭示当时宇宙的化学和物理条件。

麦克弗森研究阿颜德陨石已经有很长一段时间了，而且他的研究十分彻底，以至于在睡梦中都能辨认出阿颜德陨石。所以，当他发现齐普里亚尼错把鼎鼎大名的阿颜德陨石粉末物质搞错，并装进贴着"4061- 铝锌铜矿石"标签的毫不起眼的玻璃瓶中时，他的震惊程度可想而知。齐普里亚尼怎么会把佛罗伦萨博物馆的样本和如此大名鼎鼎、辨识度高的陨石混在一起呢？无论当时是出于什么情况，麦克弗森都认为这是不可原谅的。

宾迪陷入了沉默和苦恼中，而我比较乐观。对于我来说，这只是已然波澜起伏的调查研究过程中的一次波动。毕竟，我们永远也无法知道，齐普里亚尼在自家实验室里进行了什么实验。的确，"4061"的标签与博物馆的标签一模一样，但是我们所有有意义的数据都来自另外一份标签为"4061"的样本，一份被小心翼翼保存在博物馆中的铝锌铜矿石样本，很明显这份样本不是阿颜德陨石的碎片。

麦克弗森看待这件事情的方式与众不同。他很明确地告诉我们，这是一次令他尴尬且毫无意义的失败。他现在对一切源于佛罗伦萨那份样本的结果都失去了信心。为什么他会信任最开始的那份来自博物馆的样本呢？他断言，整个博物馆可能都充斥着错误标识的样本和赝品。

最糟糕的是，麦克弗森强烈反对发表提交给《科学》杂志的那篇论文，并四处游说红队要团结一致。他给霍利斯特也发了一份充满煽动性的邮件，谈及"上帝若非有意捉弄，就是太过任性"，并强烈建议霍利斯特加入反对阵营。

我知道提交给《科学》杂志的那篇论文已经到责任编辑手中了，并且马上要发表了。麦克弗森对齐普里亚尼事件的反应使我们陷入了两难困境。作为团队负责人，我将不得不做出一个困难的选择：发表那篇论文，还是从《科学》杂志撤稿？这个选择可能会影响所有参与者的职业声誉。

作为怀疑论者，红队的使命便是阻止我们愚弄自己，正如费曼所警告的那样。霍利斯特和麦克弗森是绝佳的搭档，但是他们友好的反对正在迅速变成公开的对抗。

如果没有他们的支持，我们如何能够发表那篇论文呢？

既然霍利斯特和麦克弗森都没有被列为共同作者，那么决定不能由他们做。同时，我和宾迪并不打算忽视他们的想法。自一开始的发现以来，我们就一直在进行这项研究，他们博学多识，是重要的研究顾问，而且在研究的各个方面都做出了很大贡献。

同时，我们还要跟另外两位正式的共同作者商量一下，他们就是陆述义和姚楠。10 年前，陆述义曾帮助我浏览了一遍世界范围内的矿石数据库。姚楠是一位杰出的显微镜学家，还是普林斯顿大学成像与分析中心的负责人。5 个月前，我还跟他合作，获得了我们的首次发现。

陆述义赞成我们立刻发表论文。他坚信佛罗伦萨的那份样本是天然的，因为他对最开始博物馆铝锌铜矿石碎片仅存的几张图像还有印象。姚楠不太想发表意见，将决定权交给蓝队的科学判断。

我依据手头的证据，权衡了所有观点，很快找出一条行动路径。但是，我还是缺乏决心，踌躇犹豫，也没有联系霍利斯特和麦克弗森。越等越焦急，我想给红队一个机会冷静下来，这样我们就能进行不带偏见的讨论。

在一系列会议和电话交流中，我提醒他们注意那本厚厚的观察笔记和曾在佛罗伦萨那份样本中收集到的数据，所有这些都倾向于一个结论：样本是天然的。

霍利斯特和麦克弗森都同意，这个结论是合乎逻辑的。

我表示，齐普里亚尼事件与该样本天然与否无关。也许齐普里亚尼真的将样本从博物馆带回了家，然后进行了一番研究。然而，他的研究并没有证明或证伪任何事物。我主张，我们应该直接忽视他的研究。递交给《科学》杂志的那篇论文里的所有观察结论与数据都严格地限于最初的铝锌铜矿石样本，我们对该样本的追踪极为认真严谨，且该样本被妥善地保存在佛罗伦萨的博物馆里。

当然，麦克弗森开始对任何来自佛罗伦萨的矿石都持怀疑态度，包括那件博物馆样本。然而，当我们给他施加压力的时候，他不得不承认，没有一丝一缕的证据可以证明博物馆里的所有矿石都被污染了。

最终，我得出一个至关重要且每个人都同意的结论：有确凿的证据证明，佛罗伦萨的铝锌铜样本和其中的准晶是天然的。无论是霍利斯特还是麦克弗森，都不得不同意这个结论。

我表示，这是我们在论文中所能宣称的最大极限。我们不能宣称有绝对的证据证明准晶是天然的。考虑到他们的忧虑，我们还附带了一条警告，即准晶和游离态金属铝的存在仍然是一项难以解释的严肃挑战。我们没有宣称有确定的解释，而是仅仅呈现了截至当时为止所有的证据。我们承认，游离态金属铝的存在可能意味着这件样本是一件人类活动的副产品。然而同时，我们也呈现了真实的、有利于替代理论的实验证据，无可否认，它是对"准晶天然说"的大胆假设。

我一贯相信，一篇论文如果如实地呈现支撑证据，再加上明确说明论文的局限性，那么它在科学上就是真实可信的。我还相信，发表我们的论文有助于其他科学家参与这项研究并提出更多证据或者更好的想法，这样就有望解开佛罗伦萨那份样本带给我们的困惑。

宾迪完全同意我的分析。然而，霍利斯特和麦克弗森强烈地反对，他们顽强的反对态度也揭示了科学冲突的真实本质。他们担心理论物理学家（指我）采取的标准太低，比不上岩石专家和陨星专家（指他们自己）。在他们看来，这篇论文就不应该发表，除非我们最终能排除这种可能性，即游离态金属铝合金是人造的，无论完成这件事情需要耗费多长时间。

对于霍利斯特和麦克弗森来说，未证实的不确定性胜过了已有的证据优势。我最终意识到，自己认真的写作或者充分的证据都无法弥补这种不确定性。因为存在这么多未被解答的问题，他们两位都表达了这样的担忧，即这篇论文可能会对他们的职业声誉造成不好的影响，于是明确要求我删掉致谢中他们的名字或至少修改致谢部分，明确说明他们不同意论文的结论。

然而，这篇论文原稿已经投给了期刊出版商，他们拒绝进行局部修改，也不愿移除致谢部分的任何内容。编辑给出的唯一选择就是直接撤回论文。

到我做出艰难抉择的时刻了。最后一刻撤回论文会产生很大的负面影响。停止发表论文会引来麻烦，坏消息会在整个科学界不胫而走。这一举措还会引起怀疑，影响这个项目未来的可信度。

在我挣扎着不想做出最终决定的同时，我重新回顾了过去 5 个月中发生的事件。我和宾迪一直进行的天然准晶研究比我曾参与的任何科学冒险都更不可预测，充满了让人忐忑不安的波折。我当然可以体谅霍利斯特和麦克弗森习惯于更加有计划性的调查研究。

我也可以理解为什么红队怀疑样本造假。在他们看来，游离态金属铝在自然界中根本不可能存在。但是我认为，我们在佛罗伦萨、华盛顿特区以及普林斯顿的实验室里昼夜不停地工作，实质上已经摒除了所有"样本可能是人造的"猜测。样本是天然的矿物，虽然我们不能解释有关该样本的一切细节，但是这件样本本身就是最合乎情理的解释。

每当我回顾这场争论时，都会得出同样的结论：我们应该发表这篇论文。它的撰写真实可靠，而且撤稿的代价实在太大了。我认为这个决定是正确的，而且毫无疑问。于是，我坚定地否决了红队的反对意见。

我们的论文标题是《天然准晶》(*Natural Quasicrystals*)，于 2009 年 6 月 5 日发表在《科学》杂志上。共同作者是卢卡·宾迪、姚楠、陆述义和我，致谢中有林肯·霍利斯特和格伦·麦克弗森（见图 12-1）。

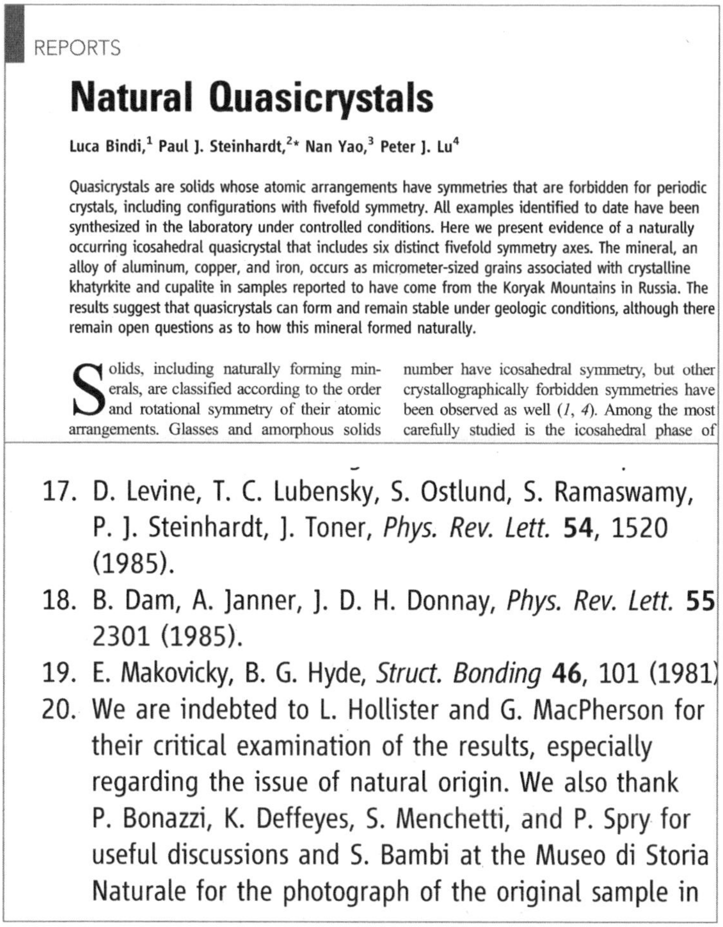

REPORTS

Natural Quasicrystals

Luca Bindi,[1] Paul J. Steinhardt,[2*] Nan Yao,[3] Peter J. Lu[4]

Quasicrystals are solids whose atomic arrangements have symmetries that are forbidden for periodic crystals, including configurations with fivefold symmetry. All examples identified to date have been synthesized in the laboratory under controlled conditions. Here we present evidence of a naturally occurring icosahedral quasicrystal that includes six distinct fivefold symmetry axes. The mineral, an alloy of aluminum, copper, and iron, occurs as micrometer-sized grains associated with crystalline khatyrkite and cupalite in samples reported to have come from the Koryak Mountains in Russia. The results suggest that quasicrystals can form and remain stable under geologic conditions, although there remain open questions as to how this mineral formed naturally.

Solids, including naturally forming minerals, are classified according to the order and rotational symmetry of their atomic arrangements. Glasses and amorphous solids

number have icosahedral symmetry, but other crystallographically forbidden symmetries have been observed as well (*1, 4*). Among the most carefully studied is the icosahedral phase of

17. D. Levine, T. C. Lubensky, S. Ostlund, S. Ramaswamy, P. J. Steinhardt, J. Toner, *Phys. Rev. Lett.* **54**, 1520 (1985).
18. B. Dam, A. Janner, J. D. H. Donnay, *Phys. Rev. Lett.* **55** 2301 (1985).
19. E. Makovicky, B. G. Hyde, *Struct. Bonding* **46**, 101 (1981)
20. We are indebted to L. Hollister and G. MacPherson for their critical examination of the results, especially regarding the issue of natural origin. We also thank P. Bonazzi, K. Deffeyes, S. Menchetti, and P. Spry for useful discussions and S. Bambi at the Museo di Storia Naturale for the photograph of the original sample in

图 12-1　论文部分截图

发表后的影响喜忧参半。一方面，这篇发表在《科学》杂志上的论文受到了世界各地读者的广泛关注。没有任何怀疑的声音，这非常令人惊讶，因为我们所报告的内容本质上富有争议。我和宾迪非常高兴。同时，我不禁注意到，红队突然沉默了。霍利斯特和麦克弗森没有向我们谈论过任何论文发表的事情，并选择在他们之后发表在全世界的多份杂志上的多篇论文中不予置评。

在我们发表关于发现首个天然准晶的论文一个月后，也就是我和宾迪开始合作的两年后，我们终于有机会见面了。我当时准备去欧洲出差，对一个不同的主题做系列讲座，所以我希望趁这次机会去佛罗伦萨拜访他。

见面的那一刻我们热烈地拥抱彼此，互致问候（见图 12-2）。我们每天通过聊天软件交谈数百次，内容从科学问题到一切家庭琐事，跟宾迪见面就像与老朋友团聚一般。我们之间紧密的工作关系造就了这段牢固的感情纽带。宾迪比我想象的更高，也健壮和活跃得多。他通过网络传递给我的热情和温暖在见面以后更加明显了。我们两个虽然来自不同的文化、不同的年代、不同的科学背景，但脾性相投。

图 12-2　宾迪（左）与作者（右）的合影

宾迪带我简单参观了他们大学的博物馆，自豪地向我展示了他设计的漂亮的新矿石展品。我们来到他的办公室，持续交谈了好几小时，内容主要是这项研究的现况和下一步该做什么。

尽管提交给《科学》杂志的那篇论文成功发表了，但我们两个都意识到目前的研究结果还没有达到红队的期望值。尽管科学期刊、大众媒体和读者都已经接受了我们的研究结果，但这仍然没有起到什么作用。只有两件事情中有一件发生，红队才会满意，这两件事情分别是：要么我们必须让霍利斯特和麦克弗森信服我们是对的，要么他们必须让我们信服我们是错的。所以，这意味着我们的调查研究还将继续。我和宾迪一致认为，我们应该筛选更多的晶体物质，寻找更多线索，用筛出的晶体做更多实验，阅读更多关于铝合金的文献，并探索更多理论来解释佛罗伦萨那份样本形成的可能原因。

我向宾迪承认，我曾期许发表于《科学》上的那篇论文能使我们的研究取得成功。比如，我曾希望这篇论文能够激励来自全世界的地质学家去调查他们自己的矿物藏品，寻找天然准晶，或者更好的情况是寄来他们的样本让我们研究。然而令我失望的是，没有人给我们提供帮助，也没有人让我们提供帮助。我们只能自己完成这项工作。

我们热烈的讨论持续到午饭结束，后来不得不依依不舍地分头行动。我感动地拥抱了宾迪，跟他说再见。离开佛罗伦萨的时候，我对宾迪的感激和钦佩之情更强烈了。

我已经在邮件中感受到了霍利斯特和麦克弗森与日俱增的冷漠，现在他们几乎不给我发邮件了。正如结果所显示的，我的直觉是对的。我从欧洲回到家的几个星期以后，收到了霍利斯特的一条留言，他措辞严厉地表达了自己的不耐烦情绪：

> 我认为你们一直研究的样本不是天然的。我感觉自己在确定样本起源的工作中所做的事情吃力不讨好。

霍利斯特解释说他不想再和我们继续合作，除非我们能以某种方式从其他来源发现一份崭新的样本。麦克弗森则悄无声息地退出了这项研究。

当我读到霍利斯特的邮件时，感到既难过又泄气。红队和蓝队有相当多的分歧，这当然是事实，但是正如所有良性的科学分歧那样，我们的辩论总是保持着文明礼貌，从来没有降格为人身攻击。我一贯坚信霍利斯特和麦克弗森对我们的调查研究至关重要，所以我决定，无论如何都要让他们继续参与这项研究。

我们确实陷入了意见不统一的局面，但是这一点儿也没改变我对他们的尊重和敬佩。

下一个突破可能来自哪里呢？在收不到任何新消息的情况下，我如何做才能让霍利斯特和麦克弗森再次参与进来呢？

彩插1

彩插1：准晶的平面填充可以通过任何对称性实现，例如这种由5种不同的形状组成的图案，具有十一重对称性。

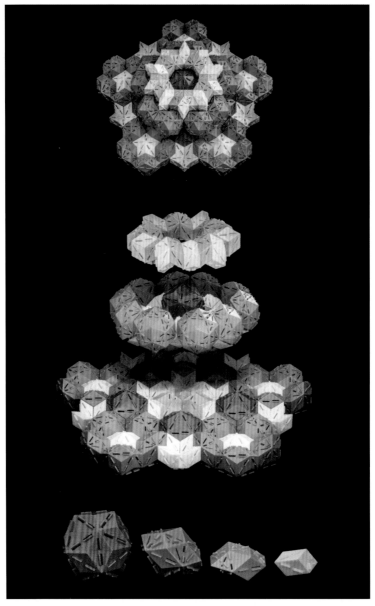

彩插2：一个二十面体准晶的三维模型(上)，由四个不同的建构模块
(下)组成的层(中)构建而成。块上的凸起和凹槽决定了它们只能以准晶
的排列方式组装。

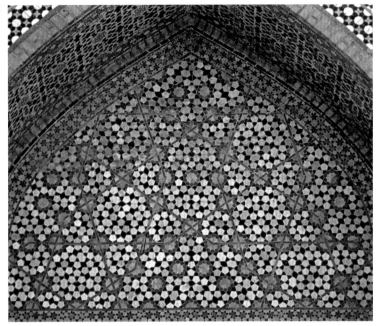

彩插3：伊朗伊斯法罕市的达布－伊玛目神殿上引人注目的瓷砖。

彩插4：瓷砖铺贴可以看作一种准晶平面填充，由三种形状的图形组成。

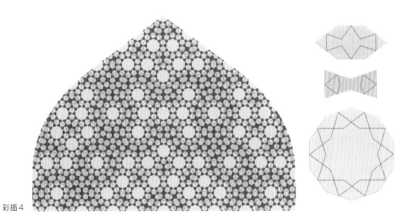

彩插4

彩插5：来自佛罗伦萨博物馆的样本装在原来的盒子里(用油灰夹着)，旁边是一枚5分的欧元硬币，以示比例对照。彩插6：放大了10倍的样品图像。

彩插5

彩插6

彩插7

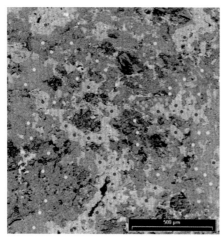

彩插7：宾迪针对样品进行了电子探针研究，研究样品中不同点上的物质的化学成分。黄色的点代表二铝铜矿石，也就是$CuAl_2$；红色的点代表铜铝石，也就是$CuAl$；绿色的点代表由铜、铁、铝元素组成的未知相；蓝色的点代表第一块天然准晶，二十面体，也就是$Al_{63}Cu_{24}Fe_{13}$。

彩插8：我们的探险队成员包括两辆"庞然大物"和（从左到右依次为）波格丹·马科夫斯基、格伦·麦克弗森、威尔·斯坦哈特、克里斯·安德罗尼克斯、玛丽娜·尤多夫斯卡娅、卢卡·宾迪、维克多·科梅利科夫、奥莉娅·科梅利科夫、保罗·斯坦哈特、萨沙·科斯京、瓦列里·克里亚奇科、迈克·埃迪、瓦迪姆·德斯勒，以及前景中的蓝猫巴克斯。彩插9：一个惊心动魄的时刻。彩插10：蓝猫巴克斯。彩插11：一只堪察加棕熊。

彩插12：俄罗斯科学家瓦列里·克里亚奇科在堪察加半岛（他左肩位置是保罗·斯坦哈特）与探险队一起回顾考察路线。

彩插13：威尔·斯坦哈特在里斯特芬尼妥伊支流的挖掘现场。

彩插14：卢卡·宾迪和保罗在庆祝2011年他们到达了1979年瓦列里发现佛罗伦萨样本的地方。

彩插 15：瓦列里·克里亚奇科在采集样品。彩插 16：格伦·麦克弗森在岩石上寻找流星撞击的证据。彩插 17：克里亚奇科和宾迪在检查晶粒。彩插 18：克里斯·安德罗尼克斯和保罗·斯坦哈特（穿着防蚊装备）绘制了地质图。彩插 19：午夜露营地的景色。

彩插20：测绘探险中的玛丽娜·尤多夫斯卡娅。彩插21：测绘中的迈克·埃迪。彩插22：威尔·斯坦哈特准备开始在溪流中挖掘。彩插23：克里斯·安德罗尼克斯手持步枪随时准备防御棕熊。彩插24：探险队庆祝在营地的最后一晚，保罗·斯坦哈特高举火炬。

13
神秘的秘密日记

佛罗伦萨

2009 年 9 月

自《科学》杂志上的那篇论文宣布了我们的发现以来，已经过去了将近三个月。我们也花了一整个夏季进行调查，但团队中没有人获得哪怕一丁点儿令人感兴趣的发现。宾迪、姚楠和我曾长时间地待在实验室里辛勤工作，但是没有取得任何进展。

然而，就在我们的项目可能要被迫永久地停止之时，最不可思议的事情发生了。这件事情不是发生在实验室和某场会议上，也不是在与其他科学家的聊天中，触发这件事情的是红酒和意大利面。

宾迪当时在佛罗伦萨和姐姐莫妮卡以及莫妮卡的朋友罗伯托一起享用晚餐。晚餐期间，宾迪激动地讲述了我们的故事。到目前为止，这个故事比较长，充满各种跌宕起伏的情节：一直藏在宾迪博物馆储藏室里的珍贵铝锌铜矿石样本、和姚楠一起在普林斯顿实验室里意外发现的天然准晶、在私人藏品中发现的令人难堪的假样本、锁在圣彼得堡矿业博物馆不可碰触的完模标本、历经千辛万苦在以色列找到的不靠谱的俄罗斯科学家、无法解释的阿颜德陨石问题以及一轮又一轮无休止且不得要领的实验和讨论。

宾迪解释说，我们已经将最初佛罗伦萨博物馆中的铝锌铜矿石样本追溯到荷兰的一位矿石收藏家身上。然而不走运的是，这场追寻在阿姆斯特丹遭到冷遇。和宾迪一起吃晚餐的罗伯托就住在阿姆斯特丹，他对这个细节很感兴趣。当听到收藏家的姓是科克科克时，他意味深长地点了点头。罗伯托说，科克科克这个人确实很难找，因为这是一个相当常见的姓。事实上，罗伯托有个邻居就姓科克科克。这位科克科克是一位老年妇女，跟他住在同一条街，他经常帮她将包裹从杂货店搬回家。他答应宾迪向这位老妇人寻求帮助。

到目前为止，我和宾迪已经花费了数月时间来寻找住在阿姆斯特丹的一位名叫科克科克的人。宾迪认为，罗伯托的这位熟人与我们的事情毫无联系，她能帮上忙的可能性微乎其微。然而他错了。

在 24 小时之内，罗伯托回到阿姆斯特丹并迅速给宾迪回了一封邮件。他的邻居不但认识尼柯·科克科克，而且他俩曾经还非常熟络。事实上，她就是科克科克的遗孀！

这个不可思议的消息如同一声惊雷令我们震惊不已。宾迪立即买了飞往阿姆斯特丹的机票，并立即给我发了一封邮件，说他马上要去拜访这位老妇人。

"我感觉自己像一名中情局特工。"宾迪写道。

— ◖◗ —

📍 阿姆斯特丹
🕐 2009 年 9 月

第二天，宾迪满怀期望地冲向了阿姆斯特丹。下了飞机之后，他兴奋地奔向罗伯托的邻居科克科克家。令他惊恼的是，到了以后，这位叫作狄波拉·科克科克（Debora Koekoek）的老妇人却像一面结实的墙一样骤然挡住了他们的去路。她80多岁了，显然对于他们不请自来的拜访感到不知所措，而且断然拒绝合作。宾迪感到很失落，她不愿意跟这位不认识的同胞分享任何她家的私事，无论宾迪多么帅气，多么能说会道。

值得称赞的是，罗伯托尽己所能地挽救了局面。他说，唯一的办法就是宾迪离开她家，这样他才能试着跟这位邻居私下里谈谈。宾迪犹豫地同意了，然后来到附近的一家咖啡厅，闷闷不乐地等待着。

罗伯托能发现任何有用的东西吗？两天前，他甚至都没有听说过我们追索准晶的故事。

正如宾迪所郁闷的那样，罗伯托和狄波拉之间的谈话变成了一种意愿上的对抗。只要罗伯托问关于她丈夫收藏矿石的事情，她就坚持说什么都不知道。她承认丈夫生前曾进行过矿石和贝壳贸易。她还知道，他曾在1990年清空了矿石存货，以便专门聚焦于收集贝壳，这点令罗伯托更为感兴趣。这就是她知道的全部事情，故事就这样讲完了。无论罗伯托以何种方式问她关于矿石藏品的事情，她都坚持说不知道。

最终，也许是因为罗伯托说了一些事情勾起了她的回忆，或是为了让他停止问其他问题，狄波拉小心地提供了一条至关重要的信息。尽管当时她的丈夫卖光了所有的矿石藏品，但他从未想过要扔掉那本秘密日记，里面记录了购买信息，而且她仍然保存着那本日记。

在礼貌性地央求了一阵之后，狄波拉同意让罗伯托瞄一眼这本秘密日记。他很快就发现了一条关于铝锌铜矿石的购买记录，科克科克简单地描述为"来自俄罗斯的矿石"。他还尽责地记录到，他曾在罗马尼亚的一次旅途中获得了这件样本。

记录中还写到，科克科克1987年在罗马尼亚从一个名叫蒂姆的人手里购买了这件样本。但里面没有提到蒂姆的姓，也没有联系方式。

一个名叫蒂姆的矿石商人？在罗马尼亚？罗马尼亚人蒂姆？

罗伯托粗略地记下几条笔记，跟狄波拉道了别，然后将消息告诉宾迪，宾迪又告诉我。我和宾迪推测蒂姆很有可能是一名矿石走私者。很明显他和科克科克在 20 世纪 80 年代晚期做过交易，当时罗马尼亚仍然处于苏联的治理之下，将天然矿石偷运出来可能会被视作严重的犯罪行为。

— ◑ —

> 📍 普林斯顿和罗马尼亚
>
> 🕐 2009 年 10 月

我想下一步就变得简单了。与在以色列寻找列昂尼德·拉津或在阿姆斯特丹寻找荷兰矿石商人的遗孀相比，寻找罗马尼亚人蒂姆的行踪简直是小菜一碟。

毕竟，罗马尼亚能有多少走私者名叫蒂姆呢?

我的乐观情绪没有事实依据。尽管我们给罗马尼亚的联系人和全世界的收藏者都发了求助邮件，但似乎没有人听说过罗马尼亚人蒂姆。

当我们继续扩大寻找范围时，另一个地方闪现出一丝希望。

在开始准晶研究时，我们就一直在纠结一个问题，我们只有两个微小的晶体颗粒可供研究，而且关于它们的来源我们知道的信息十分有限。宾迪曾为原始样本的一份切片拍了一张高度放大的照片，上面的图案显示出了铝铜合金和硅酸盐矿石的复杂结构。但是在拍了这张照片以后，宾迪就把切片磨成了粉末，以便提取出颗粒，寄给普林斯顿大学的我来研究。当然这些颗粒最终被证明包含天然准晶，这也是首次发现这种物质形式。

林肯·霍利斯特一直在抱怨可供研究的图片只有一张。只要我们见面，他总会强调宾迪犯了一个大错，把佛罗伦萨样本磨成了粉末，尤其是事先没有用他的电子显微镜以不同的放大倍数拍出更为翔实的照片，这些照片有可能会显示出准晶和其他铝铜合金与硅酸盐矿石之间的复杂关系或者多重联系。目前已知，硅酸盐矿石是纯天然的。通过识别出它们之间的关系，甚至发现金属和硅酸盐彼此发生化学反应的例子，我们就有强有力的证据能够证明，准晶也是纯天然的。不幸的是，在所有样本被磨成粉末后，晶体颗粒太小了，无法提供令人信服的证据。

我实在难以接受这种批评，不应该这么批评宾迪。真相是，宾迪确实拍了一整套电子显微镜照片。然而问题是，它被弄丢了。在宾迪老老实实拍下这些照片之后，他位于佛罗伦萨的实验室接连发生严重事故——电子显微镜被摔坏了，硬盘驱动器也被撞毁了，并且无法修复。因此，宾迪的实验室更换了电子显微镜和硬盘驱动器，坏了的显微镜残余部分被随意地丢在了一个角落。宾迪拍摄的那些照片就这样被丢失在损毁的硬盘驱动器中。

当时宾迪立即告知了我这些毁灭性事故，可以理解，他感到很不安。他最害怕的是这些问题会给霍利斯特和麦克弗森留下他的实验室不达标或不专业的印象。宾迪认为，在这一事件中，如果将他视作这场意外机械故障的受害者，虽然听起来显得很可怜，但这种解释就如同"狗吃了我的家庭作业"。所以，他要我保证不告诉别人，他宁可遭受红队一系列尖锐的批评，也不愿说出这个令人难以置信的真相。

我尊重宾迪的决定，同时建议让数据修复专家看看能否追回丢失的图像。不走运的是，我们咨询的专家没有带来多大的希望。他认为成功的可能性很低，因为硬盘驱动器的关键部分被永久地毁坏了。我们两个又一次心灰意冷，于是将注意力转到主要的调查研究中，把这项拯救工作彻底抛在脑后了。

几个月以后，正当对罗马尼亚矿石走私者蒂姆的寻找陷入死胡同的时候，宾迪收到了一条来自计算机极客的意外信息。他们以某种方式从毁坏的硬盘驱动器中成功修复了几张图像。

这个好消息对于我来说正好是一件便利的破冰工具，可以用来重建与霍利斯特和麦克弗森之间的关系。当他们得知宾迪的实验室设备发生故障的全部真相时，都感到非常震惊。他们也对那几张复原了的图像很感兴趣，图13-1就是其中之一。

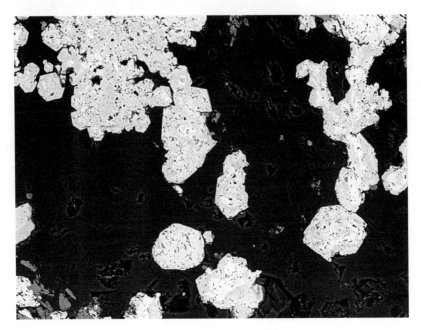

图 13-1　其中一张复原图像

　　霍利斯特和麦克弗森可能盼望着有明确的证据能证明铝锌铜矿石是人造的，正如他们一贯怀疑的那样。然而相反，正如麦克弗森在一封邮件中所述，这些图像显示出了一些令人惊喜的信息。

　　这些图像呈现出的内容比以前的任何图像都要复杂，可以用俗语"狗的早餐"来形容！

　　麦克弗森善用生动的语言。从那时起，"狗的早餐"便成为我们团队内部的行话之一。这个短语来自英国的一个俚语，指被严重糟蹋的一顿饭只能端给家庭中的四条腿成员。当然，其中也有杂乱的意思，因为传统的英国餐饭中还夹杂有诸如血肠和冻鳗鱼之类的食物。

　　麦克弗森这样描述这些复原的图像：杂乱无章，而且很难解释。它们不同于他以前研究过的任何图像。不过在这些图像中，他没有发现任何细节使他重新考虑自己的意见，即佛罗伦萨的那份样本是渣滓。另一方面，我和宾迪发现了麦克弗森忽略的几个重要特征。首先，渣滓通常含有某些特征物质，比如气泡或其他常见的工业材料的碎片。然而，在复原的图像中，这些都没有被发现。

其次，浅色材料中看到的金属和深色材料中看到的硅酸盐之间有一些笔直的边界。周围的硅酸盐，包括含有硅、氧和其他成分的混合物，都呈晶体结构。只有当两种矿物完全熔化成液体混合物，然后慢慢冷却时，它们之间才会出现这种结构。我们从工程师和地球科学家使用的标准表中知道，冷却的硅酸盐将在大约1 500℃的温度下结晶，铜铝合金将在大约1 000℃的温度下结晶。这为我们提供了这幅图像显示的物质曾所经受的高温信息。金属虽然熔化了，但没有与熔化的硅酸盐中的氧发生反应，这个事实也很重要。熔化的金属通常是高活性的，因为金属原子可以自由移动，并与周围的氧原子发生化学反应。然而复原的图像明显提示，熔融铝与富氧液态硅酸盐虽然有接触，但没有发生反应。一个合乎逻辑的解释是，金属在与硅酸盐中的氧发生反应之前就快速凝固了。这种超快的冷却速度也可以解释这块铝锌铜矿石奇怪的扭曲形状。然而，如此快的冷却速度一般不可能是地球表面任何自然过程的产物，也不可能发生在普通实验室中。

多亏了修复的图像，我和宾迪才决定缩小佛罗伦萨那份样本的可能来源的寻找范围。现在一切都指向自然界这个起源。

⊙	阿姆斯特丹
🕐	2009 年 11 月

最近我们成功地从损坏的硬盘上修复了一些图像，这让我们深受鼓舞。不过，我和宾迪没有找到罗马尼亚人蒂姆，所以决定采取一些几乎没有成功可能的行动。宾迪将去往阿姆斯特丹再次拜访狄波拉，就是荷兰矿物收藏家的遗孀，询问她是否知道任何关于蒂姆的事情。

这一次，狄波拉没有那么抵触宾迪了，并邀请他去她家。寒暄过后，他直奔主题：她有没有听她丈夫提到过一个名叫蒂姆的罗马尼亚人？

狄波拉的回答直截了当："没有。"

尽管宾迪还记得罗伯托花了很长时间才从她那里套问出一些信息，但他还是坚持了下来。他向狄波拉解释说，在她给罗伯托看的那本日记中，她已故的丈夫曾直呼蒂姆这个名字，这说明他可能是科克科克非常熟悉的人。

也许，这次狄波拉会想起丈夫曾告诉她的关于他在罗马尼亚探险的故事。"没有。"狄波拉坚持说。

对话就这样开始了。无论宾迪以何种方式提出这个问题，狄波拉的回答总是一样的。她从未听丈夫提起过任何一个名叫蒂姆的人。

最后，就在宾迪准备放弃的时候，狄波拉小声地坦白了一件令人震惊的事情。她的丈夫还写了另外一本日记，一本神秘的秘密日记。这第二本秘密日记显然被科克科克用来记录那些存在合法性问题的采购，包括在可疑情况下获得的矿物。他不想在官方记录中留下这些交易的书面记录。狄波拉显然是因为紧张或者尴尬，没有早点儿提起这件事。不过这次，她迅速地从隔壁房间取来了那本秘密日记，交给了宾迪。日记一到宾迪手中，他很快就找到了要找的东西：

> 在我收集的碎片中，大部分金属矿物都是通过蒂姆到我手上的。

虽然开篇的句子和科克科克的第一本日记一致，但条目的其余部分提供了一些新信息：

> 蒂姆现在从尼古拉·鲁达舍夫斯基的实验室那里获取矿物。这些矿物最初是由在鲁达舍夫斯基的实验室工作的列昂尼德·拉津（俄罗斯重要中心部门的主任）提供给蒂姆的（见图13-2）。

当时的宾迪一定很难保持镇静。这本秘密日记中的人名我们都熟知。其中两人是在铝锌铜矿石故事中扮演着重要角色的科学家，他们都与科克科克有联系，这一事实真是令人震惊。

第一位科学家是列昂尼德·拉津。根据科克科克的日记记载，佛罗伦萨的样本不仅与圣彼得堡的完模标本有着相似的化学结构，而且来源也相同。拉津——我们在以色列追踪到的那个不合作的科学家，声称亲自发现了铝锌铜矿石样本。

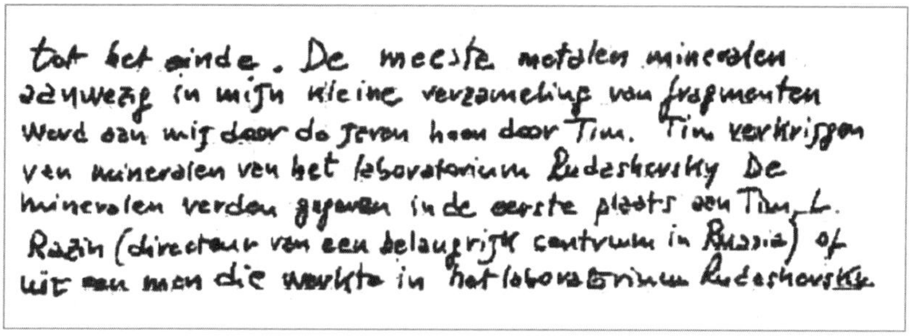

tot het einde. De meeste metalen mineralen
aanwezig in mijn kleine verzameling van fragmenten
werd aan mij door de seven heen door Tim. Tim verkrijgen
van mineralen van het laboratorium Rudeshovsky De
mineralen verdan gegeven in de eerste plaats aan Tim L.
Razin (directeur van een belangrijk centrum in Russia) of
uit een man die werkte in het laboratorium Rudeshovsky

图 13-2　第二本日记部分截图

第二位科学家是尼古拉·鲁达舍夫斯基。我和宾迪知道鲁达舍夫斯基是一位电子显微镜专家，他在圣彼得堡的实验室里和许多俄罗斯矿物学家一起工作过。作为对他努力的回报，鲁达舍夫斯基常被纳为他们科学论文的合著者。1985年，他与拉津合著的一篇论文描述了铝锌铜矿石和铜铝矿石的发现。

科克科克提到了两位俄罗斯科学家，这意味着佛罗伦萨的那份样本和圣彼得堡矿业博物馆的完模标本肯定来自同一个地方——俄罗斯东部的一个偏远地区，那里远离任何铝铸造厂或者人工生产该样本的精密实验室。

圣彼得堡矿业博物馆的完模标本已经被国际矿物学协会认证为天然矿石。如果这两个样本来自同一个地方，那么我们就有理由假设，佛罗伦萨的样本也是天然的。我和宾迪深信科克科克的秘密日记将是一个分水岭，它将帮助我们证明有史以来第一例天然准晶的存在。

14

关键人物——瓦列里·克里亚奇科

📍 普林斯顿和佛罗伦萨

🕐 2009 年 11 月

根据尼柯·科克科克的那本秘密日记，佛罗伦萨的铝锌铜矿石样本来自列昂尼德·拉津，他还曾以第一作者的身份在一篇论文中介绍了圣彼得堡矿业博物馆的那份完模标本。

那么，拉津是如何获得这两份样本的呢？

拉津声称，他于 1979 年在俄罗斯远东一处荒无人烟的偏远地区发现了这些矿物。然而据我所知，去这种地方探险非常不便。基于跟拉津打交道的经验，我怀疑他的说辞。

当时，拉津是苏联铂研究所的负责人，这样一个身居高位、有着政治关系、习惯了城市生活的人似乎不太可能去那么荒凉的地方完成这样一项艰巨的任务。我深信实际的田野调查一定是由其下属完成的。

那会是谁呢？

　　科克科克的日记表明，当铝锌铜矿石样本被走私出境时，拉津一直在与鲁达舍夫斯基的实验室合作。我设法找到了鲁达舍夫斯基，那时他已经 80 多岁了，仍然和家人住在圣彼得堡。他的儿子弗拉基米尔英语流利，是我们沟通的桥梁。弗拉基米尔追随父亲的脚步，投身于科学领域，并成了一名成功的矿业企业家。他为父亲的成就感到骄傲，并认为我们的研究将会为科学的发展带来一系列深远影响，于是决定全力支持我们这项不可能的探索。他花了几小时和年迈的父亲谈论我们的调查，然而这并没有唤起这位老人对 30 多年前关于铝锌铜矿石和铜铝矿石的任何记忆。这一点儿也不令人惊讶，因为当时拉津的样本并不是特别引人注意，更何况之后鲁达舍夫斯基的实验室对其他成百上千件矿物进行了检测。

　　既然陷入困境，弗拉基米尔试图另找方法来帮助我们。我跟他提起与拉津打交道时遇到的那些难以想象的艰辛之处。弗拉基米尔主动提出代表他的父亲直接打电话给拉津，看能否取得一些进展。我迟疑地同意了，期待拉津这位前同事的儿子（也是一名科学家）能说服他合作。

　　然而，弗拉基米尔和拉津的通话结果比我想的还糟糕。拉津本来拒绝跟我合作，因为我不会给他支付太多报酬。而当他得知弗拉基米尔竟然想让他免费为我提供信息时，他怒不可遏。弗拉基米尔告诉我，在电话中，拉津变得无比愤怒，并试图通过自己的政治关系来恐吓他。

　　我被这个威胁吓了一跳。拉津以前的同事曾警告过我，这个人可能心怀恶意。我开始担心这项平和的科学调查可能会对鲁达舍夫斯基一家造成伤害。虽说拉津现在住在以色列，但也可能具有很大的影响力。

　　让弗拉基米尔和他的父亲暴露于潜在的危险之中，令我深感不安，为此我向弗拉基米尔道歉，但他只是笑了笑说，拉津只是在虚张声势。幸好鲁达舍夫斯基一家至今没有发生什么事儿。即便如此，我和宾迪还是对这件事耿耿于怀，发誓以后不再和拉津有任何联系。

— ◐ —

📍 佛罗伦萨和普林斯顿

🕐 2009 年 12 月

对于那篇最初宣布发现铝锌铜矿石和铜铝矿石的科学论文，我和宾迪已经读了有千遍，但是第一段读起来总是异常费解（见图 14-1）。

Среди природных образований впервые обнаружены соединения алюминия с медью и цинком. Они находятся в тесном срастании и представлены мелкими (размером от долей до 1.5 мм) неправильной формы, угловатыми стально-серовато-желтыми металлическими частицами, внешне схожими с самородной платиной. Эти частицы встречены в черном шлихе, отмытом В. В. Крячко из зеленовато-синей глинистой массы элювия серпентинитов. Шлих отмыт непосредственно в полевых условиях, из обнажения коры выветривания серпентинитов небольшого массива ручья Лиственитового. Лабораторной обработке шлих не подвергался.

图 14-1　第一段截图

文中提到了一个名叫克里亚奇科的人（见图 14-1 中第一个标注），他在里斯特芬尼妥伊支流（见图 14-1 中第二个标注）淘洗砂砾时发现了一些不明颗粒。这一段没有详细说明淘洗的过程，也没有解释这与发现铝锌铜矿石和铜铝矿石有何确切关系，后文再也没有提及这位名叫克里亚奇科的神秘角色，他也没有被列为共同作者。这一遗漏似乎表明克里亚奇科的这一发现并不重要。如果是这样，为什么还要提到他呢？此外，尽管我们进行了最严格的搜索，但仍未在地图上找到神秘的里斯特芬尼妥伊支流。

这个人或这个地方真的存在吗？

俄罗斯科学院一位著名的院士告诉了我们一个非常简单的可能解释：也许克里亚奇科是一个虚构的人物，里斯特芬尼妥伊支流也是虚构的地名。

这位院士提醒我们，拉津曾是苏联铂研究所的主任，那时他在寻找有价值的矿石金属，出于竞争的原因，他可能会掩盖所有的细节。尽管铝锌铜矿石和铜铝矿石不具备市场价值，但拉津的竞争对手可能会猜想它们是在寻找铂的过程中被发现的。如果拉津准确地记录勘探过程和方位，对手也许会据此收集到足够多的信息来盗取这些有价值的矿藏。因此，对于拉津来说，他不得不虚构一个故事，使竞争对手偏离轨道。

这个解释听起来似乎很有道理，但是很奇怪，而且不科学。

我们与另一位俄罗斯院士谈论过这个"虚构"的推测，他立即表示不同意。他向我们保证，克里亚奇科先生不是虚构的人物，而是一位著名的矿物学家。令人遗憾的是，克里亚奇科几年前就去世了。现在有了两种完全不同的答案，于是我们向第三位俄罗斯院士求证，又得到了第三种答案。他回复说，克里亚奇科是楚科奇人，也就是楚科奇自治区的原住民之一，他曾有可能受雇协助拉津的探险队，结束后就早早地回到他在苔原上的村落了。我们被告知，寻找他将是一场无望的努力，而且，既然他只是一名帮手，就不会有任何对我们有用的信息。

根据专家的说法，克里亚奇科要么是虚构的人物，要么已经去世了，要么根本找不到。不管真相如何，都没什么区别。我和宾迪没有打算再联系其他专家，而是准备另想办法。

放弃寻找克里亚奇科几个月后，我和宾迪在不同的场合又偶然发现了这个名字。当时我们正在研读大量有关俄罗斯矿脉岩石的文献，宾迪眼尖地找到一篇关于在科里亚克山脉发现铂族矿物的文章。这篇论文不大知名，但它的合著者不是别人，正是克里亚奇科。

一模一样的名字，在同一个地区，研究密切相关的矿物。

我们确信这不是巧合。但是文中并没有列出关于克里亚奇科的信息，甚至没有提到他在哪儿工作。所以，我们无从判断他是否还在人世。

我们只好求助于该论文的合著者瓦迪姆·德斯勒（Vadim Distler），他是俄罗斯科学院矿床地质、岩相学、矿物学和地球化学研究所（IGEM）的首席研究员，该研究所位于莫斯科。

我发给德斯勒的电子邮件一连几个星期都没有回音，等待的时间太长，我又开始担心我们进入了另一个令人心灰意冷的死胡同。不过，德斯勒最终回信了，他为没有及时回复信息表示了歉意，并解释说，由于个人身患疾病和莫斯科的冬季太过寒冷，前阵子他无法去办公室。我们约好了电话会谈的时间，然后我在普林斯顿大学找了一位俄罗斯同事帮忙翻译。

当我们最终进行通话时，我试图确定是否找对了人。德斯勒能否确定他的合著者克里亚奇科与拉津论文中提到的克里亚奇科为同一个人？我渴望得到好消息，因为我们已经没有任何办法了，这是我们唯一的线索。

我屏住呼吸等待德斯勒的回应。"Da！"这是他的回答。我高兴地举起双臂挥舞。

接下来的谈话犹如进入一座金矿。克里亚奇科就是瓦列里·克里亚奇科（Valery Kryachko）。几十年前，德斯勒曾是克里亚奇科在矿床地质研究所的博士论文导师。在克里亚奇科进入研究生院之前的一个夏天，拉津给他提供了一个获得宝贵田野调查经验的机会。1979 年，拉津派年轻的克里亚奇科前往里斯特芬尼妥伊支流寻找铂。

当这句话被翻译出来时，我欣喜若狂。这虽然是一个简单的解释，却将所有看似不同的因素联系起来了。

列昂尼德·拉津，铂研究所，瓦列里·克里亚奇科，一个被派去考察的学生，里斯特芬尼妥伊支流。

我害怕听到下一个问题的答案，但又不得不问：克里亚奇科还活着吗？在无比漫长的停顿之后，我听到了德斯勒的回应："Da！"

我几乎无法抑制自己的兴奋之情。克里亚奇科还活着！如果我能找到他，他也许能解释当时样本是如何被发现的。我们终于可以回答拉津一直想蒙混带过的所有问题了。

当所有这些想法在我的脑海中翻腾时，德斯勒继续和翻译交谈。"克里亚奇科打算月底来莫斯科看我，"他说，"要不要我让他联系你？"

我难以置信地看着翻译。"你在开玩笑吗？"我露出笑容，告诉他："要，要，要，千万拜托！"

———— ◖◗ ————

> **⊙** 普林斯顿和莫斯科
> **🕐** 2010 年 1 月 7 日

在距离我们在普林斯顿大学实验室发现第一件天然准晶样本的一年零五天后，我设法联系到了克里亚奇科，30 多年前，这位科学家在楚科奇地区挖掘出了这件样本。

我给克里亚奇科发了一封电子邮件，提了很多问题，以确定佛罗伦萨的铝锌铜样本究竟是不是真的。然而，他的第一封信所提供的信息就超出了我的想象。

亲爱的保罗·斯坦哈特教授：

谢谢你的来信。我正在密切留意关于准晶和铝锌铜矿石形成条件的辩论，所以我非常清楚这一发现意义重大，并且很荣幸能帮你充分了解铝锌铜矿石的形成条件。你可以随意使用我提供给你的信息。

1979 年，我在位于马加丹（Magadan）的俄罗斯科学院远东分院东北科学中心担任研究员一职，参与了俄罗斯科学院进行的远征研究工作。原本计划进行一次大规模的探险，但是，由于天气恶劣，到达伊欧姆劳特瓦安河（Iomrautvaam River）的只有我和一名来自雅库茨克（Yakutsk）的学生。我在里斯特芬尼妥伊支流进行考察工作，这是一条不到 1.6 千米长的小溪，是伊欧姆劳特瓦安河的右侧支流。这条小溪很独特，尽管它并不是很长。许多年以来，这里一直是寻找砂金的地方。但在我到来的前一年，它已经被开采殆尽，溪床也被推土机推平了。之后小溪的左侧露出了 1 米厚的蓝绿色黏土层，这可能是一种化学风化壳——蛇纹岩的副产物。它极难清洗，不过还好可以用热水洗涤。我洗涤了超过 75 千克矿物质。当我洗到重精矿时，便发现了这种铝锌铜矿石，并立即被吸引住了。它的外形像一座高 4 毫米、底部宽 4 毫米的金字塔。我被它明亮的银色吸引，它的色泽比天然铂更白，但重量更轻。回到马加丹后，我把这件样本交给了拉津，因为他是铂矿床研究小组的组长，我也是组员之一。过了一段时间，他告诉我这不是铂矿："我在其中发现了 4 种新的铝基矿物。"第二年，拉津离开了研究所，搬到了另一个城市，我再也没见过他。几年后，拉津发表了论文，宣布发现了新矿物铝锌铜矿石和铜铝矿石。

我认为，除了我之外，没有人对里斯特芬尼妥伊支流进行过地质研究。而且很有可能，再也没有人从那里带来过铝锌铜矿石。那条支流中有很多包含铝锌铜矿石的黏土，但这种黏土的形成原因仍然不明。组织一支考察队去研究这条小溪是有必要的。从这个地方到阿纳底大约有 200 千米。我对这个地区非常熟悉。你发给我的地图上没有标出这条小溪，不过我会试着用卫星影像标出它的位置，然后马上发给你。

瓦列里·克里亚奇科敬上

克里亚奇科的详细回复以及他后来在电子邮件中对我后续问题的回答毫无疑问地证明，1979 年夏天从里斯特芬尼妥伊支流中采集到铝锌铜矿石样本的人是瓦列里·克里亚奇科，不是列昂尼德·拉津。

我终于明白了为什么拉津的论文如此缺乏细节。这并不是因为他试图虚构人物和地点，以便向竞争对手隐藏这个地方，也不是因为克里亚奇科是一个消失在荒野中的楚科奇人，更不是因为克里亚奇科已经不在人世了。

我的结论是，拉津根据克里亚奇科的口述内容写了那篇论文，但没有邀请他作为合著者。也许这是因为克里亚奇科当时只是一名地位低下的学生。不管出于什么原因，拉津根本没有和他分享这份功劳。那篇论文发表之后的 25 年，真相才大白于天下。我们要揭开记录彰显实情，克里亚奇科才是第一个发现这件样本的人，这件样本后来被证明含有新的晶状矿物铝锌铜矿石和铜铝矿石以及第一件天然准晶。令我感到惊讶的是，克里亚奇科非常熟悉我们大约 7 个月前发表的科学论文，这篇论文宣布发现了有史以来第一件天然准晶，由于里面提到了俄罗斯的那份样本，俄罗斯媒体也做了相关报道。

不过，在我接触克里亚奇科之前，他并不知道自己可能与天然准晶的故事息息相关。于是我很荣幸地告诉他，他是这项发现的核心人物。当听到这个消息之后，他非常高兴，并立即表示将尽己所能地提供帮助。

———— ◗◖ ————

📍 普林斯顿
🕐 2010 年 1 月

同月下旬，我去见了霍利斯特，告诉他这一连串不可思议的事情，包括我和宾迪是如何设法找到克里亚奇科的。毫无疑问，他是挖掘出圣彼得堡那份完模标本的人，也很可能是佛罗伦萨那份样本的发现者。

在过去的几个月里，我硬着头皮领教了霍利斯特的行事风格，他从不试图掩饰自己的不快。此刻，我即将体验到相反的情绪。霍利斯特一听到这个好消息，心中的不快立刻烟消云散。我看着他脸上露出的一丝笑容，就明白传奇人物林肯·霍利斯特正式入伙了。这正是我所期待的。

当时他提出一个惊人的建议，此刻我仍然沉浸其中。这个建议就是：下一步去俄罗斯远东地区寻找更多样本。"你必须去。"霍利斯特坚持说。

霍利斯特随后写信给史密森尼国家自然历史博物馆的红队同事格伦·麦克弗森：

> 保罗挖掘出了一些信息，找到了来自东科里亚克山脉的那份样本的源头。他找到了采集原始样本的人，此外，佛罗伦萨的那份样本和圣彼得堡的样本之间的联系也很有说服力。我认为有足够的证据支持我们向美国国家科学基金会提出建议，去该地区搞清楚当地的地质环境，如果幸运的话，还可以获得更多样本。

我虽然不太清楚接下来该怎么办，但能感觉得到，对天然准晶的探索即将改变方向，将从实验室研究进入一个我一无所知的领域。

15
罕见之物中包藏着某种不可能

📍 帕萨迪纳

🕐 2010 年 3 月 19 日

这是帕萨迪纳美好的一天，和煦的暖意提醒着我生活在南加州最令人享受的事情之一就是天气。在我的家乡普林斯顿，还有零星的积雪，而在这里，春天已经来临。我信步穿过加州理工学院的校园，沐浴着阳光。

我沿着一条主干道走上橄榄步道，经过一栋熟悉的两层建筑——劳埃德楼，这是我新生时期的宿舍。当我经过这里时，回忆历历在目。我在这个宿舍经历了有生以来第一次地震，半夜一阵可怕的晃动把我从床上摇醒。同时，我还记得那个尴尬的时刻，也就是大一的时候，我鼓足勇气向我的物理英雄、最后成为导师的理查德·费曼打了个招呼。

我再度想起了他的名言："你是最容易被自己欺骗的人。"多年以后，是费曼的这句忠告让我回到了这里。我想确定在准晶研究上我们有没有被自己欺骗。

我准备和德高望重的加州理工学院教务长、著名地质学家埃德·施托尔珀

（Ed Stolper）一起去教师俱乐部共进午餐。施托尔珀是出了名的批判思想家，他向来有话直说，甚至可能诚实得近乎残酷。我相信他会对我们的研究做出坦率的评估。他一生都在研究天然物质与人造材料。在喷气推进实验室（JPL）的火星探测任务中，他发现火星表面的一块岩石和地球上发现的某件罕见的岩石样本之间有着惊人的相似之处。他还对暴露在自然环境中的人造材料进行了专门研究，这些材料是风化了的渣滓，很容易被误认为天然样本。所以，他的工作性质与我们的研究直接相关。我带了一个巨大的活页夹，里面塞满了我们积累的研究成果。凭借丰富的专业知识，施托尔珀肯定能判断出我们正在研究的样本是否具有潜在价值，或者可能只是一块破旧的废金属。

虽然宾迪看过我的报告内容，但我没有告诉他事情的全部。这次会面可能带来的负面风险是我不愿意面对的。宾迪也非常担心最后的结果。施托尔珀在整个科学界都很有名望，也很受尊重，所以他任何形式的反对都将是毁灭性的。一旦他持怀疑态度，霍利斯特和麦克弗森将会迅速退出我们的研究项目。谣言会传播开来，最终破坏我与其他受人尊敬的地质学家之间的关系，他们的支持对我们的研究至关重要。

虽然我和施托尔珀从未见过面，但我们根据对彼此照片的印象第一眼就认出了对方。他留着棕色的卷发，戴着眼镜，热情的举动让我放松下来。我们坐下来吃午饭，很快就进入了正题。

当我对着厚厚的笔记本上的图表做冗长的陈述时，他耐心地听着。到目前为止，我们的调查故事非常复杂，我花了很多时间来归纳整理所有的相关细节。

在听到我们关于准晶如何形成的理论时，施托尔珀做了一些笔记。他同时也思考了这个问题，即许多其他专家认为佛罗伦萨的样本一定是渣滓，但我和宾迪收集的证据表明并非如此。他虽然偶尔会打断我，提出一些尖锐的问题，但从未透露过自己的想法，哪怕我承认没有找到任何决定性的证据来支持我们的理论，即佛罗伦萨的铝锌铜矿石样本是天然的。

当我陈述完报告时，午饭快结束了。我坐回自己的位置，我已经尽力了，正等着他的回应。一切到此为止了吗？我思来想去。

与预期的一样，施托尔珀实事求是地给出了坦率且务实的观点。他坚定地认为我们的样本不可能是合成的。他说，这绝对不是渣滓，也不是人工产物。

太棒了，我终于赌赢了！真希望宾迪能在这里分享这一刻。

施托尔珀通过报告中提到的一些化学和地质因素来支持自己的结论。他还权衡了我提到的关于样本形成方式的可能假设：雷击、火山、热液喷口、地壳板块碰撞、火箭或喷气式飞机的残骸，当然还有地球深层的活动和陨石。他认为陨石假设不太可能，并倾向于我们仍在考虑的一些其他假设。

听着施托尔珀的话，我深埋心底的焦虑感慢慢消失了。对于我来说，很难向我的在校大学生解释科学家挑战传统智慧是多么困难，即使像我这样小有成就的科学家。现在回想起来，每项成果在别人看来都很简单，但他们不知道的是，推动科学进步靠的就是永不言弃的拼搏，这是一场对个人耐力的极大考验。科学家还要承受同行要求你遵守行规的巨大压力。例如，在我和宾迪提出游离态金属铝有可能是天然形成的之后，科学界普遍认为这是不可能的，在一年多的时间里，我们不断受到某些专家的怀疑和毁灭性的批评，包括红队的同事。承受这些批评并不容易，负面评论有时非常刺耳，令我俩感到很沮丧。不过，勤奋工作是一个很好的应对机制。我们不断努力收集外在的证据来检验自己的论点。经过 14 个月的努力工作，终于得到了施托尔珀的肯定，我感到心满意足。

在会面结束时，我对他付出的宝贵时间和专业知识表示了感谢。临走之时，他给了我一条至关重要的建议。他建议我们分析样本中稀有氧同位素的"丰度"。这是我和宾迪从未考虑过的一条新颖的调查路线，施托尔珀认为这将有助于我们将剩余的可能解释进一步去芜存菁。

施托尔珀回到办公室后，我独自在桌子旁边坐了一会儿，沉湎于刚刚发生的神奇一幕。我把从笔记本中散落的纸张收拾起来，认真写了一份会面记录，准备分享给宾迪。

施托尔珀问了我一些尖锐的问题，而我总能够在自己厚厚的笔记本中找到一个数字或表格来精确地回答。能够如此完整地回答他所有的问题，多亏了我和宾迪收集的大量证据，此刻我非常感激曾经所做的一切努力。我们看似漫无目的，却全力以赴地寻找了每一条可能的线索，进行了所有可能的测试，最终这些努力取得了成效。多亏了施托尔珀，科学界的每个人现在都必须认真地对待天然准晶这一大事件。

"我们的调查研究绝对是经得起推敲的。"我喃喃自语。

在接下来的几小时，我独自漫步于校园和周围的街区，陶醉于春天的到来，回忆着费曼，想知道他这时会说些什么。

———◐———

普林斯顿
2010 年 3 月下旬

几天后，我回到家，回到寒冬的怀抱。当我告诉霍利斯特和麦克弗森关于施托尔珀的分析及正面回应时，他们都开始认真地对待这项关于天然准晶的研究了。他们承认，现在看来这项研究很有希望获得成功。不过，他们还是会抱怨，我们仍然没有决定性的证据来证明那份铝锌铜矿石样本是天然的。

———◐———

佛罗伦萨
2010 年 5 月 17 日

6 周之后，蓝队终于准备好交付红队要求的东西了。

自 15 个月前我们首次发现天然准晶以来，我和宾迪就一直在各自的实验室里埋头苦干，在日益减少、越来越小的佛罗伦萨样本颗粒中寻找线索。在我和施托尔珀会面后的一个月，宾迪开始检查一个直径只有 70 纳米的颗粒——大约是人类头发粗细的 1/100，接着他发现了一些真正了不起的东西。他没有给我发电子邮件以解释自己的发现，而是约我们第二天在聊天软件上详聊，并承诺会给我展示一些新鲜东西。

第二天我们联系上时，宾迪在聊天框中输入："给我 5 分钟时间为你准备文件……我有一个天大的好消息……"

我的第一反应是输入："好的！！！其实我整晚都在板凳边上干着急！"宾迪不是会夸大实验结果的人，所以我期待着一个重大发现。

"惊喜将是始料未及的，"宾迪打字说，"相信我。"我坐在那里不耐烦地等待着，就像等待永恒一样。最后，一份大电子文件从佛罗伦萨那边发送过来。我打开文件，当图像出现在屏幕上时，我目瞪口呆，屏住呼吸，简直不敢相信自己的眼睛。宾迪发现了一粒重矽石（stishovite）。

这令我兴奋不已。"这太神奇了！"我写道，"鉴定为重矽石的把握有多大？"

"100% 以上。"他回答说。

重矽石是一种很有名的矿物，以俄罗斯物理学家谢尔盖·斯蒂舍夫（Sergey Stishov）的名字命名，他于 1961 年在实验室首次制造出了这种矿物。这种矿物只能在超高的压力下形成，压力大约是地球海平面大气压力的 10 万倍。在实验室制造出这种矿物后不久，科学家在亚利桑那州的陨石坑中发现了一份天然的重矽石样本。经过进一步研究，科学家证明它是流星高速撞击地球的产物。

在佛罗伦萨的铝锌铜矿石样本中发现重矽石这一事实支持了我们的观点，即这份样本确实是天然的。创造它所需的压力在任何工业过程中都是不可能达到的。众所周知，重矽石是超高压现象的标志，这种超高压力远远超出了地球表面发生的任何正常地质活动所能达到的压力。

人们都熟知重矽石的化学成分——二氧化硅（SiO_2），一个硅原子对两个氧原子，这个化学式与普通沙子或窗户玻璃的化学式相同。使重矽石如此与众不同的是原子的排列方式，这一排列方式类似于碳原子的作用原理，在地球表面，碳原子会形成一种晶体排列，于是产生石墨；在地下高压环境下会形成不同的原子排列，于是产生钻石。在常压（产生沙石）和超高压（产生矽石）环境下，二氧化硅分子会形成不同的晶体排列。

通过观察电子衍射图像中尖锐的布拉格峰的间距和排列，我们便可以明确地检测出重矽石和沙石之间的区别。宾迪已经完成了这些测试，并发给我一系列衍射图像，这些衍射图像使我更加确定样本的属性。

几天后，宾迪通过电子邮件给我发来了一张放大的重矽石颗粒的图像，附带着一条更令人震惊的信息。

图 15-1 中模糊的黑白图像看起来没什么特殊之处，但是从科学的角度来看，这幅图像确实令人惊叹。

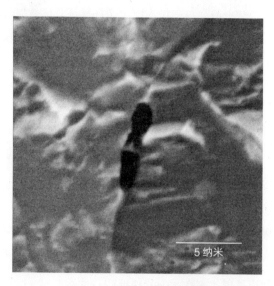

5 纳米

图 15-1　重矽石的放大图像

这幅图像显示，一种非常罕见的物质中包含着某种不可能的物质组合。图中银色部分代表重矽石，这是一种稀有物质，它围绕着二十面体准晶，即图中那截黑色的短棒，这种准晶曾被认为是不可能存在的物质。实际上，"双重不可能"是对这一准晶更恰当的描述。第一个不可能是指它具备被禁阻的五重对称，第二个不可能是指它的化学成分中含有金属铝，而天然金属铝从未在自然界中被发现过。

我们知道，重矽石是高压现象的产物，这种现象只有在某些特殊条件下才有可能出现，比如在地表深处，当天体在太空发生碰撞时，抑或当一颗极大的陨石撞击地球表面时。这类事件所涉及的压力远远超过任何正常的人类活动所能达到的程度。

根据这份特殊样本的情况，我们立即排除了准晶是在陨石撞击地球表面时形成的可能性。因为这可能会熔化佛罗伦萨那份样本中富含的所有铝金属，并使其与地球大气中的氧发生化学反应。

准晶在形成重矽石所需的高压下被留存下来的事实揭示了一条重要信息，即当重矽石形成时，准晶就已经存在，它们一起以某种方式承受住了与人类活动毫无关联的超高压力。

这就是霍利斯特和麦克弗森一直在寻找的自然源头的直接证据。

我立即打电话给霍利斯特，告诉了他这个令人兴奋的好消息。接着我愉快地给麦克弗森写了一封电子邮件，附上了宾迪拍摄的最新照片和我们的分析。我急切地想知道他是否会像往常一样持怀疑态度。结果他模棱两可：

> 如果它真的是重矽石，而且里面真的包含着准晶，这将会改变游戏规则。

以前关于佛罗伦萨样本如何形成的所有假设都可以被抛弃了。这份样本不可能是渣滓，不可能是矿工在篝火旁闲荡时弄出来的，不可能是喷气式飞机排气的产物，不可能是通过爆炸或由普通实验室产生的，不可能是由闪电、热液喷口或火山引起的。其他假设都无法产生形成重矽石所需的超高压力。

同样引人注目的是重矽石和准晶融合在一起的方式。这证明准晶并不像我们以前认为的那样脆弱。由于准晶被完全包裹在重矽石颗粒中，这意味着准晶可以承受超高压力。

麦克弗森虽然承认了所有这些观点，但仍然在极力寻找替代解释，无论它是多么荒诞。作为最后的挣扎，他让我们考虑一下这份样本是不是原子弹爆炸试验的产物。我和宾迪很快就排除了这个想法，因为测量显示，样本中没有任何有关核爆炸副产品的重元素（heavy element）。

只有两种看似合理的假设可以解释重矽石的存在。这份样本可能来自地球，形成于地球内部数千千米深处，并经由超级地幔柱传送到外层地壳。它也有可能是来自太空的访客，是两颗小行星剧烈碰撞产生的碎片。

哪种可能性是正确的呢？我们如何证明呢？

二十面体石

📍 帕萨迪纳

🕐 2010 年 5 月

佛罗伦萨的那份样本来自地球内部还是太空？这是一个需要解决的问题。

陨石假设和太空一直是我们那份天然准晶来源的首要解释。陨石包含的金属和金属合金种类比地球上的矿物所包含的要多得多。不过，我们需要的不仅是理性的辩论，还需要确凿的证据。

两个月前，埃德·施托尔珀建议我们通过分析样本中稀有氧同位素的丰度来解决这个问题，并让我去找地球化学家约翰·艾勒（John Eiler），他正在研究陨石的起源和演化以及其他一些课题。但是直到我们发现了重矽石样本，我才有足够的信心去请求艾勒用他那昂贵的设备检测一下我们的样本。

艾勒与加州理工学院微量分析中心（Caltech's Microanalysis Center）主任关云斌合作密切。该中心有一台名为 NanoSIMS 的贵重设备，这是一台纳米二次离子质谱仪，可以检测稀有氧同位素。世界上只有屈指可数的几台 NanoSIMS，而且只有包括加州理工学院在内的少数几个机构才允许与外界人士合作。

艾勒已经同意用 NanoSIMS 检测我们的一个微小颗粒中的氧同位素。我将这个小颗粒装在一个密封的小盒子里，并将其小心翼翼地塞在书包里，飞到帕萨迪纳去见他。这是一个珍贵的盒子，绝不可以放在托运行李里。

我一到加州理工学院，就和艾勒花了几小时回顾我们团队在三个地方的实验室（普林斯顿大学、佛罗伦萨大学和史密森尼国家自然历史博物馆）所做的所有检测。这是我两个月前展示给施托尔珀看的同一组数据，加上我们最近发现的重矽石。

像施托尔珀一样，艾勒判断我们的样本可能源自地球。他说："橄榄石颗粒的某些特征让我想起了研究过的地内样本。"虽然我倾向于样本来自太空，但我非常尊重施托尔珀和艾勒的意见，并保持开放态度。

我真的很高兴艾勒愿意帮忙。他不但聪明、精力充沛，而且极为严谨。不过，他接下来告诉我的话让我备感失望。NanoSIMS 这部设备时好时坏，目前正在维修中，可能要过几个月才能恢复使用。

我和宾迪别无选择，只能等待。接下来的几个月真的很难熬。我和宾迪每天都通过聊天软件交流，讨论可能的结果。地球内部还是太空？太空还是地球内部？如果检测结果既非地球内部，也非地球外部，该如何是好呢？尽管我们采取了所有的预防措施，但不得不考虑可怕的第三种可能性——一场恶作剧。

NanoSIMS 是一种精确无比的检测设备，通过测量样本中原子核同位素的分布，可以在瞬间辨别假材料。没有什么伪造的材料可以逃过它的"法眼"。我们等待的时间越长，就越难以将这种令人沮丧的可能性从我们的脑海中驱除。

两个月后，我们被告知 NanoSIMS 终于可以正常使用了，我们那份样本将在这个月的最后 10 天安排检测。每隔几天，我都会问一下检测是否完成，而得到的回复总是"还没有"。痛苦的等待还在继续。

NanoSIMS 是研究样本中氧同位素的理想设备。原子之间的区别在于质子的数量。例如，所有的氧原子都有 8 个质子，这就是为什么它被列为元素周期表中的第八个元素。

质子数相同，但中子数不同的同一元素的不同原子互称为同位素。

存在 3 种稳定的氧同位素，每种都有 8 个质子，但中子数不同。最常见的氧原子类型具有相同数量的质子和中子，即 8 个质子和 8 个中子。由于 8 + 8 = 16，所以这种原子被标记为 ^{16}O。此外，还有两种不太常见的氧同位素：^{17}O 有 9 个中子，^{18}O 有 10 个中子。如果你研究空气中的所有氧原子，就会发现其中 99.76% 的氧原子是 ^{16}O，而 ^{17}O 占 0.04%，^{18}O 占 0.2%。

地球上各类元素的相对百分比是由地球及其矿物暴露于宇宙射线的历史与放射作用所决定的。其他星球，比如火星，由于有着不同的演化史，矿物质受到了宇宙射线和放射作用的不同程度的影响。因此，在来自火星的矿物质中，这 3 种氧同位素的占比与地球上的不同，其他行星和不同类型的小行星上形成的矿物质也是如此。

利用 NanoSIMS 来测量样本中不同矿物的 3 种氧同位素的含量，地球化学家可以确定样本是不是天然的，以及如果是天然的，它来自何处。

终于，艾勒发来一封我们期待已久的电子邮件，宣布 NanoSIMS 检测已经完成，并对结果进行了分析。

两个重要的发现是：^{17}O 含量显著小于零，这是反常现象；^{18}O 含量很低。

我感到非常沮丧，很想怒吼几声，因为经过这几个月的苦苦等待，我竟然看不懂这句话意味着什么。这是地球化学家的行话，而我不是地球化学家。当我继续往下读的时候，高兴地发现艾勒已经将检测结果翻译成了我能理解的语言，并用了一张图来说明他的观点（见图 16-1）。

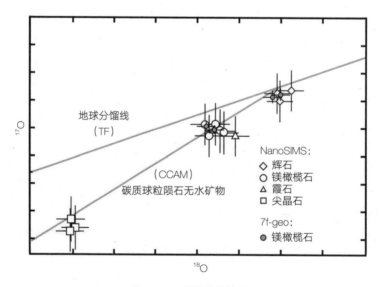

图 16-1　艾勒提供的图

该图的水平轴表示在样本中发现的稀有同位素 ^{18}O 与最常见的同位素 ^{16}O 的

比值，这被称为 ^{18}O 异常。垂直轴表示稀有同位素 ^{17}O 与最常见的同位素 ^{16}O 的比值，这被称为 ^{17}O 异常。

图中还显示了两条在右上方相交的灰色线，这两条线的交点大致相当于地表海水中测量到的等级。上面标有 TF 的线指"地球分馏线"，表示地球上形成的各种矿物中发现的 ^{17}O 和 ^{18}O 的成分。因为地球上的岩石以不同的方式形成，因此它们不具有与海水完全相同的同位素分布，而是可以沿着 TF 线取任何值。

图中圆圈、菱形、正方形和带突出线条的三角形代表在佛罗伦萨铝锌铜矿石样本中发现的不同矿物的测量值，它们分别是辉石、镁橄榄石、霞石和尖晶石。它们并不位于地球分馏线上，这表明佛罗伦萨的那份样本不来自地球上的任何地方。

同样重要的是，这些结果不是随机分布的，因为如果这份样本是故意的恶作剧，或是在实验室或铝铸造厂偶然合成的，检测结果就可能是随机分布的。相反，所有的数据沿着一条标记为 CCAM 的线排列。

CCAM 是 Carbonaceous Chondrite Anhydrous Mineral（碳质球粒陨石无水矿物）的缩写，代表着一种令人惊叹的结论。按照地球化学家的说法，佛罗伦萨的样本，包括我们的准晶，绝对是天外来客，是来自太空的访客，一块陨石。

更具体地说，CCAM 是一种罕见的陨石，被称为"CV3 碳质球粒陨石"。

我和宾迪太熟悉 CV3 碳质球粒陨石了，尤其是最著名的阿颜德陨石，它差点儿让我们的项目脱离轨道。

一年前，麦克弗森得出结论，来自尼古拉·齐普里亚尼家中实验室标有"4061- 铝锌铜矿石"的小瓶子里的粉末状物质实际上来自阿颜德陨石。令人记忆犹新的是，麦克弗森把这种错乱归咎于"上帝若非存心捉弄，就是太过任性"。由此，他进一步得出结论，齐普里亚尼太过粗心大意，佛罗伦萨收藏的矿物样本不可信。这个结论差点儿阻碍了我们首次公开宣布发现天然准晶一事。

NanoSIMS 的检测结果使我和宾迪确定，麦克弗森将这种粉末状物质认定为阿颜德陨石是错误的。不过，他之所以得出错误的结论是因为，佛罗伦萨的那份铝锌铜矿石就是罕见的 CV3 碳质球粒陨石，两者都是 45 亿年前太阳系形成之初在相似的条件下产生的，含有许多相同的矿物质。难怪麦克弗森会认错。

不过，佛罗伦萨的样本和阿颜德陨石并不完全一样，前者更吸引人，因为它含有铝铜合金，这在其他已知的岩石或矿物中从未发现过。因此，可以说它比阿颜德陨石更重要，因为它包含了前所未知的有关太空物理过程的信息。这些过程可能影响了行星和太阳系早期阶段的演化。但它又是怎么影响的呢？

我和宾迪知道去哪里寻找答案。我们重新找到世界上最著名的CV3碳质球粒陨石专家麦克弗森。过去一年半以来，他一直在批评我们的观点，认为佛罗伦萨的那份样本是一文不值的渣滓，而且是这一观点最为坚定的支持者。从我和他在史密森尼国家自然历史博物馆前的台阶上第一次见面起，麦克弗森就一直向我解释，为什么从他的专业角度来看，这个样本不可能是陨石。

麦克弗森一直认为，从宾迪损坏的硬盘上恢复的原始图像就像为狗准备的一团乱糟糟的早餐。无论是基于阿姆斯特丹的侦探故事推演出的佛罗伦萨那份样本与圣彼得堡完模标本之间的联系，还是从楚科奇地区首次发现这份样本的克里亚奇科提供的信息，都没有从根本上改变他的观点。甚至当宾迪发现样本中还含有一截准晶的重矽石后，麦克弗森仍旧持怀疑态度。

NanoSIMS的检测可能会使我们所有的努力化为泡影，并证明麦克弗森的怀疑是合理的。然而没有想到，它带来了相反的结果。这立即证实了我们最初的假设，即佛罗伦萨的那份样本是天然的。

令人欣慰的是，这消除了麦克弗森最后一丝反抗。他这个人向来以巧妙的措辞著称，在收到NanoSIMS的检测结果后，他的回复以一个简单的标题开始："欢迎来到我的世界。"

> 首先，恭喜你，你有了一件来自太空的样本。我一直在研究氧同位素，所以我非常理解这个图表以及它的含义……这些新数据改变了一切。一方面，你可以取消去西伯利亚的探险了，也不用再担心或者思考诸如超高压、下地函、蛇纹石化作用以及其他所有问题了……
>
> 不过现在，我们有了几个新的谜团。如果这个东西真的是从沉积物矿床中挖掘出来的，而且它真的是一块陨石，那它是如何被发现的，又是如何幸存下来的……这个项目现在突然进入了我的领域，这意味着我

将不得不在指导中扮演更核心的角色，欢迎来到我的世界。

说服麦克弗森是一个重要的里程碑。我和宾迪非常尊重他的专业知识以及在学术上的诚实。听到麦克弗森做出积极的回应，霍利斯特也感到很高兴。红队的两名队员都愉快地向蓝队认输，我们的意见终于一致了。

不过，我和宾迪被麦克弗森突然宣称这个项目应该归他负责的话语逗乐了。当然，我们绝对无意放弃领导角色。

普林斯顿和佛罗伦萨

2010 年 10 月 1 日

在加州理工学院的 NanoSIMS 检测结果得到确认的两个月后，宾迪给我发来了更多好消息。

国际矿物学协会新矿物命名及分类委员会（Commission on New Minerals, Nomenclature and Classification）刚刚投票通过，承认了我们的准晶是一种天然矿物，也接受了我们提议的名称"二十面体石"，这是对第一个被列入官方目录的已知具有二十面体对称性的矿物质的恰如其分的命名（见图 16-2）。

值此历史性的时刻，我细细品味着个中滋味。这是我第一次想象天然准晶的可能性以来一直在追寻的一座里程碑。不过，我知道故事还没有结束。我回去重读了麦克弗森的回信，他写道：

你可以取消西伯利亚的探险了，原因之一是……

我盯着这行文字，摇了摇头。我想，他肯定错了。现在有令人信服的证据表明，我们的样本是来自太空的陨石，很可能是太阳系诞生时的产物。不过，其中依然存在许多谜团。它最初是如何形成的？为什么含有准晶？在进入地球大气层之前，它是通过何种路径穿过太空的？它的碎片是如何嵌在里斯特芬尼妥伊支流的蓝绿色黏土中的？为什么它到达地球后没有被腐蚀？

INTERNATIONAL MINERALOGICAL ASSOCIATION
COMMISSION ON NEW MINERALS, NOMENCLATURE
AND CLASSIFICATION

Chairman: Professor Peter A. Williams   Phone: +61 2 9685 9977
School of Natural Sciences   Fax: +61 2 9685 9915
University of Western Sydney   E-mail: p.williams@uws.edu.au

Postal address: School of Natural Sciences, University of Western Sydney, Locked Bag 1797, Penrith South DC NSW 1797, Australia

1 October, 2010

Dear Luca,

    Congratulations on your new mineral, icosahedrite (2010-042)!

图 16-2　认证文件部分截图

　　佛罗伦萨那份样本中仅存的少量碎片不足以回答任何一个问题，我们需要从同一个源头获得更多材料。解开剩余谜团的唯一方法是继续远征俄罗斯远东地区，寻找更多样本。这一点我非常清楚。

　　然而，我没有预料到的是，我可能无法亲自参与这场探险了。

The Second Kind of Impossible

The Extraordinary Quest
for a New Form of Matter

第三部分

去堪察加半岛，
否则等着"项目流产"吧

17
失踪

> 📍 堪察加半岛北部，身处荒山野岭
> 🕐 2011 年 7 月 22 日

不可思议的事情发生了。没有人比我更不适合参加俄罗斯远东地区的探险，更不用说作为领导者前往。然而我还是去了。

我和团队一半的人员乘坐着一辆巨大的履带式卡车（见图 17-1），历经 16 小时穿越俄罗斯远东荒凉的苔原。终于在接近午夜时，我们的卡车轰隆隆地驶下陡峭的山坡，在一条河床边停下来过夜。虽然周围环境令人感到陌生，但我还是感到很平静和安宁。

当我爬出驾驶室，从巨大的卡车履带跳到地面上时，这种平衡被打破了。我突然感到窒息。因为嗅到人的味道，成群的蚊子从污泥中窜出来，成团结簇地围绕在我脑袋周围，阻挡了周围空气的流通。

我同时感到绝望和困窘。我渴望呼吸，但又不好意思表现出任何的脆弱，因为大家认为我是这次探险的领导者。我慢慢向身后的小山走近，以隐藏自己的痛苦，同时试图赶走这些蚊子，但这是徒劳的。

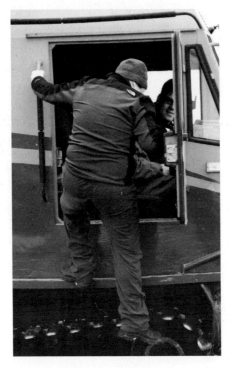

图 17-1　履带式卡车

我不顾一切地恢复镇静，强迫自己回想过去发生的一连串事情，这些事情不知何故驱使我跋涉数千里来到这个地狱般、荒凉、蚊虫滋生的地方。

我之所以投身到这次远东探险，最初的原因是我们在一份不起眼的矿物样本中发现了一种天然准晶，这份矿物样本在意大利一家博物馆的储藏室中被埋没了多年。经过一系列非凡的探测，我们已经证明这份样本是一颗古老陨石的一部分，可以追溯到 45 亿年前太阳系诞生之前。这颗天外飞石在以接近每小时 160 934 千米的速度穿越太空时，躲过了无数次撞击。大约在 7 000 年前，它进入了地球大气层，那时大约是人类发明车轮的时期。这颗流星升温成一道壮观的白炽光以宣布自己的到来，划过北极圈以南的天空，然后降落在堪察加半岛北部的科里亚克山脉，并在那里度过了数千年的平静岁月。

1979 年，一位年轻的俄罗斯学生瓦列里·克里亚奇科受雇沿着科里亚克山脉中部的一条河床寻找铂，意外发现了一块埋在神秘的蓝绿色黏土层中的天外访石碎片。从那时起，这个未被识别出的样本开始了长达 30 年的旅行，最终被带到了我们的实验室，我们从中发现了嵌在里面的天然准晶。

在发现陨石的若干年后，我们和当时的那位俄罗斯学生（现在已经六十多岁了）一起又回到科里亚克山脉，寻找更多陨石碎片。

我们知道佛罗伦萨博物馆的那份样本引起了许多争议。其中包含的准晶和一些金属晶体合金的罕见化学成分挑战了自然界中已知物质存在形式的科学原理。因此，尽管我们收齐了所有的证据，一些科学家仍然质疑那份样本是不是天然的。

在过去的两年里，我们一直在两个不同的大洲上切割佛罗伦萨的那份样本，进行了所有可以想到的实验，以了解这块之前从未见过的矿物质背后的秘密。由于我们检测的次数太多，样本被一点点儿地毁掉了，再也没有样本可供研究。推进这项研究唯一的方法就是去科里亚克山脉寻找更多样本。

离证明天然准晶的存在只有一步之遥，我别无选择。我不得不去，不是吗？

虽然我仍然感到窒息，在拍打蚊子的时候，勉强能快速呼吸几口空气，但这些想法让我开始平静下来。

然而接下来，真正可怕的事情发生了，我恐慌到手脚发软。第二辆卡车载着我们团队的另一半成员，包括我最小的儿子威尔，但他们到现在还不见踪影。

我们一整天几乎都在一起行驶，但威尔他们的卡车因为机械故障一直在颠簸，几小时前消失在我们的视野中。司机以为它只是在我们的视线之外，如果只是这样，它现在应该已经赶上我们了。

我独自站在山顶，胃里打结，头脑发晕，绝望地极目远眺，寻找威尔和其他队员的踪迹，一阵负罪感突然袭来。我曾经挑战过很多不可能的事情，结果将自己的儿子置于危险之中，还失去团队一半的成员。

许多专家都明确地警告过我：寻找新样本是没有希望的。我无视了所有警告：去这么偏远的地区探险是不值得的，而且这次探险没有经费支持，在短短几个月内组建一个团队更是不可能的。你在这场调查中走错了方向。对于某些人来说，比如你，这次探险是鲁莽的，那个地方无法进入。

— ◖● —

这次探险毫无希望。几位地质学家告诉我，在广袤无垠的堪察加半岛找到另一块陨石的可能性比大海捞针还要小。

你看过地图吗？谈到不切实际这件事，你连原始样本发掘地点的 GPS 坐标都没有吧？

同事警告说，我太相信那位 62 岁的俄罗斯科学家了，相信他还记得很久以前发生的事情的关键细节，而且这件事情对当时的他来说并没有什么特别的意义。每个人都认为这不太可能，即使克里亚奇科能够带领我们找到他在 30 多年前发现陨石颗粒的确切位置，但在同一块陨石发现地找到另一份完全一样的样本的可能性也微乎其微，因为样本颗粒很小，分布也很少，很难从该地区数百万颗其他颗粒中分辨出来。没有哪个正常的地质学家会将时间和资源投入如此疯狂的努力中。

我不得不承认成功的可能性几乎为零。不过，也不完全是零。只要有找到更多样本和解开它们源头之谜的机会，除了追求和坚持，我别无选择。我要抓住这次时机是因为克里亚奇科，这个世界上唯一能指出样本源头的人愿意和我们一起去远东地区寻找新样本。机不可失，时不再来，我就这样说服了自己。

— ◖● —

"不值得冒险，趁早放弃。"几位有影响力的物理学家这样忠告我。

他们认为，我和宾迪应该见好就收。发表在《科学》上的那篇论文几乎让整个科学界相信了天然准晶的存在。这次冒险可能一无所获，为什么还要去俄罗斯？更糟的是，万一找到的证据更令人困惑呢？他们认为，这些都有可能进一步刺激那些仍然质疑我们的结论的怀疑论者，并有可能质疑我们的整个研究。

我知道，如果这次探险失败，我们的信誉可能会受影响。然而，近30年来，我一直在寻找被认为不可能存在的准晶，因此对其他科学家的质疑多少有些免疫。我的意大利同事宾迪也深有同感，虽然我们共同的固执使我们走进了许多死胡同，但这也让我们获得了一些惊人的发现，我不准备结束这个过程。不能因为惧怕失败而不去尽最大努力解决仍然存在的科学之谜。

—— ◗◖ ——

没有经费，我到哪里筹备足够多的资金来支持这次荒谬的探险呢？这也是大家普遍的反应。

资助机构绝对不会因为一个令人费解的侦探故事、某个不知名的俄罗斯矿物学家30年前的记忆和一些微观矿物质颗粒就提供资金支持，失败的风险太高了。

正如所有人预料的那样，我遭到了来自美国国家科学基金会、美国能源部、美国自然历史博物馆、史密森尼学会、美国国家地理学会和其他著名资助机构的强烈反对。他们警告我，不要耗费心力去正式提议这件事。

我并没有期待传统的资助机构会考虑我的请求，我对所有的负面反应都有所准备。当自己工作的普林斯顿大学拒绝提供帮助时，我也做好了准备。我知道普林斯顿大学有许多其他优先考虑的项目，一般来说，它更关注风险较低且能让学生直接受益的项目。

我唯一的希望是找到一个富有而慷慨的捐助者。不过在我寻找这样一个人之前，必须征得所在学校的同意。像大多数美国大学一样，普林斯顿大学禁止教职员工募集私人资金，因为这可能会干扰学校正常的筹款工作。

我知道这一规则，我询问如果找到满足严格条件的捐助人，能否允许我寻求资助。条件便是我要证明捐助人除了支持探险之外，从未考虑向普林斯顿大学捐款。他们认为，要找到一个愿意为普林斯顿大学员工领导的项目捐献的人，而这个人对普林斯顿大学又没有兴趣，是不可能的。这可能是他们允许我试一试的原因。

三天后，当我打电话给学校相关负责人，告诉他们我已经找到了一位捐款候选人时，他们一定很惊讶。我找到了一位与普林斯顿大学没有关系的理想捐助者，他愿意为我提供探险所需的 50 000 美元。经过几周的调查，相关负责人一致认为，我没有违背学校条款，这令他们感到很惊讶。这笔捐款虽然捐给了大学，但是专门用于我的探险。

几个月后，由于交通计划发生重大变故，我们的预算成本飙升，我不得不回到捐助者那里寻求更多支持。他的反应让我不知如何感激。他没有片刻的犹豫，大方地同意支付超出的部分，这笔金额是我最初估计的两倍多。

我的恩人非常谦虚，坚持匿名，这给我留下了尤为深刻的印象。我感激地称他为戴夫，他是科学的真正朋友。

———— ⬤ ————

"这个计划实现不了，你为什么这么着急呢？"我询问过的每一位在俄罗斯工作过的地质学家都如此回应。

他们认为，整件事比我想象的要复杂得多，我的计划不现实，不可能在这么短的时间内召集一支合格的团队。而且，堪察加半岛是一个禁区，需要俄罗斯政府高层的一系列批准才能靠近。将这个计划快速提上日程是不可能的，这是一个多么轻率的计划！

这些批评是合理的。我需要招募一支具有高超专业技能的队伍，并且他们需要随时准备放弃手头的事情加入探险计划。10 个月的时间并不足以与俄罗斯官僚机构谈判。我们必须获得俄罗斯政府、楚科奇地方政府、俄罗斯军方以及俄罗斯安全局的许可。在俄罗斯的历史上，楚科奇地区有着重要的战略地位，因此到该地区的游客会受到严格的审查。

最重要的是，团队中的每个成员都必须去阿纳底，一个离挖掘现场最近的俄罗斯城镇，那里有一个大型机场。之后，我们要准备好几个星期的食物以及所需的调试设备，并找到能将整个团队从阿纳底运送到里斯特芬尼妥伊支流这个偏远的目的地的运输工具。

我告诉自己，要一步一步地来。我面临的第一个挑战是找到愿意参加探险的专家，尽管他们的许多同行都认为这是不明智的。

我立即给俄罗斯的地质学家克里亚奇科发了一封电子邮件。他是团队中最重要的成员，因为他是唯一一个知道如何找到佛罗伦萨那份样本的最初发现地之人。克里亚奇科是一名留着白胡子的健壮男子（见图 17-2），他有多年的野外工作经验，非常能干，而且足智多谋，能够凭自己的本事独自求生。幸运的是，他不仅同意去，而且愿意尽其所能地提供帮助。

图 17-2　克里亚奇科（右）

我还联系了瓦迪姆·德斯勒，几十年前，他是克里亚奇科的博士生导师。我知道他们两人多年以来一直在合作，多次去往俄罗斯远东地区探险，寻找有价值的矿石和矿物。热情友好的德斯勒已经 80 多岁了，是个不肯戒烟的老烟枪。

德斯勒说服玛丽娜·尤多夫斯卡娅（Marina Yudovskaya）加入我们的团队，

她是一名经验丰富的野外地质学家，思维敏捷，最近接替德斯勒成为莫斯科国立矿业大学所属部门的负责人。她来自哈萨克斯坦，父母也都是地质学家。她身材高挑，金发碧眼，面带轻松自在的微笑，是俄罗斯成员中唯一一位英语说得非常流利的成员。

这三位俄罗斯人互相认识，并且一起工作了很多年。与此同时，我不得不从头开始招募团队的其他成员。

卢卡·宾迪是必须的。此时距离他发现藏在博物馆的那份原始样本已经过去了两年多。宾迪是唯一一个检查过这份样本原始状态的人，之后样本被切成薄片进行检测，剩余的样本也被破坏了。宾迪对原始样本的了解，加上他敏锐的眼睛和灵巧的双手，是我们在里斯特芬尼妥伊支流发现更多陨石颗粒的最大希望。

说到当时邀请宾迪加入探险队的情景，用"犹豫"两词来描述太过委婉。宾迪提醒我，他绝对不是一位野外地质学家。所以，我不得不施加更多压力来说服他。当他最终同意时，我很高兴，因为我相信他的判断，而且我们是非常好的朋友。这次探险给了我们又一次难得的机会，让我俩可以在这项疯狂的探险工作中密切合作。

我在普林斯顿大学的同事、前红队成员林肯·霍利斯特一生都在从事地质探险，他也在我的愿望清单上。霍利斯特非常想去，他拥有多年的野外探险经验，将会成为团队中非常有价值的一员。然而当时，霍利斯特正在面临一个暂时却很急迫的医疗问题。他认为这次探险风险太大，在某些紧急情况下他可能需要医疗救助，而如果被困在偏远地方，就很难获得医疗救助。他是第一个指出这一问题的人。霍利斯特对不得不退出团队感到惋惜，不过他为这次远征提供了很多建议和帮助，还找到了三名可以担保的候选人：麦克弗森、克里斯·安德罗尼克斯（Chris Andronicos）和迈克·埃迪（Mike Eddy）。

麦克弗森成为候选人的原因显而易见，他作为前红队成员，对整个研究非常熟悉。招募前红队"对手"作为现场小组的陨石专家似乎非常合适，没有人比他更有资格审查和证明我们的工作了。

安德罗尼克斯在普林斯顿大学获得了研究生学位，霍利斯特是他的博士生导师。他是研究强大地质力量方面的专家，这些地质力量可以锻造山脉、产生地震、形成断层线、使岩石发生折弯和断裂。他在世界不同地区进行过探险，有着丰富的探险经验，包括在不列颠哥伦比亚省的海岸山脉、阿曼的阿尔哈贾尔山脉，以及其他与这次探险目的地的岩石和地层可能相似的地区。安德罗尼克斯还是一位很有思想、能言善辩的科学家，拥有广博的专业知识和极具创造力的头脑，他身材宽阔而健壮，户外经验丰富，在野外完全如鱼得水。

霍利斯特的第三位候选人是埃迪，他是一名优秀的学生，将于这一年从普林斯顿大学地球科学专业毕业，并于秋季去麻省理工学院攻读博士学位。埃迪瘦瘦的，肌肉发达，是天生的运动员，在大学时曾创下几项田径纪录。他前一年一直在阿拉斯加半岛附近的阿留申群岛做地质勘察工作，那里离我们要去的地方不远。除了他的脑力，我们还希望他能在挖掘现场做一些体力上的工作。

麦克弗森和埃迪很快同意了我的邀请，但安德罗尼克斯有些犹豫不决。那年夏天，他正在阿曼苏丹国进行野外工作，前往俄罗斯远东的绕道探险会打断他的研究。不过，这并不是他加入探险队的唯一顾虑。

"我必须诚实地说明的一点是，"安德罗尼克斯告诉我，"我对陨石假设持怀疑态度。如果我要加入，那就得绘制当地的地质图，以便寻找矿石产生自地球的证据，例如超级地幔柱或其他不寻常的地质条件，这些可能都有助于更好地解释佛罗伦萨那份样本的形成原因。"

安德罗尼克斯知道他在挑战我关于样本来自陨石的观点。不过，在和霍利斯特谈过之后，他知道了陨石假设是不完整的，铜铝合金的存在还有待解释。他觉得其他想法也值得考虑，比如超级地幔柱假设。毕竟，没有人知道由超级地幔柱带上地表的物质由什么组成，因为没有人见过来自地球熔融核心附近的物质。如果我们去俄罗斯远东地区，也许会发现除了超级地幔柱之外的其他潜在的地内来源，以解释佛罗伦萨的样本。

"不过，我严重怀疑，"安德罗尼克斯说，"你会愿意带一个对你的陨石假设持怀疑态度的人一起探险。"

我忍不住笑了，其实他正是我想邀请加入团队的那种人。我向安德罗尼克斯描述了我如何与霍利斯特和麦克弗森密切合作了整整两年，即使他们都强烈反对我们的理论，即在佛罗伦萨那份样本中发现的准晶是天然的。我非常重视势均力敌的红队和蓝队之间的友好关系，因为我一直认为，这是获得科学真理的最佳方式。

"反对的观点会受到欢迎和鼓励。"我向他保证。安德罗尼克斯欣然地接受了我的邀请。一支国际化的科学家团队就这样组建起来了，现在还需要一名俄语翻译。作为普林斯顿大学理论科学中心的主任，我认识几位来自俄罗斯的博士后研究员，其中一位向我推荐了他以前的学生亚历山大·科斯京（Alexander Kostin）。他们两人曾在著名的莫斯科物理技术学院（Moscow Institute of Physics and Technology）一起学习物理学。科斯京的俄语昵称叫萨沙（Sasha），他在得克萨斯州一家石油公司做岩石物理学研究。说来真巧，他早就梦想着去俄罗斯远东地区，所以很渴望加入我们的探险队，即使这将牺牲其与家人在莫斯科共度暑假的时间。

最后，我招募了一名我从小看到大的队员进一步增强团队的力量，他就是我的儿子威尔。我从未带他参与过任何大型户外活动，不过作为加州理工学院地球物理学专业的学生，他在加利福尼亚州的莫哈韦沙漠和白山山脉的艰苦条件下获得了丰富的野外工作经验。威尔长得比我高多了，当然也更健壮。探险结束后，他将在哈佛大学开始他的博士生研究项目。

我很感激威尔，因为他知道在野外会遇到什么，并能在精神和身体层面帮助我为这次探险做好准备。不过，我不太确定在他的指导下我会付出什么代价。一时之间，威尔变成制定规则的人，告诉他没有经验的父亲具体该做什么，什么时候做。我知道他在这种角色互换中获得了无尽的乐趣。

随着国际化团队组建到位，俄罗斯成员开始负责下一步的计划。尤多夫斯卡娅和德斯勒知道如何跟俄罗斯官僚机构打交道，他们花了几个月时间不知疲倦地处理着所需的书面文件，处理的文件堆起来有 35 厘米高。他们准备、提交并完成了一大堆令人头皮发麻的表格与信件，能在如此短的时间内成功完成所有工作，全都归功于他们丰富的经验和专业精神，以及对项目的支持。

与此同时，克里亚奇科给了我一份详细的清单，上面列有探险所需的物资。他说，必须有人提前去楚科奇，以便预订所有的物资和当地的交通工具。由于他对这个地区很熟悉，所以自愿担任先行者。

最终，与所有反对者的预测相反，我们设法招募了一支专家团队，并在不到10个月的时间完成了所有的规划和准备工作。早期的成功可能让我产生了一种虚假的自信，相信其余的问题也会迎刃而解，这是一种多么愚蠢的想法。

— ◖◗ —

"你在这次调查中走错了方向。"麦克弗森在一次重要的会议上这样说道，震惊了在场的所有人。他差点儿扼杀了整个项目。在我们的旅程即将开始的几个月前，我邀请俄罗斯成员到普林斯顿来完成一些组织性的工作，并与团队的其他成员分享科研信息。

克里亚奇科向大家讲述了他在1979年如何从楚科奇独特的蓝绿色黏土中挖出样本。他说，当时样本闪闪发光，看起来完全是一块金属，就像圣彼得堡矿业博物馆里的那件样本一样。探险归来后不久，他将样本交给了派他去寻找铂的俄罗斯科学家列昂尼德·拉津。那是他最后一次看到这份样本，直到几十年后，他收到我的一封电子邮件，说明这份样本中包含着第一个已知的天然准晶。得知自己与这个故事有着千丝万缕的联系，他欣喜若狂，这是可以理解的。

之后拉津将样本带回圣彼得堡进行了检测，最终发现其中包含两种新的晶体矿物——铝锌铜矿石和铜铝矿石。他没有通知克里亚奇科就公开了这些发现。作为声称发现新矿物的官方程序的一部分，拉津提交了一块碎片，后被圣彼得堡矿业博物馆永久保存。

故事讲到这里，一直在静静聆听的麦克弗森突然开口了，声音震耳欲聋。

"拉津提交的完模标本很可能符合克里亚奇科记忆中的'闪亮的金属'矿石，"他咆哮道，"但佛罗伦萨那份天然准晶样本的来源和整个探险的动机绝非如此，其实完全相反！佛罗伦萨那份样本看起来很暗淡，不像金属。"

麦克弗森一直认为，这两份样本之间有着直接的物理联系，是拉津将它们分开的，这样拉津就可以将一份放在博物馆里，另一份留给自己。然而根据克里亚奇科对整个事件的描述，这是一个错误的假设。

"克里亚奇科的故事意味着，这两份样本原本就不是一块儿的，"麦克弗森说，"如果它们从未连成一块儿，我们有什么证据证明它们来自同一个地方？如果没有这样的证据，还有理由去探险吗？"

与会的每个人都屏住了呼吸。这本该是一次计划会议，但没有想到整个探险的科学基础受到了质疑。克里亚奇科感觉到了房间里的紧张气氛，他仔细听着尤多夫斯卡娅翻译麦克弗森那火药味儿十足的发言，然后站起来向大家解释。

"我再次强调一下，"他说，尤多夫斯卡娅接着翻译，"确实，拉津论文中描述的样本与圣彼得堡矿业博物馆展示的照片都与我记忆中的完全吻合，它与我在里斯特芬尼妥伊支流的蓝绿色黏土中发现的闪亮颗粒一样。在我来这里之前，我也对圣彼得堡和佛罗伦萨的两份样本之间的差异感到困惑。"克里亚奇科停下来，转身看着麦克弗森，然后接着说："但我不同意你的观点。就在今天早些时候，我了解了样本的全部流转情况。保罗和宾迪一路追查到阿姆斯特丹的矿物收藏家，然后到罗马尼亚的走私者，后者从我的前老板拉津工作的实验室得到了样本。突然，我意识到了问题的答案。"

"事实是，我发现了不止一份样本，"克里亚奇科说，"我在里斯特芬尼妥伊支流找到了几份不同的样本，都给了拉津。我从未向任何人提起过还有其他样本，因为我从来没有重视过它们。它们没有那么闪亮，因为金属的部分表面覆盖着其他矿物质。"

什么，不止一份样本？我的大脑飞快运转着，瞬间明白克里亚奇科这句话背后的含义。

"现在想一想，"克里亚奇科继续说道，"佛罗伦萨的那份样本被追踪到同一实验室，而且是同一实验室的同一人，他也在研究圣彼得堡的完模标本，这不可能是巧合。两份样本之间一定是有关联的，这只能说明佛罗伦萨的那份样本和圣彼得堡的完模标本一样，也来自里斯特芬尼妥伊支流。"

"如果是这样的话，"克里亚奇科继续说，"我们现在知道至少有两种不同的矿石是从同一块黏土中采集的，而且都含有铝锌铜矿石和铜铝矿石，既然能找到两份，就有可能找到更多。"

克里亚奇科笑了笑说："所以，对于麦克弗森的问题，即'还有理由去探险吗'，答案绝对是肯定的，当然有！而且现在比以往任何时候都更有理由去。"

就连一直对我们持怀疑态度的麦克弗森也不得不同意，探险队又回到了正轨，这似乎是一个胜利的时刻。几个月后，我独自站在一座小山上，面对呼啸的寒风，为我儿子和团队其他成员的安全担忧，我突然想到，如果麦克弗森凭借有力的雄辩赢得那场辩论，我可能就不会陷入目前的困境了。

———◗◖———

"真是蛮干。""你疯了吗？""你想愚弄谁？"这是好心的家人和朋友听到这次探险计划后的普遍反应。

他们知道我从未穿过登山靴，从未生过篝火，也从未有机会爬进睡袋。换句话说，他们都知道我从未有过野外探险的经历，听到我要去世界上最偏远、鲜有人探索的地方探险，都感到无比惊讶。

起初，我对他们的担心一笑置之，因为我没打算亲自去挖掘现场。我想自己可以留在普林斯顿大学，通过互联网监控这次探险。我原本的计划是说服一群地质专家代替我去探险。

帮我组织这次探险的霍利斯特坚定地否决了这个想法。他提醒我，我是团队的领导者，于是我不得不和团队其他成员一起出行。

为了安抚霍利斯特，我想出了一个替代方案，这个方案几乎和待在家里一样安逸，仍然远离现场。我们可以在阿纳底建立一个通信站，阿纳底是楚科奇自治区的首府，也是该地区唯一一个靠近机场的城镇。我和宾迪以及翻译萨沙将留在镇上，而团队其他成员将乘坐直升机到里斯特芬尼妥伊支流。由于直升机空间有限，应该让那些具备基本技能的队员前往。像我这样的理论物理学家，即使想去，直升机上也没有多余的位置，当然我也不想去。

最终让这个计划泡汤的是克里亚奇科。

— ◗◖ —

直升机去不了目的地。克里亚奇科提前抵达阿纳底执行侦察任务，以及储备食物和设备，之后不久，他让尤多夫斯卡娅给我发了一条信息："直升机行不通。"我们必须乘坐其他交通工具。

只有在天气理想的情况下，直升机才能飞行，而在那个地区，天气变化莫测，我们不能依赖任何时程安排。事实上，这个区域乘坐直升机将会面临很多不可预测的因素，没有保险公司会赔付取消计划或医疗产生的费用。

此外，克里亚奇科说，可供出租的直升机数量很少。俄罗斯的石油和矿业公司支付了高昂的费用，让该地区的所有直升机处于待命状态，以便在关键时刻随时调用。

不过，克里亚奇科向我保证，并非无计可施，他已经预订了两辆大"卡车"，而且好消息是卡车足够大，可以载下所有人，包括宾迪、萨沙和我。也就是说，没有人会留守在附近的城镇。这个新计划让克里亚奇科非常满意，他一直鼓励我加入团队，一起进行田野调查。

等等，等——一——下！我一边读邮件，一边想。难道克里亚奇科没有看出来，我一直在设法避免参加这次探险吗？难道他不知道我从未有过在荒野中过夜的经历吗？

我匆忙查看了一下该地区所有的地图和卫星照片，想找出克里亚奇科的卡车能走哪条路线。我和霍利斯特以前从未在地图上找到过路，它们现在也不会神奇地自动出现。不过，当我问克里亚奇科为什么没有路时，他告诉我不要担心，并向我保证，道路是有的，至少他含糊其词地透露出的信息可以这样理解。

就这样，我的家人和朋友，更重要的是我自己，都开始发愁了，因为克里亚奇科找到了一个办法，把我也拉进了探险团队。我根本没有办法优雅地拒绝这次探险。

— ◖◗ —

至少最初，一切都很顺利。我们穿过莫斯科，来到楚科奇和阿纳底，这一路旅途很顺利。克里亚奇科已经在那里等我们了，他准备了一顿丰盛的俄罗斯大餐欢迎我们的到来，里面有驯鹿肉和一种美味的类似鲑鱼的炭烤鱼，是此地和寒冷的北极水域才有的鱼种。第二天早上，克里亚奇科带我们去见了当地的导游，他们将会在探险期间照顾我们，分别是司机维克多·科梅利科夫（Viktor Komelkov）和他的妻子奥莉娅·科梅利科夫（Olya Komelkova），她是我们的厨师，还有第二辆卡车的司机波格丹·马科夫斯基（Bogdan Makovskii）。这两名司机似乎来自基因库的两端。维克多个子不高，头发花白，身体结实，而马科夫斯基比他高一个头，胡子刮得很干净，身材像个后卫球员。他们都不会说英语，通过翻译我才了解到这三个人都很友好，而且经验丰富，将会全力以赴确保这次探险成功。

两位司机将我们带到一个大车棚里，有两辆大型卡车正等在那里。当他们打开门时，我惊呆了。克里亚奇科所谓的卡车实际上看起来像庞然大物。一辆是蓝白相间的，另一辆是橙色的。蓝白相间的这辆车的客舱看起来像大型货车的顶部，而卡车底部看起来像巨大的军用坦克，有一组宽大的履带。橙色的看起来更新、更时尚。不过，两辆卡车的外表看起来都很奇怪，而且坚不可摧，令人生畏。

在尤多夫斯卡娅的翻译下，维克多告诉我们，每个客舱可以载一名司机和六七个乘客。他解释说，它们最快的速度是每小时 15 千米。我想，以这样的速度，我们何时才能到达挖掘现场？

第二天早上，当由 7 名俄罗斯人、1 名意大利人和 5 名美国人组成的国际团队聚集在一起开始探险时，我们发现又多了 1 名成员（见彩插8）。维克多和奥莉娅向我们介绍了他们美丽的猫，一只名叫"巴克斯"的俄罗斯蓝猫（见彩插

10）。他们开玩笑说，它的工作是守卫营地。我们立即把巴克斯当作我们的吉祥物，带它和我们一起在即将带整个团队进入苔原的奇怪卡车前面合影。我们拍完照片，就马上启程了，对于我来说，这次的探险酝酿了近30年。我和维克多在内的一半成员乘坐蓝白相间的那辆卡车，而我儿子威尔和马科夫斯基在内的另一半成员乘坐橙色卡车。出发前，维克多调试了他的对讲机，以确保他能联系到马科夫斯基。当双方的对讲都畅通无阻后，所有人都登上卡车，两辆车像两头行动缓慢的大象，就这样，我们开始了探险。

刚出发时，奥莉娅和她的猫巴克斯坐在我与维克多后面的隔间里，但没过多久，维克多就停下来让奥莉娅和巴克斯出去。奥莉娅穿上外套，把巴克斯放进笼子里，尽管她比我们所有人都矮小，但还是把笼子挂在身后，熟练地爬上了蓝色庞然大物的顶端。从那时起，她和巴克斯就一起坐在这个特别设计的座位上。我听说，奥莉娅和巴克斯都喜欢无拘无束，每当维克多开车穿越苔原时，奥莉娅和巴克斯都喜欢坐在车顶幕天随行。

行驶了一会儿，两位司机都毫无征兆地突然停了下来。维克多要求所有人都下车。出什么事儿了吗？我走向威尔，看他是否知道发生了什么。他摇摇头，耸耸肩。奥莉娅和巴克斯从专属座位上爬下来，然后很快搭建了一张桌子，并在上面放满了食物。

我心想，这是在开玩笑吧。已经到吃午饭的时间了吗？我们才刚刚上路。尤多夫斯卡娅过来解释说，当踏上穿越苔原的旅程时，俄罗斯人的传统习惯是在跨过第一条溪流后停下来庆祝。

奥莉娅带着灿烂的笑容示意所有人到摆好盘子的桌子旁，盘子里装满了俄罗斯煎饼，叫作"布利尼"（blini），里面有肉和奶酪，此外还有伏特加。这一路上我们将会喝很多伏特加。在庆祝时（见图17-3），我们被示意倒一点儿伏特加作为对神的祭品，以确保好运，剩下的我们喝掉。由于我饮酒不多，而且怕有些成员的奉献可能不够慷慨，于是小心翼翼地将自己的一份全部奉献给了神，以弥补可能的亏欠。

我很快了解到，苔原完全是由糊状的植被、石楠花、泥炭和覆盖着坚硬丛生植物的沼泽组成，在其中穿越十分困难，走上几十厘米都会遇到各种挑战。

万一一脚踩在隐藏的灌木丛中被卡住了靴子，很容易扭伤脚踝。卡车在苔原上行驶着，我凝视着窗外，意识到看似贫瘠的苔原实际上充满了生命力。地面上生长着大量白色的地衣，它们被称为"八木"（yagi），也被称为驯鹿苔藓，这是驯鹿的主要食物来源。有人告诉我，这些动物的胃里有一种酶，可以把长满苔藓的物质转化为葡萄糖。这里的鸟类相对较少，主要是鹌鹑和一些海鸥。我们还发现了一些奔跑迅速的野兔和一只穿着夏季灰色毛皮大衣的小北极狐。

图 17-3　庆祝照片

这里还有溪流和水塘，以及其他车辆留下的深深的、满是泥浆的车辙，看起来就像永冻层上纵横交错的伤疤。我们的卡车不得不试图绕过先前留下的泥泞的车辙，以免陷入其中。

我看到了很多花，令人称奇，最常见的是一种娇嫩的雪白色花，叫作北极石楠（Arctic bell-heather）。柔滑的白色花瓣呈钟状，长在随风轻轻摇曳的细茎上，就像一片美丽的白色海洋来回起伏着。我给这种花起了个绰号叫"苔原上的笑花"，因为那摇摆的身姿好像是对试图穿越它们领地的愚蠢的人类发出的"咯咯"笑声。

维克多和马科夫斯基以大约每小时 6.5 千米的速度在苔原凹凸不平的野生植被间上下颠簸着。几小时后，橙色卡车的发动机开始发出"劈啪"的声响，然后就熄火了。维克多被迫不断地停下等马科夫斯基追上来。他俩认定，肯定是之前的司机给橙色卡车加的柴油出了问题，并试着从另一个油桶中吸入新油来做补给，但是没有任何效果。我们就这样走走停停，一直持续到将近午夜，而此时马科夫斯基他们已经远远落在后面了，我们再也没看见他的车。更糟糕的是，对讲机莫名其妙地不能通话了。就这样我们弄丢了团队一半的队员。

我们从早上6点就在赶路了，此时已经快到午夜了，所以维克多决定安营扎寨。他开着卡车下了一个陡坡，在一条小河的边上停下来。就在这时，我跳下卡车，很快被令人窒息的蚊子群笼罩住。

我筋疲力尽，想击退成群结队的小小攻击者，但都徒劳无功。我喘着粗气，快要支撑不住了。在这极度恐慌的时刻，突然想到儿子和那些本该由我负责照看的团队成员仍然下落不明，我感到沮丧、疲惫、惊慌，完全被恐惧包围。雪崩般的情绪席卷了我，这是我从未经历过的。

还有，我的儿子在哪里？

18
失而复得

我变得越来越慌乱，使劲地向四面八方挥动手臂，力图赶走不断攻击我的蚊子群。我站在泥泞的山坡上，伸长脖子寻找橙色卡车的踪影，风在我耳边像怪物一样呼啸。

"保罗。"

好像有人在叫我的名字，但我没有理会，恐慌和害怕使我产生幻觉。

"保罗，保罗。"不，那个声音是真的，隐约带着俄罗斯口音，但因为风的关系很难分辨。现在不行，我想。走开，我不想让任何人看到我处于这种近乎歇斯底里的状态，此时我的情绪完全失控了。

俄罗斯人的声音变得越来越清晰可辨。

"保罗！"现在他就在我身后。

恼怒之下，我转过身，吃惊地看到克里亚奇科站在触手可及的地方。他不会说英语，也知道我不会说俄语，于是他二话没说，走上前来，扑通一声把一顶迷彩帽戴在我头上。

我看起来一定很困惑。克里亚奇科打量了我一会儿，似乎意识到我不明白发生了什么事情，于是伸手摆弄我的帽檐。我静静地站在那里，不知道应该做些什么，直到克里亚奇科从帽子上拉下黑色的网盖住我的脸。他沿着网的底部收紧绳子，直到它绕着我的脖子底部闭合，这立即形成一道屏障，隔开了蚊子（见图 18-1）。他后退了一步看着我，赞许地点了点头，然后转身离去，一句话也没说，走下了山坡。

图 18-1 防蚊帽

下车之后，我终于可以正常地呼吸了，不用再像某种失控的真人风车一样到处挥舞手臂了。

接着，情况开始好转。我突然听到远处传来柴油机低沉的轰鸣声。我转身看向山坡，看到橙色大卡车突然飞过山顶，从我身边倾斜而过，开向河岸，与它的蓝色伙伴会合。我终于松了一口气，之前的焦虑感也消失了。我的儿子和团队其他成员都安全到达了。多亏了克里亚奇科，我才没有窒息。

我尽快跟着橙色卡车跑下泥泞的山坡。威尔是一名经验丰富的野外地质学家，他穿着全套的防蚊服出现在我眼前。我向他问及自己装备的下落，我那天早上从阿纳底出发时误将装备留在他那里了。他兴高采烈地告诉我，我的装备发挥了很大的作用，他将它用作了缓冲计算机和摄像设备的垫子。

换作几分钟前，当被一群蚊子笼罩到快要窒息，对威尔的下落感到惊惶不安时，我可能很难理解他的幽默。现在他安全了，蚊子也不再骚扰我了，我们都对这句荒谬的玩笑报之一笑。在接下来的旅途中，克里亚奇科戴在我头上的帽子使我时刻保持着清醒和冷静。

第一天晚上的晚餐是热汤拉面和温热的驯鹿排骨，还有卷着肉的布利尼，大家很快吃完了。在以每小时 6.5 千米的缓慢速度在苔原上颠簸了 16 小时之后，大家都渴望睡一会儿，除了我。

我们的睡袋放置在蓝色卡车内后面，我一直平躺在威尔和克里亚奇科之间，和他们肩并肩。大约 3 小时过去了，我一直没有睡着，因为车辆倾斜的角度太大，血液都涌向了我的大脑。每天晚上都会这么糟糕吗？我暗自思索。

今晚睡着是不可能的了。我拿着克里亚奇科给的防蚊帽，悄悄地从卡车后面爬了出来，爬上了车顶，奥莉娅和巴克斯第一天大部分时间都待在这里。我凝视着这片洒满月光的陌生土地，拿出探险日志记录了我第一天到苔原上的感想：

> 雪地车，至少我是这样称呼它们的，当我们昨天第一次看到它们时，它们真是令人印象深刻，但今天，在广阔的苔原的映衬下，它们看起来是那么渺小。这次旅程就像在大型游乐园中玩了一整天……

大约 1 小时之后，萨沙醒了，和我一起坐在蓝色大卡车的车顶上。我最初招募萨沙是因为团队缺一名俄语翻译，不过除了翻译，萨沙还具备其他品质，这些品质使他成为团队真正的财富。他身材高大，体格健壮，拥有丰富的户外经验，这使他能够在探险中扮演各种角色。他有一头金色的卷发，时刻保持着微笑，总是热情高涨，这种乐观感染了团队的每一个成员，并确保了我们和俄罗斯同事的顺利沟通。

萨沙从大学时代起就对物理学有了基本的了解，并且对这门学科有着无止境的好奇心。当我们一起坐在车顶上时，他趁机问了我很多问题，比如我最初是如何构思准晶理论的，这在当时是一个非常激进的理论，以及为什么我认为寻找自然样本如此重要。

第二天早上，我们上路后不久，就开始遇到了更麻烦的机械故障。由于柴油燃料的问题，橙色卡车第一天的行驶困难重重，第二天就轮到蓝色卡车了。巨大的坦克履带脱离了车轮，就像自行车链条从齿轮上掉下来一样。对于自行车来说，这很容易解决，将自行车翻过来，重新装上链条就可以了。但是该如何将这辆巨型怪物的履带重新装上去呢？

幸好马科夫斯基对这种紧急情况早有准备，他从卡车底部抽出一根粗大的圆木，然后拿出一把斧子，砍下一大块木头，并将其分成4份。接着，他把劈开的木头放入链轮和脱开的履带之间的空隙中。

维克多爬进蓝色卡车，开着车慢慢向前行驶，通过齿轮的作用将相对较小的木头拖动到履带里，整个团队被这一幕惊呆了。木头几乎走了一整圈，直到折断，接着履带与链轮重新连接上了，此时木头已被碾成碎片。

在这个过程中，马科夫斯基将双手伸向移动的机器，这一幕着实吓坏了众人。当维克多向前开车时，他不得不一直扶住木头，让它塞在原位。我以为他的手会卡在里面，至少断几根手指。不过，对于这两位司机来说，这种操作就像修理漏气的轮胎一样平常。在行车的过程中，他们重复了好几次这种操作，每一次都令人惊恐万分。

到了第二天下午，我们终于看到了远处的科里亚克山脉，也就是里斯特芬尼妥伊支流的发源地，后者是我们最终的目的地。然而很明显，照我们在苔原上缓慢行进的速度，当天连山脉的边缘也到达不了。

中午时分，我们看到了一处天然气基地，该基地是为了辅助一家俄罗斯采矿公司而建造的。我们希望能在这里洗个澡，然后在该公司的自助餐厅里享用午餐。然而，我们没有这样的好运气。该公司的管理者说，在这样偏远的地方，新鲜食物供应不足，他们储备的食物都被冷冻了起来，以延长保存期。就这样我们被打发走了。不过他答应在我们返程时会补足食物，但我们得提前打电话告知回来的时间。

我不禁笑了，即使到了这么偏远的地方，也得提前预订。

我们继续行驶了几千米，遇到了一个废弃的钻井站（见图18-2），它似乎与那些现代化设施完全不同。破败的景象让我和威尔想起了电影《疯狂的麦克斯》中预示的人类未来遭遇大灾难的场景：锈迹斑斑的石油井架，散落四处的旧汽车和油罐残骸。不过，该钻井站只是看起来很荒废，它仍然能当加油站使用，维克多寻来了几桶柴油为卡车做补给。

图 18-2　废弃的钻井站

当我们收拾好油桶继续向前行驶时，维克多和马科夫斯基又接二连三地陷入困境。先是路面上的一道裂缝，接着是采石场遗留下的大坑，还有无法穿越的茂密植被带。每当遇到障碍时，我们必须掉头返回起点，然后再向另一个方向前进。

我们来来回回开了几小时，就像被困在迷宫里一样，直到天色明显变暗，仍然一筹莫展。此时，维克多和马科夫斯基已经精疲力尽，所以我们回到了钻井站破旧的总部过夜。第二天的车程就这样结束了。由于诸多机械故障和方向不明的问题，我们已经落后了一整天的进度。

奥莉娅匆忙准备了一顿晚餐，我们在《疯狂的麦克斯》式的旅舍的一辆拖车里用餐。这时维克多匆匆跑回来告诉我们另一个问题。他刚刚检查了放在卡车后面的两个新燃料桶，发现它们都有点儿故障，并且在漏油。

如果我们继续向科里亚克山脉驶去，肯定会陷入绝境，因为油桶不断地漏油，我们可能会失去所有的燃料供应，最终被困在荒野中。更糟糕的是，漏油的油桶可能会导致卡车发生爆炸。因此，这令人沮丧的延迟是"塞翁失马，焉知非福"。

"也许我们的好运应该归功于我，"我开玩笑地告诉威尔，"在过河仪式上，我倒了很多伏特加作为对神的祭品，这可能就是回报了！"威尔只是翻了翻白眼，这是每个父母都看得懂的表情，无论是否在苔原上露营。

在小心地更换了漏油的油桶后，我们第二天早上就出发了，并很快找到了一条通往科里亚山脉的直达路线。脚下湿漉漉的苔原现在被坚实的尘土和岩石取代，我们开始飞速前进，如果每小时 15 千米的速度称得上飞速的话。

当卡车爬坡进入山脉时，我们第一次遇到了一对四条腿的原住民。两只堪察加棕熊在远处打量着我们，一只母熊和一只幼熊。即使从远处看，它们的体形还是很大。我们的柴油发动机声音很大，熊在山谷的另一边也能听到声音，幼熊非常好奇，用后腿站起来想看得更清楚。我很庆幸自己待在卡车里，而不是在野外，因为堪察加半岛的母熊像其他种类的熊一样，为了保护自己的幼崽，可能会大开杀戒。

母熊最终哄着幼崽离开了，它们跑动的速度和力量让我惊叹不已。堪察加棕熊每小时能跑 56 千米，比我们的车要快得多。母熊和幼崽始终保持着强劲的步伐，直到远离我们的视线。

我心想，万一我们不幸在近距离遇到了一头堪察加棕熊，要想逃脱熊掌根本是白费力气。

克里斯·安德罗尼克斯是我们团队中最有经验的野外专家之一，他曾在许多北美灰熊出没的地区做过田野地质调查。在我们离开阿纳底之前，我请他给团队的其他成员上了一堂"遇熊安全守则"课。安德罗尼克斯简单总结了三条。

- **守则一：**当近距离遭遇堪察加棕熊时，无论你做什么都没有用。
- **守则二：**尽量避免近距离接触堪察加棕熊。
- **守则三：**保持三人或三人以上一组行动，无论走到哪里都要制造出很多动静。熊的视力很差，会把一群人一起移动并发出声音的行为视为比自己大得多的单个野兽。假设这时还有其他有希望的觅食选择，它们一般会选择离开。

随着我们深入科里亚克山脉，周围景色发生了巨大变化，那里的山坡是棕色的，几乎是不毛之地（见图18-3）。安德罗尼克斯解释说，这里是富含橄榄石和橄榄岩的风化层地质带。与加利福尼亚州的某些山区类似，这里的土壤因镍含量过高而有毒，树木和茂密的植被无法存活。这种奇异的超现实环境让我的意志几乎产生了动摇，我开始考虑安德罗尼克斯所偏爱的佛罗伦萨那份样本源自地球的假设是否正确。

图18-3　科里亚克山脉周围的景色

当我们深入山麓渡河时，经历了一系列惊心动魄的时刻（见彩插9）。卡车行驶至河岸时地势落差至少达到6米，这比我们迄今为止遇到的任何地形都要陡。虽然卡车可以沿着陡峭的山坡向下行驶，但维克多还是提醒我们当心，在向下行驶时抓紧扶手。

在过去的几天里，我一直坐在维克多旁边的前排座位上，他的驾驶技术令我折服。一路上我总是试图预测他会转向这边或那边，以避开前方的车辙或其他一些障碍。到现在为止，我已经熟悉了他所有的防御性驾驶技巧。所以，当我们从一个山坡上下来，到达一处陡峭的河堤时，他突然换到高速挡行驶，这令我大吃一惊。

我们前方有一片高大的树林，维克多踩下油门，以每小时 15 千米的最高速度向树林直冲过去，我不禁倒吸一口冷气。

"维克多，路在哪里？"当卡车向前冲的时候，我喊道。我的语气一定说明了一切，因为维克多没有等翻译，而是苦笑了一下，好像在说："路？哪儿来的路？"说完，他直接开进了树林。

树木一棵接一棵地倒下，就像薄薄的纸板。当我转过身去看树木被毁坏的情况时，发现原以为无法穿越的树林实际上非常柔韧，卡车开过之后，它们又立即挺直腰杆，就如同关上了一扇活板门。显然，这些树还很年轻，树干也非常有弹性，所以几乎毫无损伤。

接下来，我们在一个看起来很古怪的山谷里做了短暂的停留，并帮奥莉娅采摘了一些野生蘑菇当食材。在卡车里待了好几小时后，大家总算有机会在一片怪异的大蘑菇地里伸伸腿，其中一些蘑菇的直径足足有 25 厘米宽。尤多夫斯卡娅和奥莉娅带头采起了蘑菇（图 18-4）。

图 18-4　采蘑菇

我和安德罗尼克斯留下来研究地图和当前的 GPS 定位。我们得出的结论是：目前的进展不太理想。所以，我做了一个非常不讨喜的决定，缩短采蘑菇的时间，这样我们才能够回到那条不存在的"路"上。于是我们继续前进，随后来到了浩浩荡荡的哈泰尔卡河，这是科里亚克山脉最深最宽的河流。

我永远不会忘记那一刻。当我们驶近河边时，平时很安静的克里亚奇科从后座探出身子，用俄语对我说了些什么。

"克里亚奇科刚才说，不确定我们能否穿越哈泰尔卡河，"萨沙翻译道，"河的深度因年而异，每个季节的深度也各不相同。"

什么？他是认真的吗？

我回想起过去 6 个月里所有的计划会议。我们讨论了政府许可、食物、燃料供应、天气状况和熊，就是没有讨论过将要应对的地形以及可能面临的挑战。别人告诉我会有路，然而结果根本没有路，现在又出现一条宽阔的河流挡住了我们的路。

为什么我现在才听说这件事，而且就在快到河边的时候？我心中一片错愕。

萨沙继续翻译，这次是维克多说的话。

"这些卡车当初设有水面漂浮的功能，"他说，"除了一件事……嗯，除了一件事，没有人曾想到它们将会漂浮在哈泰尔卡这么宽的河面上，而且还载着这么多的人和这么重的东西。"

我心想，还真是会挑时间让我知道这些事情。直到那一刻，我才意识到，我们需要漂过一条数百米宽、深度不确定的河，才能到达目的地。我一直担心能不能在午夜前到达营地，而此时，哈泰尔卡河阻挡在前面，我们根本到达不了。

我们策划了那么久，怎么就从来没有讨论过这种情况，走到这一步呢？我边想边摇头。

我们停在哈泰尔卡河岸，下了车，维克多和马科夫斯基开着橙色卡车去探路。在此期间，我们其余人趁机享用了一顿迟到的午餐。奥莉娅用采摘的新鲜蘑菇为食材，烹饪出的美食气味鼓舞了团队的士气。我把对过河的担忧藏在心里，让队员们愉快地享用午餐，他们中的大多数人都没有意识到前方的危险。不过，我想大家很快就会发现的。

两位司机回来了，他们宣布找到了一条最浅的路线。于是，我们收拾好装备，爬上卡车，做好准备进行这个沉重的实验。

我不知道当我们冲进河里时会发生什么。河水的力量给人一种奇怪的感觉，它不时地控制着巨型卡车，就好像这两个庞然大物是漂浮在浴缸中的玩具。水流将我们托起，离开河床，然后带着我们向下游漂去，接着又折回原来的方向。在接下来的 10 分钟里，两辆卡车一会儿驱动行驶，一会儿漂流，就这样一路漂过了河（见图 18-5）。

图 18-5　其中一辆卡车过河的照片

最终，两辆卡车都成功到达了对岸。当卡车驶出水面，爬上河岸时，我深深地松了一口气。

下一个惊喜是什么？我心想。克里亚奇科还忘了告诉我什么？

我们继续前行，蓝色卡车再次超过了橙色卡车。几年前，维克多参加了该地区的采矿探险，熟悉这条路。所以，当他发现一排奇怪的白杨树时，知道我们已经离预定的营地很近了。他转向沿着那排白杨树一直走，直到前方突然冒出一片空地和河岸。

这里是伊欧姆劳特瓦安河，是哈泰尔卡河的一条支流，我们将在这条河的岸边扎营。维克多飞速驶过水面，驶上河床，踩下刹车。

我爬出卡车，看了看手表，晚上 8 点。赶了连续 4 天的路，每天 16 小时的车程，意外不断发生，着实令人难以消受。此刻我们终于到达目的地了，大家都欢呼起来，向维克多致意。

我们一刻也没有浪费。没等橙色卡车的同伴到达，维克多留在原地照看营地，我们便开始展开短途勘察。克里亚奇科在前面带路，我们沿着伊欧姆劳特瓦安河的边缘走，直到一条小溪汇入的地方，这就是狭窄的里斯特芬尼妥伊支流。由于该地植物太过茂密，我们无法逆流而上，只能沿着支流向下走。克里亚奇科之后告诉我们，明天改走另一条路前往挖掘现场。

终于到达了，我真高兴。回想起与霍利斯特一起盯着这个地区的地图看了好几小时，当时我们梦想着组织一个专家小组前来探索，现在这个梦想实现了，我正带领着这个团队。尽管克里亚奇科告诉我们明天走另一条路，但我有一种冲动，想穿过挡住道路的茂密植被，继续前行，马上展开挖掘。我感觉自己就像收到生日礼物的孩子，但被告知必须等待一段时间才能拆开礼物。

在我们漫步返回新营地的途中，克里亚奇科要求所有人都要仔细地观察巨大的棕熊沿途留下的足迹，它们的脚掌有 35 厘米长。堪察加棕熊就在附近，这条河流里的鱼类资源丰富，它们被吸引而来。这个警告非常及时，我们必须尽一切可能避免遇到堪察加棕熊。

当我们回到营地的时候，团队其他成员已经抵达。我们迅速卸下装备，开始搭建帐篷，还搭了一个挂有蚊帐的晚餐帐篷。

大多数队员分配到的帐篷只能容纳一两个人。不过，克里亚奇科体贴地为我和威尔选了一个大帐篷，高到足以让我们两个人站起来。它有双扇出入的门，而且配有单独的加热器，谢天谢地，还有单独的杀虫器。克里亚奇科利用旁边的发电机给帐篷供电，这样我们就可以给电脑充电了。他知道我就是一个十足的宅男，所以千方百计地想让我的第一次露营经历愉快一些。我很感激他对我的额外照顾，也很感激儿子接受了这令人尴尬的豪华住宿条件，他是一名经验丰富的露营者，早已习惯了艰苦的环境。

营地本身离伊欧姆劳特瓦安河只有几百米远，近到能听到河水流动的声音。在远处，我们的两侧都是科里亚克山脉，那里是里斯特芬尼妥伊支流的源头。我们搭建帐篷的地方看起来很普通，毫无特色，地势平坦，到处都长满了灌木新芽。在河流的对面，灌木和植物都长得比较高，有几棵高达 6 米。这个地方虽然对于我来说很陌生，但并没有让我感到害怕。

我和威尔整理完帐篷，开始讨论第二天的计划。与过去 4 天挤在狭窄的卡车里相比，帐篷里有足够的空间放我们的睡袋，我很快就睡着了。

第二天早上，我们的探险正式开始了。我们跋涉到挖掘现场，试图复制克里亚奇科于 1979 年取得的成功。出门前，我戴上了克里亚奇科送的防蚊帽，因为我不想再经历一次那令人窒息的苔原之旅。我和威尔带了足够供应一整支军队的避蚊胺，实际上这种液体反而更招蚊子，就好像我们给自己涂上了美味的糖果一样。所有的俄罗斯队友，还有安德罗尼克斯，都习惯了这样的环境，很少使用防蚊帽或驱虫剂。

我们徒步行走了 50 分钟，在此期间制造出了很大的噪声，以宣布我们的存在，赶走棕熊。不久，我们到达了小溪（见彩插 13）。克里亚奇科立刻将手指向了拉津论文中所描述的蓝绿色黏土。真是令人大开眼界。他漫不经心地把手伸进泥里，挖出一把黏土，然后揉成一团，传递给我们看。压实后的黏土看起来就像口香糖或橡皮泥一样。

第一次将蓝绿色黏土握在手中，我激动得难以形容。我能想象得到宾迪此时也有同样的感受。这足以证明我们此时非常接近天然准晶的发掘地，在过去的两年里，它占据了我们的生活和精神世界。

当克里亚奇科打断我时，我还在沉思。"我们还没有到那里。"萨沙翻译道。虽然蓝绿色黏土是一样的，但这里还不是终点。因此，在接下来的大部分时间里，我们跟着克里亚奇科在溪流中来回蜿蜒（见彩插 12），走了大约 500 米。

克里亚奇科一直在寻找一个特殊的地标，这事儿他也是直到现在才提及，那是一个大约 15 米高的岩石尖顶。我们花了很长时间来寻找这个尖顶，好在克里亚奇科终于发现了，他明显松了一口气，然后果断地走向尖顶。

在离尖顶大约 300 米的地方，克里亚奇科在里斯特芬尼妥伊支流的岸边突然停下脚步，并宣布这就是他发现佛罗伦萨那份样本的地方。

我曾咨询过很多人，他们都反对这次探险，但是克里亚奇科在 32 年后确实帮我们找到了最初的挖掘地点。这是他非常自豪的一刻，也是我永远不会忘记的一刻。我和宾迪一起拍了一张照片，高举着胜利的双手（见彩插 14），这是我曾梦想的情景，那时我们还不知道克里亚奇科的存在，也不知道我们会一起踏上这段旅程。说到达目的地后第一天早上的情况比我预期的要好，都显得有些保守了。

我们将克里亚奇科找到的地点命名为"起源点"，这意味着它将是我们挖掘和收集样本的起点，我们一心盼望闪电能两次击中同一个目标，因为我们想找到另一件天然准晶。

我们徒步回到营地时，发现在伊欧姆劳特瓦安河岸边露营有一个意想不到的好处。当我们和克里亚奇科忙着寻找挖掘地点时，司机维克多和马科夫斯基已经架起了一个长达 30 多米的渔网。这里正是夏季产卵的时节，所以他们只花了几小时就钓到了足够让整个团队饱餐一顿的鲑鱼。然而，鲑鱼的丰富程度也证实了我们的一个怀疑，即附近有饥饿的熊出没。

晚餐时分，奥莉娅摆上了新鲜的鲑鱼和鱼子酱，后者是堪察加半岛常见的橙色鱼子酱。所有人都迫不及待地想大吃一顿，尤其是安德罗尼克斯，他宣称这次旅行为地质探险树立了新标准。我以前从来都不怎么喜欢吃鱼子酱，但今晚改变了看法。

鱼子酱很快就会变质，尤其是鲑鱼鱼子酱，人们通常会在其中加入盐和防腐剂来延长保质期。到目前为止，我尝过的鱼子都加了太多的盐。平时买到的罐装鱼子酱根本无法和我们在伊欧姆劳特瓦安河边用餐时吃到的鱼子酱相媲美。

看着一整桌丰盛的美食，我由衷地感激奥莉娅为团队所做的一切。她不但天生热情好客，而且非常有行政头脑。作为一名律师，奥莉娅曾与我们的俄罗斯同事合作，加快了俄罗斯政府当局复杂的许可程序。作为组织者，她确保了交通安全，并协调了我们在阿纳底的住宿事宜。而此时，作为一名厨师，她又激励和鼓舞到了每一个人。

我将团队分成三个小组，分别是沿着溪流工作的挖掘组和淘洗组，以及探索这个地区并绘制当地地质图的制图组。唯一一个没有具体任务的人是我，我的工作是"游荡"，这样就可以从一个团队到另一个团队，帮助解决问题，并确保整个团队之间的有效合作（见彩插 15 ～ 18）。

第二天，我决定花一部分时间和麦克弗森、安德罗尼克斯和埃迪的制图组在一起工作。他们在起源点的壕沟附近工作，接着以最快的速度沿着里斯特芬尼妥伊支流而上，同时记下了沿途的岩石露头。然后，他们慢慢地返回下游，系统地记录了这些岩石露头的位置和地质属性。在以这种有条不紊的方式顺流而下几小时后，我们看到了远处淘洗组升起的火和冒出的水蒸气。

当我们回到起源点时，挖掘组的威尔与淘洗组的宾迪和克里亚奇科一起工作得不亦乐乎。威尔从河堤上挖出足够多的蓝绿色黏土，然后装满一个大罐子。接着宾迪会在里面加一些小溪里的水，把混合物放在火上煮沸。沸腾的水使黏土变得不那么黏，这样他们就可以捏碎黏土，直到它们变得像粗砂。

淘洗大师克里亚奇科则会将装在罐子里的粗砂带到里斯特芬尼妥伊支流，然后放进冰冷的水中快速摇晃。对于外行人来说，这种快速摇晃的操作像是在清洗罐里的东西，事实上，他在小心翼翼地分离出密度最大的颗粒，因为我们要找的物质比大多数陆地物质密度都大。一旦分离出理想的颗粒，克里亚奇科就会把剩下的东西倒进一只宽大的 V 形木制盘子里，并在水流中再次淘洗，以便分离出密度更大的颗粒。克里亚奇科会时不时地把脸凑近木盘，寻找任何不同寻常或带有光泽的小颗粒。在一轮又一轮的反复摇晃之后，他会获得满满一把颗粒，再把它们倒入一个小碗中，然后重复整个过程。等到克里亚奇科觉得满意的时候，他会把小碗里的颗粒倒进一只小金属杯里，然后进行最后一轮摇晃筛洗，剩下的少量颗粒会递给宾迪，宾迪则把里面的水烧干。最终产物就是令人期待的干粉状矿物分离物。

最后一个步骤是，宾迪将干燥的物质倒入一个塑料袋，并给它编一个编号，注明日期和来源。我们一直在一遍又一遍地重复这个劳动密集的过程，直到探险的最后一天，我们获得了尽可能多的样本用于以后的检测。

除了制图组、挖掘组和淘洗组之外，尤多夫斯卡娅、德斯勒和萨沙组成了一个独立的作业小组，以找到河流上下游拥有更多蓝绿色黏土的位置，他们也带来了一些样本给宾迪和克里亚奇科煮沸、淘洗（见图 18-6）。

图 18-6　淘洗粗砂

检查完所有的小组作业后，我回到帐篷，开始写日志。天黑的时候，威尔、宾迪和克里亚奇科从小溪边回来了。威尔掀开帐篷，让我把摄像机递给他。我注意到他脸上洋溢着令人玩味的笑容，但他只说，我应该到外面去看看他给宾迪录视频。这个建议听着有些奇怪，但我还是同意了。宾迪站在用餐帐篷前，麦克弗森、德斯勒、安德罗尼克斯和埃迪正在那边聊天喝茶。我注意到宾迪和威尔一样，脸上也挂着一抹有趣的笑容。

安装好摄像机，按下录音键后，威尔大声叫着宾迪，让每个人都能听到：

"宾迪，说说今天发生了什么？"

"我在一块黏土中发现了一个颗粒，"宾迪说，"它带有与硅酸盐相连的闪亮金属。我认为是准晶的候选品。"

我惊讶得说不出话来。宾迪是认真的吗？有没有可能我们到挖掘现场的第一天就成功了？我不知道该怎么想，但还是冲上前去给他一个大大的拥抱。

宾迪告诉我，这是团队共同努力的成果。他、威尔和克里亚奇科一直在起源点专心地进行挖掘和淘洗工作，而尤多夫斯卡娅和萨沙则在河床上寻找其他有希望的挖掘地点。过了一会儿，尤多夫斯卡娅回到起源点，让他们去看看小溪对岸的一个地方——后来被我们称为"蓝绿色黏土墙"。威尔立即停下手中的活，穿过小溪，走到那里，萨沙正等着他。他们两人一起挖出一满桶蓝绿色黏土，交给宾迪和克里亚奇科处理。

当宾迪快速扫视淘洗过的颗粒时，一个特别的颗粒引起了他的注意，由附着在黑色矿物上的小金属点构成。宾迪立即把它拿给克里亚奇科和威尔看，他们也注意到了这块闪亮的金属。

这似乎是一个好兆头。不过，每个人都知道，只要还在挖掘现场，我们就没有办法肯定宾迪是否发现了陨石，更不用说陨石中的微小准晶了。我们得依靠实验室里先进的显微镜才能确定。不过，经验告诉我，宾迪很有眼光。也许，他说中了，我心里想。

晚饭后，我们拿出克里亚奇科带来的简陋的地质显微镜，尝试检测宾迪发现的颗粒。在我看来它很有可能就是我们要找的样本，但安德罗尼克斯和麦克弗森对此表示怀疑。他们确信这是铬铁矿，一种常见的地球矿物。大家展开了一场友好的辩论，持续了大约一小时，但真相要等到我们回到家以后才能知道，到时可以好好研究一下样本。尽管我们不能确定结果，但这一发现在余下的旅程里鼓舞了团队的士气。

终于，除了我和威尔，每个人都上床睡觉了。威尔正忙着整理拍摄的照片和视频。第一天在挖掘现场发生的所有事情让我兴奋不已，无法放松。我走出帐篷呼吸新鲜的空气，漫步到河边，周围的景色清晰可见。我看着一股低雾悄悄地穿过河谷，一轮无瑕的弦月在绝美、清澈的午夜蓝天中升起。这是大自然最精致的一面，我把威尔叫到外面拍了一张照片（见彩插 19）。

我们两个一起在河堤上站了很久。这个充满异国情调的地方跟我俩以前待过的任何地方都不一样，我们都被这令人难忘的美景迷住了。

翌日清晨，我和威尔昨晚欣赏过的雾霭变成了凄风冷雨，气温骤降至接近冰点，吃早餐时，大家轮流围着厨房的炉子取暖。

恶劣的天气使我们的挖掘和淘洗工作暂停了。但是，制图组还要去附近的一座山峰考察，我静静地看着他们，心中充满不安。

安德罗尼克斯负责带领制图组。作为一名结构地质学家，他的工作是制定计划，从而定位和识别岩石，以确定它们能否成为超级地幔柱或者不寻常的地质现象的证据，为我们的样本提供来自地球的解释。此外，他们也会检查岩石的微裂纹，这些裂纹是发生过大型陨石撞击事件的证据。除了少数的岩石冒出露头，山脚下大部分岩石被茂密的植被带覆盖了。所以，安德罗尼克斯决定带麦克弗森和埃迪到附近的一座山峰看看，那里有一些比较容易取得的裸露岩石。

这是一项繁重的任务，所以我能理解制图组为什么没有因为天气的原因而取消行程。但他们的执意行动令我感到担心，因为一旦他们遇到严重的麻烦，我们无法施以救援。虽然我们准备了基本的急救用品，但这并不足以应对严重的医疗事故。我们的应急措施仅仅是利用卫星电话求救。我脑海中开始浮现出各种最坏的情况。

如果风暴加剧了呢？如果我们收不到卫星信号怎么办？如果天气恶劣，救援直升机停飞，紧急救援队无法到达，该怎么办？

正如我所担心的，当制图组到达最近一处山顶时，风暴变得更加猛烈了。他们被迫返回。返回营地的路途举步维艰，冰冷的大雨倾盆而下，他们小心翼翼地从山顶上下来，每一步都要踏得牢牢的。到达山脚下后还得艰难地穿过数万平方千米的腐土和淤泥，同时要应对浓密潮湿的灌木丛，有些灌木丛长到了齐腰高，里面到处都是蚊子。

他们最终毫发无伤地回到了营地，但都浑身湿透，筋疲力尽。在换上干衣服后，安德罗尼克斯和埃迪看上去一点儿也不累，但麦克弗森就不一样了，他习惯了在室内实验室工作。自 27 年前加入史密森尼国家自然历史博物馆的内勤团队以来，他几乎没有进行过任何田野地质调查。麦克弗森也是这 3 人中年龄最大的，身体状况也不太好。不到半小时，他就控制不住地颤抖起来。

尤多夫斯卡娅和奥莉娅立即发现了他体温过低的征兆，马上采取了行动。她们让麦克弗森坐下，为他盖上毯子，让他喝了热茶和汤，还有伏特加，这可是俄罗斯人医治百病的灵药。我心想，这是被动复温疗法。我们所能做的只有如此了。麦克弗森无疑感觉到了自己的危险状态，因为他看上去很惊慌，每当这些女士试图帮忙时，他就开始对她们破口大骂。我想，易怒是一种不好的症状，拒绝帮助也是，这只会让一切变得更加困难。

队员们聚集在周围，看着眼前发生的可怕一幕。此刻我感到很无助。如果这样做没有效果怎么办？还好麦克弗森很幸运，尽管他抱怨连连，但两位俄罗斯同伴一直温和地安抚他，让他尽可能保持不动。过了漫长的 15 分钟后，他终于不再颤抖，脸上也慢慢恢复了血色。尤多夫斯卡娅和奥莉娅的迅速干预阻止了他的低温症继续恶化，不过他需要休息一段时间才能完全康复。

谢天谢地，当这件事情发生的时候，他已经回到了营地，而不是发生在半途中，我如释重负地想着。

在处理完这个紧急状况后，队员们纷纷散去，我走回帐篷，在日志上记录下当天的情况。我写道：麦克弗森不会有事的。不过，我需要重新考虑他在探险队中的角色。

"砰！"我正在写日志，突然被一声巨响打断了。又怎么了？这声音听起来离我的帐篷很近，非常危险。

"砰！"在第二声巨响后，我明白了，这是枪声，我立刻想到了营地里唯一的武器，一把改装过的 AK-47 步枪，我们的俄罗斯司机把它放在手边，以防棕熊突袭。看样子堪察加棕熊的皮毛很厚，减弱了小型武器的攻击效果。

堪察加棕熊是一种巨大的可怕动物，体重最大的雄性重达 680 千克，绝对算得上庞然巨兽（见彩插 11）。当用后腿站立时，它们的身高可以达到 3 米，而且它们经常站立，以充分发挥敏锐的嗅觉的作用。在夏季和秋季，棕熊会本能地吞食大量卡路里丰富的食物，以储存足够的脂肪度过漫长的冬眠。

三年前，我们当前所在地以南的一个大型营地发生过一起致命的熊群袭击事件。那年夏天，鲑鱼偷猎者捕尽了该地区的鱼类，30 只饥饿的熊为了寻找食物，对一个采矿营地发起了围攻。数百名地质学家和矿工惊慌失措，四处逃散，这些熊轻松追上其中两名人员，残忍地吃掉了他们。

我们在营地周围发现了熊刚刚留下来的足迹，所以我们知道附近有成群的熊出没，它们常在伊欧姆劳特瓦安河里狼吞虎咽地吃鱼。因此，如果这枪声来自对熊的射击，那我一点儿也不感到意外。

我冲到外面，看到包括威尔在内的所有人都挤在我帐篷后面大约 15 米的地方。没有人四处奔跑寻找掩护，每个人看起来都很放松，所以我很快便判断，我们没有受到直接的威胁。当我问威尔发生了什么事情时，他告诉我维克多和马科夫斯基正在练习打靶。两位司机平时会将那把卡拉什尼科夫步枪装满大口径子弹，以防熊的突袭，此时他们使用的是更小口径的子弹，在河岸附近放置了一些空的伏特加酒瓶作为靶子。

我仔细观看着其他队员轮流拿枪进行射击练习。维克多想让每个人都试着击中目标，包括我。我想拒绝，便解释说我从未使用过枪，更不用说像卡拉什尼科夫步枪这样威力巨大的武器了。

"不行，"维克多微笑着坚持道，"没有例外。"每个人都要射击三发子弹。

维克多把步枪递给我，我警惕地看着这把武器。如果放在平时，我绝对不想和这种武器有任何关系，但在这种情况下，我别无选择，所以我把步枪举到肩膀上瞄准。由于我从未开过枪，所以犯了新手都会犯的错误：将枪管朝着脸的方向转了一下，这样更容易顺着瞄准镜向前看。结果，前两次射击都没有击中目标，大家忍不住笑了，一片哗然。

维克多重新帮我装上了第三发子弹，这是最后一发，然后悄悄地用俄语对萨沙说了些什么。"你应该调整你的握姿，"萨沙翻译道，"你需要用枪的瞄准仪来瞄准，眼睛要直视步枪顶部的瞄准仪。"

我无言地点点头，知道这个建议不会有任何帮助，问题与我如何握枪无关，而是我的眼神不够锐利，看不到任何目标。不过，试图解释是没有任何意义的。此刻，我只想尽快结束这段令人丢脸的经历。

我瞄准瓶子的大致方向开了最后一枪，团队爆发出比刚才更大的笑声。我退后一步，不好意思地交回了步枪。

几小时后，我在帐篷里与威尔聊天时，提到了刚才打靶的事情。我告诉他，事实证明我跟神枪手毫不沾边，这如果让他感到很难堪，我很抱歉。他疑惑地看了我一眼说："你在说什么？你最后一枪打中目标了啊！"

我大吃一惊。最后一次射击完后，队员不是在嘲笑我，而是在为我欢呼。

这是不可能的，我禁不住笑了。如果我真的击中了目标，那也完全是运气使然。事实上，我就跟盲人一样，都没有看到伏特加酒瓶被击碎。不过，我很乐意有了炫耀的资本。我在堪察加半岛成功地用一把卡拉什尼科夫步枪击中了目标，这是其他理论物理学家很少能比得上的。

麦克弗森一整天都在休息和恢复体力。看到他恢复得很好，可以和大家一起吃晚饭了，我感到非常高兴，尽管他看起来仍然疲惫不堪。随着时间的推移，我注意到麦克弗森似乎有点儿沮丧。我感觉到他可能在担心自己在制图组中的角色，于是我决定帮他放松一下心情。

"不要再长途跋涉了，"我坚定地告诉他，"在营地附近，我们还有许多其他重要的任务需要你去做。"

谢天谢地，麦克弗森没有反驳我，这是我们工作相处中为数不多的几个时刻之一。他反而松了口气，爽快地答应了。当然，我还没想好他接下来该做什么。首先，我需要确保他已经完全康复。

第二天早上，风和日丽，我们按计划行动（见彩插 20 ～ 23）。威尔、萨沙和我合力在起源点挖出一条新壕沟。克里亚奇科在 1979 年初次来到此地时，只有河床的边缘被挖土机推平。在那以后的几年里，俄罗斯的淘金者又从溪流边上挖走了 10 ～ 20 码的泥土。这给了我们一个良好的开端，因为这意味着我们可以少挖一些泥土就能到达山脚下，而蓝绿色黏土就埋在那里。我们的目标是黏土，因为它与克里亚奇科最初的发现有关。

挖掘的过程十分艰难，因为蓝绿色黏土又重又黏。不到一小时，所有的普通铲子都被用坏了。之后，里斯特芬尼妥伊支流的挖掘工作就只能靠修理过的铲子、泥铲和徒手来完成。

克里亚奇科选择在下游的另一个位置进行挖掘，那里仍然维持着原始的生态，没有像起源点那样，受到采矿活动的污染。全员投入工作大约一小时后，克里亚奇科突然兴奋地用俄语向我们大喊。"他想让我们看看他发现了什么。"萨沙翻译道。

我们向下游走了大约 50 米，克里亚奇科给我们看了他在水边挖的洞。我们 3 人看着他直接把赤裸的双手伸进去，掏出一坨厚厚的泥球。过了一会儿，泥球开始变硬，克里亚奇科朝我们会意地一瞥。我们盯着他的手，他像敲复活节彩蛋一样敲开了泥球，露出里面隐藏的奖品。蓝绿色黏土！当我们为他的最新发现欢呼时，克里亚奇科咧开嘴笑了。这项发现立即使我们重新安排了当天剩下的日程。

威尔和萨沙离开了起源点，在接下来的几小时里，他们在克里亚奇科的新挖掘地点工作（见图 19-1）。我们计划继续在这里挖掘。他们在洞周围建起一堵厚厚的黏土墙，以防止河水涌入。威尔似乎下定决心要尽可能多地开采黏土，我们用"威尔洞"来称呼威尔的劳动成果（见图 19-2），以纪念威尔全心全意的投入。

那天下午，威尔没有休息，也没有回营地和其他队员一起吃午饭，而是待在原地，啃着背包里备用的干粮。尽管他独自在溪边工作，但我知道附近游荡的熊不会威胁到他。因为当有大群的鲑鱼在伊欧姆劳特瓦安河下游游动时，熊对相对狭窄的里斯特芬尼妥伊支流水域不会感兴趣。

图 19-1　河边工作照

然而，在户外进食比威尔想象的要复杂得多，因为这意味着要应付被他吸引而来的成群蚊子。恼怒之下的威尔最后在下半部脸上蒙了一块大手帕。即便如此，每当他咬一口食物时，嘴里还是会吸入一口蚊子作为开胃菜。

那天下午晚些时候，我们遇到了第一个重大科学挑战。麦克弗森和宾迪徒步走到挖掘现场研究一些样本，经过反复检查，他们得出了一个惊人的结论。

"我们可能完全走错了路，"麦克弗森向我解释道，"蓝绿色黏土可能与找到更多样本没有太大关系。"他们的发现令人大为诧异，并直接影响了后续的探险活动。

自我们开始调查以来，在过去的两年里，我们一直在推测黏土的重要性。我和宾迪第一次知道它的存在是在拉津及其合著者发表的科学论文中，这篇论文宣布了铝锌铜矿石和铜铝矿石的发现。

图 19-2 威尔洞

蓝绿色黏土对陨石样本的发现有多重要？我们一直想不透。

起初，在还没有通过仪器证明佛罗伦萨的那份样本是一块陨石之前，我们一直猜测，铝铜合金和蓝绿色黏土是否可能是由天然基岩，更确切地说是蛇纹岩共同形成的。然而，随着我们的深入调查，发现佛罗伦萨的那份样本来自地球外部。一些人开始猜测蓝绿色黏土是否在保护陨石中的铝免受氧化方面发挥了作用。无论如何，我们都假设蓝绿色黏土与佛罗伦萨的那份样本之间存在直接联系。所以，我们决定将搜索重点放在能找到蓝绿色黏土的地方。

麦克弗森和宾迪查看过威尔洞中的黏土，它由非常细小的颗粒组成，这些颗粒散布在蓝绿相间的夹层中，与克里亚奇科发现佛罗伦萨那份样本时的黏土一致。我们假设并期待整堆的蓝绿色黏土中夹杂着许多微小的陨石矿物颗粒。然而结果令人惋惜，麦克弗森和宾迪检查完所有材料后发现，所有蓝绿色黏土中都不含任何金属或陨石硅酸盐物质。

我意识到这是一项重大的科学调查成果。它不仅让我们的基本科学假设受到了质疑，还会直接影响到未来的行动方向。

也许将搜索范围限制在含有蓝绿色黏土的溪流沿岸是一个错误。

那天晚上吃饭时，我们和团队其他成员讨论了这个问题。安德罗尼克斯拥有构造地质学方面的专业知识，他提出一些有价值的见解。在对该地区进行了几天的测绘后，他认为蓝绿色黏土是由最初沉积在远处山上的沉积物组成的，大约7 000年前，该地区融化的冰川将黏土带到了下游，这解释了它是如何沿着里斯特芬尼妥伊支流分布的。

令我印象深刻的是，安德罗尼克斯和埃迪只在附近的山上进行了几次测绘（见图19-3），就收集到了这么多信息。

图 19-3　测绘工作照

安德罗尼克斯指出，他仍然处于最初的调查阶段，还有许多不同的可能性需要考虑。假设佛罗伦萨的那份样本曾经是一颗陨石的一部分，正如宾迪、麦克弗森和我所相信的那样，至少有两种可能的情况可以解释它是如何嵌入神秘的蓝绿色黏土中的。

第一种情况是，陨石在距今 8 000 年～ 6 700 年前进入地球大气层，当时蓝绿色黏土要么还在上游，要么后来被冰川融水带往下游沉积。如果是这样的话，当陨石到达时，顺流而下的黏土仍然暴露在空气中。如果陨石在进入地球大气层时在半空中爆炸，就像许多陨石一样，它的碎片会立即落入暴露的蓝绿色黏土中，至今仍然镶嵌在里面。

第二种情况是，这颗陨石可能在不到 6 700 年前几乎完好无损地降落在上游。如果是这样的话，它将会在数千年的风化过程中慢慢被侵蚀并裂解成碎片，部分碎片可能会滞留在上游的蓝绿色黏土中，最终可能和黏土一道被带到下游。不过，大部分碎片可能会落在其他类型的黏土中，或者随其他类型的黏土顺流而下。在这种情况下，陨石碎片可能存在于过去 6 700 年沉积的任何类型的黏土之中。

安德罗尼克斯建议，鉴于这两种可能的情况，我们应该继续瞄准蓝绿色黏土，同时应该扩大视野，将最近沉积在里斯特芬尼妥伊支流的其他类型的黏土也包括进来。

如果没有蓝绿色黏土的引导，我们怎么会决定去探索其他类型的黏土呢？我问自己。正如对探险持批评态度的人所预测的那样，我们可能正处于大海捞针的边缘。

我认为最好的选择是在搜索过程中进行一些调整。我们不仅要根据蓝绿色黏土的存在来选择挖掘地点，还要在挖掘之前扩大目标范围，并进行一系列初步检测。我们将从多个地点获取样本，并检查淘洗过的样本中是否有有价值的颗粒。

图 19-4 展示了萨沙、威尔和麦克弗森将要展开工作的新地点，后来它被命名为"湖洞"。我们将以结果为依据，来决定一个地点是否值得进一步挖掘，即使那里没有蓝绿色黏土。

图 19-4　新地点工作照

　　这意味着我们不得不建立一个临时的野外实验室，每天筛选成千上万个颗粒。这是我们没有预料到的，所以缺少合宜的装备。我们唯一的选择是尝试使用克里亚奇科那台原始的便携式光学显微镜。

　　麦克弗森和宾迪肯定是领导实验室工作的不二人选。然而，过去几年与他们两人共事的经历告诉我，他们俩合作起来可能有点儿麻烦。麦克弗森较为霸道，总是不信任其他人的判断，而宾迪天生热情开朗，但他明显受够了麦克弗森这位国际专家的高姿态和苛刻的高标准。不幸的是，我别无选择，只能寄希望两人可以和平相处。

　　与麦克弗森和宾迪习惯使用的最先进的设备相比，克里亚奇科的显微镜太过简陋，无法完全确定矿物成分。我们希望它至少能够识别出极不寻常的样本，让这些样本从那些在河床中找到的普通颗粒中脱颖而出。

　　麦克弗森和宾迪的任务是识别出与克里亚奇科在 1979 年首次发现的样本一

样的颗粒。这意味着他们要在两组没有任何共同点的颗粒中进行寻找。第一组样本拥有闪亮的金属外观，就像圣彼得堡的完模标本一样。第二组样本就是颜色较暗的类陨石物质，就像包含天然准晶的佛罗伦萨的那份样本一样。

麦克弗森和宾迪也在寻找不同于这两种类型的颗粒，这类颗粒的矿物质含量将会反映出当地的地质情况。他俩得出的相关信息将会交给安德罗尼克斯，这对他研究该地区的地质历史很有帮助。

野外工作开始变得越来越有效率，这很大程度上归功于麦克弗森和宾迪每晚提供的详细的实验报告。在接下来的 5 天里，团队全力以赴地工作，尽可能多地采集黏土，并进行处理和淘洗。

麦克弗森和宾迪在实验室的工作过程非常精彩，我有时会停下来观看。他们每天会检查 5 ～ 10 袋淘洗过的样本，袋子上贴有编号、采集位置和日期。宾迪会选择一袋样本，并在笔记中记录下样本的所有信息，然后小心翼翼地从袋子里取出几勺样本，倒入一个小圆碟中。一勺通常含有数百个或更多颗粒。在显微镜下观察颗粒时，宾迪会用镊子把颗粒一个个分开。

每当发现有趣的颗粒或者外观看起来像陨石，或者含有不寻常成分的颗粒时，宾迪就会将这些颗粒单独移到一边。接着，麦克弗森会来到显微镜前检查宾迪相中的颗粒，然后得出自己的结论。如果他们俩都认为有一个颗粒不同寻常，麦克弗森就会将相机放在显微镜镜头上，拍下照片。克里亚奇科偶尔也会参观这个临时实验室，并补充自己的意见。宾迪会给不同寻常的颗粒编号，将它们放在一个特殊的小瓶子里。

研究小组第一天在蓝绿色黏土墙发现的样本称得上不同寻常，宾迪马上将它挑了出来，贴上了"5 号颗粒"的标签，它是在这个临时实验室里处理的第五个不同寻常的颗粒。

一旦一盘样本被检查完毕，他们就将剩下的颗粒放到一边，然后从袋子里另取一勺放在盘子里检查。这是一项劳心费神的工作。麦克弗森和宾迪每天要检查 5 ～ 10 袋样本，每一袋都装有成千上万个颗粒。

等到整袋样本都被筛选完毕，大部分颗粒，即那些不同寻常的样本会被小心地装回袋子里，然后密封，之后带回去进行更多的研究。他俩就这样一袋接一袋重复着同样的过程。

麦克弗森和宾迪一起工作时的融洽氛围出乎我的意料。我最初有些担心，但没有想到他俩相处得很好，在工作上也配合得天衣无缝。看来在密切互动的氛围中，为共同目标而努力工作激发出了他俩各自最好的一面。

有一次，我参观临时实验室时，宾迪正在检查来自湖洞的一些不同寻常的颗粒，湖洞位于起源点的上游。我看着宾迪盯着显微镜，他的脸上忽然露出灿烂的笑容。

"你得看看这个！"他兴奋地说，"我们找到了一个十二面体石！"

正十二面体有12条长度相等的边，每个面都是完美的五边形。在过去的几十年里，已知合成准晶偶尔会形成琢面排列成十二面体的单个颗粒。因此，找到与实验室里人工合成的准晶一致且具有12个外部琢面的天然准晶，将是一项重要突破。

麦克弗森马上跑过来，接着便证实宾迪是对的，并告诉我们，他在显微镜下可以清楚地看到一个十面体形状的、半铜半银的颗粒。当然，外部形状不见得与原子内部的排列具有相同的对称性，反之亦然。在看到具有闪亮金属外观的十二面体后，麦克弗森也认为，我们刚刚发现了一个多重琢面的天然准晶。

然而，当轮到我看显微镜时，我不由地放声大笑起来。我们正在观察的是自然界搞的一个恶作剧。

我认出，这份样本是黄铁矿家族的一员。黄铁矿包括傻瓜金，新手经常将其误认为真金，因为它们与真金有着相似的颜色和形状。虽然黄铁矿的原子以立方体对称的晶体模式排列，但黄铁矿家族成员的一个奇怪特性是，它们有时会排列出"扭曲"的十二面体形状的琢面。我喜欢称它们为"傻瓜准晶"，因为12个面中的每一个都呈五边形，让人们误以为是准晶。不过，仔细观察就会发现，这些五边形并不完美。不同的边具有不同的长度。虽然它们的衍射图样显示其原子结构为立方状，但如果不知道这些细节，任何人都有可能被愚弄。我之所以能很快发现其中的不同之处，是因为自我在20世纪80年代开始寻找准晶以来，收集到了各种各样的傻瓜准晶。

我们三个一起开怀大笑，讽刺自己在里斯特芬尼妥伊支流发现了假准晶。我真希望能找到一件真货。不过，这也说明，如果一件完美的十二面体石可以在实验室中合成，那么也可以在自然界中找到它，这个想法其实并不离谱。

— ◐ —

滴答，滴答。第二天早上，帐篷上的雨声轻柔而绵长，淅淅沥沥，将我从睡梦中唤醒。气温又一次急剧下降，我急忙下床裹上最暖和的外套。

我走过奥莉娅的俄罗斯蓝猫巴克斯身旁，它身披厚厚的双层毛皮，毫不在意寒冷的天气。像大多数早晨一样，它在营地周围漫步，就如同它是这里的领主。威尔总说巴克斯的行为更像一只狗，而非一只猫。它非常灵活，可以避开熊的袭击。

当天早上，奥莉娅已经为我们准备好了丰盛的早餐，有新鲜的鱼子酱、果酱和热气腾腾的俄罗斯薄饼。她每餐提供的丰盛饭菜不仅能使我们获得足够的能量，还能帮我们抵御日益寒冷的天气。

由安德罗尼克斯和埃迪组成的制图组在面对正在逼近的亚北极风暴时再次展现出了无畏的精神，他们想进行最后一次徒步探险，去探索远处的一座山，站在那里可以俯瞰环绕着里斯特芬尼妥伊支流的乱石堆。

在野外的最后一天，我们其余的人计划分头工作。宾迪和克里亚奇科把重点放在了他们认为最有希望的挖掘点上。尤多夫斯卡娅、德斯勒和萨沙将在下游较远处进行同样的工作，不久找到了我们称之为"下游蓝绿色黏土墙"的地方。与我们其余人不同的是，他们不仅在寻找陨石样本，还在寻找有价值的矿石。

我和威尔决定在每个挖掘点采集最后一轮样本，再在我们从未探索过的一些地方采集一些样本。

为了确保不抱憾而归，我让威尔爬上起源点附近 13 米高的岩石尖顶，采集了一份黏土样本。无可否认，这一举动没有合乎逻辑的解释，只是因为我的脑海里冒出了这样一个奇怪的想法，而且这个想法来自年轻时看过的一部名叫《疯狂世界》（*It's a Mad, Mad, Mad, Mad World*）的喜剧电影。

在这部电影中，一群疯狂的丑角相互竞争，寻找据说藏在一个巨大字母 W 下的宝藏。有一次，他们在贪婪的恐慌中追逐奔驰，每个人都希望在别人之前找到 W 标志。

电影中没有一个人后退一步考虑大局，都在中心区域的同一座小山上来回跑着，我将这里称为起源点附近的尖顶，那里的 4 棵棕榈树都有不同程度的弯曲。作为观众，很容易就会发现从某个角度看这些树，它们就形成了一个巨大的 W 形状。他们寻找的宝藏一直近在眼前。

我们的探险队一直将高高的尖顶作为参考点，但直到最后一天的下午，没有人花时间穿过小溪去尖顶上采集一些样本。谁知道会发现什么呢？我心想。

当天上午雨越下越大，气温开始下降到 4℃ 左右，接着又降到 3℃，略高于冰点。此时除了安德罗尼克斯和埃迪，我们所有人都回到了营地。他俩一吃完早餐就出发去进行最后一次徒步勘察，此时仍然没有音信。在他们离开之时，我坚持让他们带上突击步枪，以防万一。

他们带御寒的衣服了吗？一路上遇到熊了吗？时间过去了一小时又一小时，没有任何消息，我越来越担心。

大约下午三点，安德罗尼克斯和埃迪终于回到了营地。他们都湿透了，但除此以外毫发无损，并对自己的探索感到非常满意。我也如释重负，最后一天的野外工作已经结束，最重要的是，每个人都完好无损地撑过来了。事实上，大家看起来都很开心。

两周以来第一次，我终于可以松一口气了。我不确定别人，甚至威尔，能否体会到我一直在努力克服的恐惧感。在启程之前，我从同事那里听到了一些令人胆战心惊的故事，包括致命的事故，都是在做田野调查时发生的，这些我都没有告诉别人。

如果我们在探险过程中出了什么差错，或者有人受了重伤，那我这个组织者就要负首要责任。说实话，我知道成功的机会微乎其微，但还是将这支训练有素的专家团队置于险境。万一有人真受到了危及生命的伤害，我不知道该如何应对这种负罪感。谢天谢地，此刻我终于可以将所有担忧抛在脑后了。

那天晚上，俄罗斯东道主为我们张罗了最后一顿难忘的晚餐。我们在帐篷外围着一大堆篝火享用晚餐。当时才是 8 月 3 日，但当地短暂的夏季已经朝着秋天急转直下，我们都穿着最暖和的外套，里面还穿了好几件衣服。

那天晚上，每个人都兴高采烈，众人纷纷举杯庆贺这次探险顺利结束。在整个旅途中，伏特加的供应很充足，我们的俄罗斯同事决定给"喝得最像俄罗斯人的外国人"颁奖。麦克弗森和安德罗尼克斯获得了这一最高荣誉，两人都获得了一件苏联时期的纪念品——印有锤子和镰刀的饮料瓶。

维克多在耀眼的烟火表演中点燃了紧急照明弹，这个开心的夜晚在一片灿烂的光影中结束。他递给我一把炽烈燃烧着的火炬，我高举着火炬跟大家合影，庆祝我们在荒野中的胜利（见彩插 24）。接下来是个人拍照时间，之后大家聚集在篝火旁，迎接漫长而喧闹的伏特加欢唱之夜。

我回到帐篷，在日志上记录到：

> 以任何标准来看，这都是一次非常成功的探险。每个人都过得很舒适、快乐，即使是最暴躁的人。正因为如此，每个人都非常努力，令我印象深刻。霍利斯特曾向我讲述过大多数地质勘探的情况，有些人努力工作，有些人一点儿也不上心，到最后只剩下一个人为营地操劳。而我们团队的每个人都非常努力。奥莉娅、维克多和马科夫斯基都做出了非凡的贡献，确保了营地的食物美味可口，让队员生活得尽可能舒适，也许除了我以外，没有人过度紧张。每个人都可以自由地表达自己，即使巴克斯也不例外。就算一无所获，我们也都尽了最大努力。

在彻夜的狂欢之后，即使第二天早上有些人可能感觉昏头涨脑，但早上 6 点所有人都准时起床，准备踏上返回阿纳底的旅程。我们收拾好所有东西，把行李装到两辆卡车上，这将是一次漫长而缓慢的旅程，目标是重返文明社会。我们试图以每小时 14 千米的极限速度逃离迅速恶化的天气。

上路还不到半小时，我们就发现了堪察加棕熊，它们一般会避免与人类接触（见彩插 11）。我们密切注视着其中三只庞大的棕熊，并留意着其他棕熊。我们曾被警告，如果看到一小群熊，那可能意味着附近还有更多熊。

在我们上路的头几小时里，偶尔会看到熊的踪迹，有一次，一只特别好奇的熊来到了离我们笨重的卡车只有几十米的地方，不久便走开了。我们在车里很安全，从来没有遇到过危险。不过，这只熊离我们实在很近，都能清晰地感觉到它身上散发出的力量，很庆幸我们从未与它们中的任何一只正面交锋过。

在来这里之前，我们都认为没有必要戴手套和厚实的御寒衣物，但在离开科里亚克山脉时，气温持续下降，我们所有的防寒装备都用上了。不过，没有人抱怨越来越冷的天气，尤其是我，因为气温骤降赶跑了恼人的蚊子，在过去的 12 天里，这些蚊子让我痛苦不堪。我终于可以摘下挂着防护网的帽子，也不用再使用避蚊胺了。终于，这个阶段的探险顺利结束了。我在脑海里庆祝了一整天。

当我们继续向前跋涉时，在群山之间，见识到了不同的天气特征。一朵朵云从一座山峰飘到另一座山峰上，好像每个山顶都蒙上了一层白雪。我一直热衷于观察云层，科里亚克山脉中不可预测的云层此消彼长，令人着迷。假如我是在画中看到科里亚克山脉间的云雾，则可能会认为它们只是艺术想象的产物。云朵和经常伴随它们的绚丽彩虹是一种鼓舞人心的自然奇观，就像观看一场不断变化的表演，云层不断形成我从未见过的宏伟景观。我开始感到哀伤，因为我再也看不到云朵在天空中舞动的奇观。

第二天，我们离开了科里亚克山脉，返回苔原。我又一次被自然界的美景吸引。我们第一次来这里时看到的那些似乎在嘲笑我们的"苔原上的笑花"不再笑了，许多脆弱的白色花束被凛冽的寒风吹走，只剩下光秃秃的花茎，令人有些伤感。大片的花茎在风中颤抖，似乎用尽全力在向我们挥手告别。

当天下午晚些时候，天空仿佛突然出现一道裂口，下起了大雨，本来速度就很慢的车程变得更漫长了。一时间，道路变得泥泞不堪，导致橙色卡车陷入深深的泥坑中，维克多不得不绕回去帮马科夫斯基拖车。在最后两天的车程里，他们两人轮流帮助对方驶出泥沼。此时雨越下越大，我开始考虑应不应该按计划继续赶路。在能见度很低的苔原上驾车穿越泥泞的车辙会很危险，我们可能会被困在湿漉漉的泥坑中，整夜不得脱身。

在情况变得令人绝望之时，我们发现远处有一个天然气站，就是我们之前经过却未能停留的那个站点。维克多和马科夫斯基开着卡车穿过泥泞且积满雨水的地面，缓缓向站点移动，途中又被迫停下来抢修履带。当我们离站点越来越近时，威尔在其中一栋建筑上看到了数字"0"，所以他将此地称为"零号站"，不过它的官方名称是"西湖油气田"。

当快驶近站点时，我开始担心起来。我们没能像他们要求的那样提前打电话预约，因为我们的卫星电话被暴雨淋坏了。之前，他们拒绝了我们，而此时我们正处于暴雨之中，急需一些帮助。

我们步履维艰，终于抵达了主楼，我咬紧牙关，想知道他们对我们的第二次意外到访会有什么反应。奥莉娅认为我们应该试着谈判。她带着我和德斯勒进了主楼，可能因为我们的狼狈不堪，此地的管理者会同情我们。奥莉娅把我们带到前台，问他们的管理者能否提供食宿，让我们留下过夜。起初他同意了，但随后告诉我们，他没有权力决定能否为我们提供帮助，厨房和寝室的主管才是真正的决策者。他说话的时候带着一定程度的畏惧。

当这位令人畏惧的主管终于出现时，我们发现她是一位娇小甜美的圆脸女士，她欢迎我们的激动程度几乎不亚于我们受到欢迎的激动程度。她自我介绍说自己叫蕾娜西科（Lenechke），并立即叫助手带我们去安顿过夜。我原以为她会在站点设施里找一块空地，让我们在地板上过夜，但是相反，我们被带到了舒适的双人房间，有暖气、独立淋浴间、冷热自来水，最重要的是卫生间里没有蚊子。

当队员们一股脑地涌进各自的房间时，简直不敢相信这种从天而降的好运气。等到大家都洗完澡时，蕾娜西科已经为我们准备好了美味的热餐。虽然我们离阿纳底还有 120 千米，但从那天晚上开始，每个人都觉得已经回到了文明社会。

第二天早上醒来时，楚科奇多变的天气又变了，大雨已经停了。我们走出屋外，整个科里亚克山脉都被雪覆盖了（见图 19-5）。8 月 5 日，这里已经进入冬天了，我们差点儿没能及时赶出来。

图 19-5　远处的科里亚克山脉被雪覆盖

我们回想起几个月前的一次讨论，对于这次前往楚科奇的勘探，克里亚奇科最初的建议是，在 7 月的第三个星期之前去是没有意义的，因为河流太冷，地面太硬，无法挖掘，果不其然。尽管我们听从了他的建议，在 7 月下旬开始了旅程，但仍然在里斯特芬尼妥伊支流遇到了冰冻的土壤和水，不得不耗费更多心力克服它们。

克里亚奇科也警告过我们，我们必须在 8 月的第一周就离开科里亚克山脉，否则天气会变得太冷。他的预言又一次应验了。我再一次对这位了不起的俄罗斯同伴深怀感激。

我希望能以最快的速度回到阿纳底，但是一夜的大雨使这一计划泡汤。苔原已经变成了泥泞的沼泽，维克多和马科夫斯基要想快速前进，即便不是没有这种可能，也将困难重重。第一次爬上这辆巨大的卡车时，我感到很慌张。我的第一印象是这个庞然大物必定所向披靡，但在穷山恶水间它们是多么脆弱。在阿纳底最终进入视野之前，我们又熬了 12 小时，这是一段缓慢又谨慎的车程。

当我们看到远处的城镇时，一道壮丽的彩虹出现在群山之上，这为我们最后几千米的艰难旅程画上了一个具有传奇色彩的句号。我坐在蓝色卡车的前排座位，凝视着前方美丽的景色，深深地吸了一口气。当我们驱车进城，安全地结束了这场荒野勘探之行时，我终于如释重负。

> 📍 阿纳底
> 🕐 2011 年 8 月 7 日

第二天早餐后，我们马上开始工作，大家聚集在一起开了一场科学会议，回顾了我们发现的一切。安德罗尼科斯首先讲述了他和埃迪发现的许多细节，涉及里斯特芬尼妥伊支流周围山谷和山脉中不同类型的岩石及地质层。他们取得的成果着实令我钦佩。

安德罗尼克斯在演讲结束时，陈述了自己的主要结论。

他肯定地证实，佛罗伦萨那份样本的发掘地的蓝绿色黏土来自 8 000 年前上一个冰川期末期盘踞在该地区的某条冰河留下的冰积土。此外，该地区没有异乎寻常的地质活动迹象，也没有地表深处的超级地幔柱或火山喷口带上来的物质。

总之，根据实地观察，除了陨石假设，其他假设都不成立。

安德罗尼克斯从一开始就对陨石假设持怀疑态度，在得出任何确定的结论之前，他的立场向来很严谨。除了我们提出的陨石假设，他也找不到合理的替代方案，这一事实对于我来说意义深远。我环顾房间，看到每个人都点头表示同意。那份样本的确是一块陨石碎片。

在邀请安德罗尼克斯加入探险队之前，我并不了解他，邀请他主要是由于前普林斯顿大学教授霍利斯特的推荐。一起在野外工作了两个星期后，我发现安德罗尼克斯是一位出色的科学家，他在为众多现象设想合理的地质情景方面有着非凡的天赋。在当初决定邀请他加入我们团队时，我没有想到他会做出如此大的贡献。

在安德罗尼克斯做完报告后，轮到麦克弗森和宾迪报告黏土的挖掘、淘洗工作以及实验结果了。我们已经将他们所拍摄的所有最不同寻常的颗粒的图像下载到一台平板电脑上了，并在房间里传阅，这样每个人都有机会仔细地观察这些图像。这些颗粒的编号从 1 号排到 120 号，大小从不到一毫米到几毫米不等。

接下来两小时，麦克弗森逐一审视了这些颗粒，并讨论了每一个颗粒的潜在意义。与安德罗尼克斯演讲后的乐观情绪形成对比的是，当麦克弗森花费两小时来仔细审视这 120 个样本的图像时，每个人都变得严谨起来。

最后，麦克弗森报告说，在他看来，这次田野调查中发现的颗粒似乎都不像最初佛罗伦萨的那份样本。

听到这个结论，房间里的所有人都沉默了。我知道麦克弗森在发表意见时倾向于悲观或者保守的态度。可以说，他待人处事的方式非常直率。团队中的所有成员对他的报告见怪不怪，因为大家都不相信我们会发现更多陨石颗粒。尽管如此，他这般直接地告知坏消息，多少有些令人难以接受。房间里的气氛一落千丈。

我呼吁大家不妨来打个赌：可能性有多大？在我们从里斯特芬尼妥伊支流带回来的所有样本中，哪怕只有一个颗粒包含天然准晶的可能性有多大？

我带领大家讨论这个问题。考虑到我们已经确定了 120 个最有希望的颗粒，即便它们都不是我们要找的，但加上 62 袋淘洗后的颗粒，我估计可能性有 0.01%，万分之一的概率。其他人很快随声回应，说出了更加悲观的数字。

除了宾迪，他说当离开佛罗伦萨加入我们的探险队时，他估计成功率只有 0.1%，也就是千分之一，但现在，他决定加大赌注，打赌我们有 1% 的成功率，也就是 100 份样本中有一个是陨石颗粒。宾迪之所以如此充满信心，有一个非常明确的原因。他把希望寄托在 5 号颗粒上，这是我们第一天在野外工作时他挑出来的样本。

虽然我很欣赏宾迪的乐观，但我们都知道，仅凭肉眼所见或克里亚奇科的低倍显微镜获得的图像是不可能确定样本的。而且我们的两位专家安德罗尼克斯和麦克弗森对 5 号颗粒表示怀疑。他们确定这个颗粒甚至连陨石碎片都不是，更别提含有天然准晶了。

听完各方的赌注后，我意识到，就算我们采纳了宾迪 1% 成功率的乐观解释，每个人都认为至少有 99% 的可能性是我们一无所获。

第二天早上，我们收拾行李，准备乘飞机回国。我们最关心的是能否将所有样本运出俄罗斯。安德罗尼克斯和其他美国地质学家告诉过我一些可怕的事情，样本有可能会被咄咄逼人的俄罗斯海关人员没收。即使我们成功克服了这一障碍，美国海关也将是另一个挑战，将土壤带入美国是非法的。从技术上来讲，我们的样本是"分离"后的物质，而非真正的土壤，所以这些袋装颗粒应该是完全合法的，因为它们经过了淘洗和煮沸处理。但是我们不能指望美国海关人员会认可这种区别。不管怎样，他们可能会没收我们的样本。

为了让样本最大可能地通过海关，我们制定了一个计划。队员将通过 5 条不同的路线回家。我们将 62 袋颗粒分成 5 份，每个海关通道各带一份。我们要确保每组至少有一袋里的样本来自所有 12 个挖掘点。这样，即使 5 份中的 4 份被海关人员扣留，唯一幸存的第五份仍足以代表所有物质。我和威尔一起走，也带了一份。另外 4 份分别由安德罗尼克斯、麦克弗森、埃迪和宾迪携带。所有人都打算将样本袋放入托运行李中。

第二天，我们怀着复杂的心情告别了俄罗斯后勤人员——奥莉娅、维克多和马科夫斯基，还有奥莉娅那只神秘莫测的猫——巴克斯，这是一只不同寻常的动物，即使它被完全驯化了，仍然能适应野外的环境。在这次旅程中，威尔彻底喜欢上了巴克斯，尤其对它的日常行踪感到好奇。我看着他们最后一次聚在一起，知道离别的时刻来临了。

奥莉娅送给我们每个人一只塘鹅造型的钥匙链，塘鹅是一种大腹便便的动物，当地的楚科奇人认为这种动物能带来好运。她希望真的能为我们带来好运，一回去就能发现天然准晶。我至今仍然用着这只钥匙链，它时刻让我想起见过的一些最善良的人。

在最后一轮告别后，我们一起前往机场接受第一道关卡的考验。海关检察人员要求我们把行李集中在一个地方接受检查，之后便带着我们所有的行李、护照和文件消失了。两小时之后，检查人员终于回来了，并宣布我们可以登上雅库特航空公司飞往莫斯科的飞机。我们不知道他们对行李或装在里面的样本袋做了什么，只确定他们将所有东西都放在飞机上了。

一抵达莫斯科，我们就在行李传送带出口处满怀期待地等待，每当有我们的行李从滑道上滑下来时，我们都会欢呼雀跃。当所有行李都到齐时，我们终于松了一口气。到目前为止，我们没有损失任何东西。

接下来，为了搭乘转机航班，团队成员不得不匆匆分开。宾迪登上了飞往意大利的飞机，麦克弗森飞去了华盛顿，埃迪则飞往北卡罗来纳州，而萨沙的妻子和孩子在机场安检口迎接萨沙。在萨沙远征期间，他们一直在莫斯科等他，并顺便拜访了他老家的人。在一轮深情的拥抱之后，我们的俄罗斯同伴尤多夫斯卡娅、克里亚奇科和德斯勒也启程回家了。

我和威尔以前从来没有来过莫斯科，所以我们提前做了安排，打算多待几天好好看看这座城市。当我们回到莫斯科机场准备飞回美国时，没有人问我们任何关于行李箱中满满的样本之事，我们也没有必要主动提供任何信息。当航班降落在美国后，我们也顺利通过了美国海关，没有人问我们有关样本的任何问题。

其他队员报告说，他们也顺利通过了海关。我们中没有人受到质疑，样本也没有被没收。分派样本的周密计划被证明是没有必要的，但我从不后悔这样谨慎行事。

所有的样本都被邮寄到佛罗伦萨供宾迪检查。他在田野调查期间已经用野外显微镜检查了大部分样本。不过现在，他将从头开始寻找天然准晶，梳理数百万个颗粒，这次借助的设备是电子显微镜。

即使从最乐观的角度来看，团队所有人也承认找到天然准晶的可能性极小，失败的可能性高达 99%。

在我看来，更现实的估计是接近 100%。我虽然对这趟不可思议的勘探并不后悔，但也不会欺骗自己，我认为成功率介于无穷小和零之间。

取得突破

我清楚地记得一天早上，在我们临时搭建的野外实验室里，宾迪开玩笑地问我和麦克弗森，如果他成功地鉴定出一种天然准晶，将会得到什么奖励。葡萄酒鉴赏家麦克弗森立即回应道："一瓶昂贵的玛歌酒庄的葡萄酒是最合适的。而保罗呢，"他狡黠地瞥了我一眼说，"应该负责买单！"听到这个建议，我们3个不禁大笑起来。其实对于我来说，找到天然准晶比一整箱玛歌酒庄的葡萄酒更有价值。然而当时我们都认为，我根本没有机会买单。即使是探险队中最乐观的人宾迪，也认为成功的可能性几乎为零。真正的检测要等到探险结束，宾迪回到佛罗伦萨的家中才能进行，那时他可以用合适的设备检查所有样本。

— ◑ —

佛罗伦萨

2011 年 8 月 20 日

宾迪首先从 120 个最不寻常的颗粒开始检查。麦克弗森确定，这些颗粒与佛罗伦萨的那份样本没有任何共同之处。尽管如此，宾迪还是像对待珍贵的钻石一样对待这些样本，将它们装在一个特殊的小瓶子里，小心翼翼地塞在衬衫口袋里，从探险队一路带回家。

不幸的是，当宾迪回到佛罗伦萨的家中时，发现了一个严重的问题。我们在营地的最后一天，这 120 个不同寻常的颗粒本来被打包好准备返回，但就在同一天，我们遭遇了一场意想不到的暴雨，狂风不停地吹倒宾迪的帐篷，结果，一些颗粒在被安全地密封在小瓶子里之前就被弄丢或损毁了。

当宾迪告诉我这个坏消息时，我的心脏骤停了一下。这些是我们期待最高的样本！不过宾迪很快补充说，丢失和损毁的颗粒不是最重要的，他最喜欢的 5 号颗粒没有受到影响。

这让我松了一口气，我现在开始担心起未来的工作量。团队的其他成员已经都到家了，为了安全通过海关而被分开的几十袋样本很快被寄给了宾迪，而我担心宾迪会被这些样本淹没，仅凭一人之力或一间实验室无法处理这么多样本。宾迪曾跟我说过，根据他能预订到的电子显微镜的使用时间，数百万个颗粒可能需要几个月的时间来研究。

我的建议是：没关系，慢慢来。如果我们足够幸运，碰巧发现了一个陨石颗粒，一定要仔细地记录下来，极其小心地保护好它。

宾迪很清楚该从哪里开始研究：他心爱的 5 号颗粒（见图 20-1）。当他在实验室的高质量光学显微镜下检查这个颗粒时发现，他和麦克弗森在野外拍摄的照片太过马虎。当时样本最不同寻常的一面恰巧背对着摄像头，这一面有许多微小的金属颗粒嵌入了周围黑色的物质中。宾迪对 5 号颗粒研究得越深入，就对它的潜在价值感到越兴奋。

宾迪想出了一种不破坏样本就能确定金属性质的新方法。他将金属颗粒放在一个短柱上撑起来，并在扫描电子显微镜下倾斜一个角度，这样电子束就会集中在金属颗粒上，而不是周围的硅酸盐矿物上。

宾迪用最好的高科技设备来做检查确实是一件好事，但坏消息是，最好的高科技设备总是非常娇贵，很难维护。宾迪所在大学的扫描电子显微镜在他完成检查之前就坏了，花费了几个星期都没有修好。我知道宾迪没有那么大的耐心，所以我有点儿期待他换用其他方法来继续检查。

图 20-1　5 号颗粒

📍　佛罗伦萨

🕐　2011 年 8 月 25 日

没有等太久，宾迪就找到了解决方法。就在离开阿纳底两周之后，宾迪发来了一封具有决定性意义的电子邮件，主题是："玛歌酒庄吗……？我告诉你，没错。"

不用再继续读下去，我就知道他指的是 5 号颗粒。邮件接着写道：

> 我在显微镜下将样本转了又转，结果一个小金属颗粒碰巧从样本上脱落了（别担心，上面还附着很多金属颗粒）。那是一个大约 60 微米长的小金属颗粒，是纯金属的，没有任何附带物。我用丙酮清洗完后，将它用胶水粘在玻璃棒上，来做衍射研究（目前我唯一能做的研究；如你所知，我们的扫描电子显微镜设备暂时出了故障）。现在报告结果……

宾迪先卖了个关子，这可不像他的作风。不过在邮件的最后一部分，隔着电子邮件我都能感觉到宾迪发出的呐喊：

……我看到了五重对称。

我迅速点开邮件中附带的 X 射线衍射图像（见图 20-2）。当图像出现时，我倾身向前，顿时被惊得目瞪口呆。这是一个看似简单却充满意义的图像。这是真的吗？这个结果太好了，好得令人难以置信。

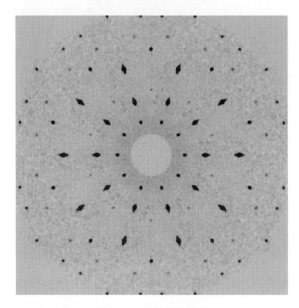

图 20-2　五重对称图案

图像明确无误地表明，5 号颗粒中的原子排列具有不可能的五重对称性，这种对称性只有在准晶中才能被找到。不同于佛罗伦萨那份样本，这份样本没有任何谜团，我们完全可以确定是谁在何时何地发现了它。它的来源是毋庸置疑的，因为我们目睹了它的发现过程。

我本可以欢呼，我本可以冲出普林斯顿大学的办公室告诉所有人刚刚看到的一切，我本可以给霍利斯特和探险队其他成员发邮件，我本可以打电话给威尔分享这个惊人的好消息，但是，我不想这样做。这些事情最后我会做的，但不是现在。我想缓一缓，充分品味这一历史性的时刻。我从没有料到梦想很快成真，我们谁也没有料到，但是这幅衍射图像明明白白地展现在我眼前。对于我来说，这是一种深刻的情感体验，也是我个人生涯中的一个里程碑事件。

我坐在那里，凝视着这幅图像，回想着探险队中每一位才华横溢的成员。在我们出发前，他们中的大多数人对于我来说都是完全陌生的，但他们自愿且愉快地贡献出自己的时间和精力，放下舒适的生活加入这场不切实际的探险。安德罗尼克斯、德斯勒、尤多夫斯卡娅、萨沙、埃迪，还有克里亚奇科——几十年前发现铝锌铜矿石样本的第一人，是他开启了这一切的序幕。

我想起了宾迪，在过去的 4 年里，我几乎每天都与他联系。第一次见到麦克弗森是在两年半前的史密森尼国家自然历史博物馆的门口。还有我的儿子威尔，我第一次见到他是在他呱呱坠地之时。

我们能在蓝绿色黏土墙中发现 5 号颗粒，多亏了尤多夫斯卡娅的建议。之后威尔和萨沙将其挖出来，克里亚奇科进行了仔细的淘洗，而宾迪在现场辨析了它，接着立即得到现场的克里亚奇科、宾迪和威尔的共同确认，安德罗尼克斯和麦克弗森在临时实验室对其进行了仔细的检查，然后探险队的所有成员都审视了它。今天的成功是我们这支多元化的团队达成共同使命的明证。

回想当初，令我备感惊讶的是，他们中的每个人都同意长途跋涉前往里斯特芬尼妥伊支流，即便那里非常荒凉和偏远，特别是在我们都怀疑这次探险很可能会失败的情况下。更令人没有想到的是，所有人在探险中都竭尽全力，从未抱怨或质疑过自己的付出。而现在我和宾迪将很欣慰地告诉所有人，他们的奉献得到了 5 倍的回报。

霍利斯特的功劳也很大。虽然他没能加入探险队，但自 2009 年 1 月我们第一次见面以来，他一直是寻找天然准晶的重要参与者，当时我和姚南在佛罗伦萨那份样本的一个微小颗粒中发现了第一个具有五重对称性的电子衍射图像。在我计划和准备这次探险时，霍利斯特是我的导师，他与我分享了自己杰出职业生涯中获得的见解和建议。我可以想象得到当他听到这个消息时会有多么开心。

我也想到了资助这次探险的捐赠者戴夫。在我提醒他这次探险可能一无所获，并且费用增加了两倍多之后，他还是那么慷慨，毫不犹豫地全力支持了我们。我开始想象如何让戴夫知道，他的回报将是意想不到的丰厚科学红利。

在这项长达几十年的研究中，还有许多人做出了巨大贡献，包括从一开始就加入研究的多夫·莱文。我们一起工作的场景就像发生在昨天一样，实际上，自我们两人首次提出准晶理论以来，已经过去了将近30年。当时我们已经证明，物质的原子结构具有五重对称性在理论上是可能的，这一点后来在实验室得到了证实。这促使我们和约书亚·索科拉尔开发出了准晶的三维模型。而现在，差不多30年过去了，我们能够证明自然界抢先我们所有人一步，在数十亿年前就制造出了第一个天然准晶。

我想到了加州理工学院的埃德·施托尔珀，他在关键时刻给了我前进的动力，也让我认识了另外两位英雄人物——约翰·艾勒和关云斌。普林斯顿大学的德菲耶经常给予我鼓励和肯定，让我跟随自己的直觉去寻找天然准晶，并把我介绍给了他的得意门生陆述义。他们所有人都会对这项发现所带来的开创性成果激动不已，并大加赞赏，罗杰·彭罗斯和戴维·尼尔森也会如此，最初是他们激发我走上了这条探索天然准晶之路。

如果理查德·阿尔本（Richard Alben）没有向我介绍原子结构的研究，如果普拉文·乔德里（Praveen Chaudhari）没有鼓励这种兴趣，那么这一切都不会发生。当然，还有费曼，是他一开始让我爱上了物理学。

事实上，全世界数以百计的科学家运用他们的理论和实验建立起了一个个新的物理学分支。

我如何才能感谢每个人呢？我左思右想。

千头万绪几乎同时掠过我的脑海。我强迫自己离开办公桌，走到大厅。在撰写第一轮公告之前，我想喝杯咖啡来厘清思路。

当我回到座位上时，再次被电脑屏幕上惊人的 X 射线衍射图像震慑。我慢慢地喝了一大口咖啡，感觉陷入了另一轮感恩的遐想。我们找到的是一种比地球本身更古老的物质，它们将带来新的可能性。

21
奇迹之人

📍 华盛顿特区

🕐 2011 年 10 月 5 日

"我认识这个，"当图像出现在屏幕上时，麦克弗森自豪地说，"阿颜德陨石！"

我笑了，知道麦克弗森是在逗我，同时我也在自嘲。虽然往日的情景又一次重演，但这是个令人高兴的转折点。几年前，麦克弗森用同样的显微镜检查过一个类似的图像，但最后展现出的是愤怒和轻蔑。

当年激怒麦克弗森的图像来自宾迪在一个标有"铝锌铜矿石"的小瓶子里发现的粉状物质，那是宾迪在一位前同事的秘密实验室中发现的。麦克弗森确定小瓶子里的物质来自著名的阿颜德陨石，并指责"若非存心捉弄，就是太过任性的上帝"造成了这场混淆。

这件事之后的两年半时间里，发生了很多事情。宾迪又一次给麦克弗森寄送了一份样本，让他检查，但这一次麦克弗森承认样本是真的，而且确信无疑。毕竟，他也是探险队的一员，曾参与了从原始挖掘现场找到这份样本的全过程。

当发现这份新的样本与阿颜德陨石非常相似时，麦克弗森很高兴。他完全接受了我们的观点，并认为天然准晶竟是一块类似阿颜德陨石的陨石碎片，真是令人难以置信。他在屏幕上展示给我看的，又是一个惊人的新证据。

我们正在观察 121 号颗粒的横截面，这是宾迪回国后发现的第二个有希望的候选颗粒。当时麦克弗森正对着样本拍摄第一批高清照片，我从普林斯顿驱车三小时来到华盛顿陪他一起研究。

对于未经专业训练的人来说，121 号颗粒看起来不过是一块大泥土，周围粘着细小的砾石颗粒。然而，这块其貌不扬的土块和粘在周围的物质蕴藏着关于太阳系诞生的重要信息。

"这是一个陨石球粒，"麦克弗森说，"陨石球粒中最古老的部分可以追溯到45 亿年前。"仅凭这句话，就足以告诉我们样本是真的。麦克弗森解释说："围绕在陨石球粒周围的物质被称为'细基质'，通常由某些特定的矿物质组成。"

陨石球粒和细基质是碳质球粒陨石的主要组成部分。科学家在阿颜德陨石中也发现了同样的微观物质。我们在新颗粒中观察到了与阿颜德陨石相同的特征，这一发现意义重大。

为了证明自己的观点，麦克弗森开始兴高采烈地研究起 121 号颗粒。他用电子探针测量了陨石球粒和细基质中不同位置的化学成分，结果发现陨石球粒含有复杂的矿物混合物。在每次进行测量之前，麦克弗森会基于对阿颜德陨石的研究经验，预测其成分，而每次他都猜对了。

"无论是谁，都会将这张照片中的物质认成经典的阿颜德陨石。"他如此说道。

就在这时，一位资历较浅的科学家同事碰巧在他的办公室门口停下来，瞥了一眼屏幕上的图像。麦克弗森问她能否认出这张照片。"当然是阿颜德陨石。"她回答道，语气好像在说这个问题很愚蠢。我和麦克弗森满意地相视一笑，她离开了门口。

经过仔细观察，麦克弗森在 121 号颗粒中发现了他在阿颜德陨石中从未见过的重要东西：微小的白色物质碎片。照片中这颗陨石球粒中有两片碎片，分别位于大约 4 点钟和 6 点钟的位置（见图 21-1）。

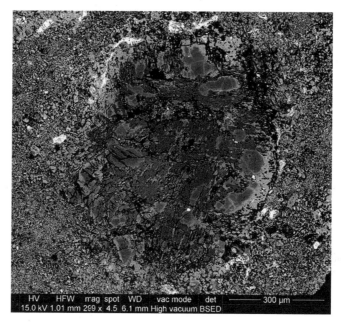

图 21-1　陨石球粒照片

陨石球粒本体在样本制备过程中被切成两半，如果这颗由硅酸盐构成的陨石球粒是在 45 亿年前形成的，而这些白色物质碎片早已嵌入其中，这表明白色物质碎片可能超过了 45 亿岁。

当麦克弗森用电子探针检查这些神秘的白色物质碎片的化学成分时，更是乐得手舞足蹈。

"这些碎片是铜铝矿石！"麦克弗森兴奋地宣布。我们互相看着对方，一边大笑一边欢呼。"真是难以置信！"我喊道。

铜铝矿石和铝锌铜矿石是在博物馆的那份样本中发现的金属合金成分，当初包括麦克弗森在内的所有人都认为它们是假的。陨石球粒内部古老的铜铝矿石碎片是迄今为止最直接的证据，表明该陨石中的铝铜合金形成于 45 亿年前的太空，当时太阳系还处于婴儿期。

当我把关于 121 号颗粒的检查结果发送给团队其他成员时，每个人都热情洋溢地对宾迪表达了赞美和祝贺，包括我们的匿名捐助人戴夫。所有人都认为宾迪是名副其实的 L'Uomo dei Miracoli，即我为宾迪取的意大利语昵称"奇迹之人"。

新的发现不断涌现。奇迹之人和 122 号颗粒再度带来了意想不到的成果。我一直定期给团队成员发送宾迪的检查进展，而此刻，还不到 6 周的时间，我又准备好发送第三次进展，这又是一项重大发现。

> 真是令人难以置信，自公布第二次成果以来仅仅过去了 10 天，我
> 们又有一条重磅消息要公布：我们从科里亚克山脉收集的第三个颗粒中
> 发现了二十面体，这一个颗粒来自不同的地点：威尔洞。

我在邮件中强调，正在创造科学历史的三个陨石颗粒分别来自里斯特芬尼妥伊支流沿岸的三个不同地点。尤多夫斯卡娅和萨沙从蓝绿色黏土墙中找到了 5 号颗粒，带有陨石球粒、引起麦克弗森兴趣的 121 号颗粒来自下游的蓝绿色黏土墙，获得最新发现的 122 号颗粒则是在威尔洞被找到的。在这三个地点中，只有威尔洞有蓝绿色黏土。

三份样本来自数百米范围内地质条件各不相同的地点，这一事实提供了大量有意义的信息。这意味着来自所有挖掘地点的样本都有可能是陨石物质，陨石物质不仅来自蓝绿色黏土。这也意味着安德罗尼克斯的建议是正确的，即将搜索范围扩大到其他领域。我再次意识到了安德罗尼克斯在团队中的重要性。如果没有他，我们可能永远也不会找到这么多有希望的样本。

对每一位在探险期间孜孜不倦、勤奋工作的成员来说，宾迪的许多发现绝对

是一种令人欣慰的佳音，他们艰辛地克服了冻结的黏土，特别是，当所有铲子都被用坏之后，直接将双手伸入冰冷的溪水中进行挖掘工作。

10 天后，我又发送了一份公告，奇迹之人又缔造了一项奇迹，同样来自威尔洞的 123 号颗粒，它含有迄今为止所见过的与陨石物质直接接触的最大一个二十面体颗粒，这一发现意义重大。

这一发现的重要性再怎么强调都不为过。在探险之前，霍利斯特和麦克弗森哀叹说，我们找不到确凿的证据来证明佛罗伦萨那份样本中的准晶与陨石矿物直接接触。他们说，必须找到这项证据才能证明我们的理论，即准晶是天然形成的。现在，有了 123 号颗粒，我们终于有了确凿的证据。

在图 21-2 中，二十面体准晶位于右上角的物质里，它与下面的硅酸盐直接接触。

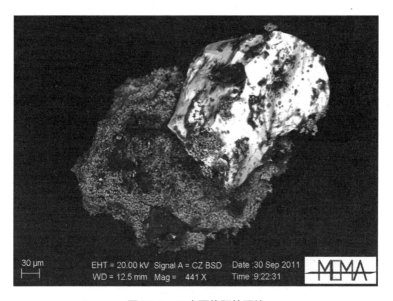

图 21-2　二十面体颗粒照片

宾迪还在陆续检查剩余的样本，奇迹仍在继续。他很快确定了另外三个颗粒也是陨石碎片，它们分别是来自威尔洞的 124 号颗粒和来自起源点沟渠的125 号与 126 号颗粒。这一系列令人难以置信的发现坐实了宾迪的头衔——奇迹之人。

宾迪发现的颗粒都已经送往加州理工学院，请约翰·艾勒和关云斌用 NanoSIMS 仪器进行检测。

到目前为止，基于对佛罗伦萨那份样本的早期检测，我们的主要假设是铝铜合金是在太空中形成的，并且作为碳质球粒陨石的一部分降落到地球上。但我们仍然在寻找与之相矛盾的信息。只要我们找到了附着在普通地球矿物上的二十面体，就不得不重新思考整个理论，而我们原以为关于二十面体的一切地外起源的假设都将受到质疑。因此，对于从里斯特芬尼妥伊支流收集的每一份样本，用 NanoSIMS 这台纳米级的设备检测硅酸盐中的氧同位素这一举措至关重要。

由于宾迪的超负荷工作，我已经习惯了快速而准确地获得研究结果，而等待加州理工学院的检测结果就如同被迫驶入慢车道。这种设备在几个月前就被预订满了。而且它经常出故障，需要修理。因此，在得到第一份报告之前，我们又得等待漫长的 6 个月。

结果终于陆续出炉。这些结果毫无疑问地证明，硅酸盐与佛罗伦萨那份样本具有完全相同的氧同位素比值，而佛罗伦萨那份样本又与经典的 CV3 碳质球粒陨石具有相同的特征。

艾勒是当初忠告我不要去探险的地质学家之一。他说，找到更多陨石样本的可能性基本为零。然而，最优秀的科学家永远热衷于惊喜，以及发现意想不到的东西时的喜悦。因此，尽管最初有所怀疑或者正因为如此，艾勒兴奋地给我发来这些好消息，也大方地承认了自己的误判。

在加州理工学院完成检测的一个月后，麦克弗森在年度月球与行星科学大会（LPSC）上与世界各地的其他陨石专家分享了这项非凡的成果。团队成员一致相信麦克弗森是我们最好的代表，他在这一学界很有名气，也很受尊重。

麦克弗森带着我们在探险前后收集的所有令人印象深刻的证据参加了这次大会。他跟命名委员会的人碰头，并强有力地证明我们发现了一次新的"陨石撞击事件"。对于我们来说，获得他们的官方认可至关重要，这样才能让陨石学界的其他人相信我们的发现是真实可信的。不过若想获得这样的认可，通常要经历重重艰难的斡旋，因为该委员会是出了名的极端保守和过分挑剔。

麦克弗森一定令他们大吃了一惊，因为委员会立即接受了他的提案，承认这些颗粒是陨石颗粒。他们还同意将这颗陨石正式命名为我们提议的名称——哈泰尔卡陨石，以纪念我们驾驶着两辆大卡车半漂半开艰难地穿越的那条河流。

5 个月后，麦克弗森负责起草了第一篇关于探险结果的科学论文，该论文于 2013 年 8 月 2 日发表在著名期刊《陨石学与行星科学》（*Meteoritics and Planetary Science*）上。这篇论文汇聚了探险队每个成员以及霍利斯特、艾勒和关云斌的宝贵贡献。在这场探险结束后，探险队的一些成员回到了各自的机构继续工作。我们的团队成员现在遍布世界各地，包括佛罗伦萨、波士顿、莫斯科、华盛顿特区、休斯敦、西拉斐特、帕萨迪纳、约翰内斯堡和普林斯顿。

我们预计论文会引起很多质疑，因为样本中发现了不同寻常的铝铜合金。所以，麦克弗森下了很大的功夫确保我们刊登在《陨石学与行星科学》期刊上的论文的论证过程绝对严谨。论文中附带了大量图像，内容非常详细，包括对发现样本的原始黏土层的描述，以及对每份样本的矿物成分和氧同位素丰度的测量数据。

这篇题为《哈泰尔卡，俄罗斯东部科里亚克山脉新发现的 CV3 陨石》（*Khatyrka, A New CV3 Find From the Koryak Mountains, Eastern Russia*）的论文宣布了一种新陨石的存在，并为若干铝铜金属矿物，包括第一份已知的二十面体天然准晶样本的自然来源提供了新证据。

陨石学界毫无异议地接受了样本中的硅酸盐是陨石的结论。所有人都认同，氧同位素检测就是这一结论的明确证据。不过，对于在哈泰尔卡陨石中发现二十面体和自然界中存在铝铜矿物这一结果，某些人肯定难以接受。像其他类型的地质学家一样，陨石专家一直被教导，具有二十面体对称性的矿物在自然界中是不可能存在的，我们发现的奇怪的金属铝合金也是如此，因为这在陨石中是前所未有的。麦克弗森在月球与行星科学大会上的陈述和发表在《陨石学与行星科学》上的科学论文标志着一场关于准晶和金属合金的讨论就此展开，这场讨论将会持续多年。

尽管我们的科学论文中展示了大量证据，但一些陨石科学家始终对结论表示怀疑。我们从未因为他们的怀疑，就批评他们中的任何一人。毕竟，当我和宾迪于 2009 年将最初的发现带给霍利斯特及麦克弗森时，他们的反应也是一样的。

只要我们能够展示非常详尽的检测结果，大多数怀疑都会消失。然而，对于那些从不花时间去了解所有详细证据的人来说，我们的结论总被认为是不可能的，他们固执己见，认为无论是在地球上还是在太空中，准晶和含金属铝的合金都不可能通过任何自然过程产生。

在我们的论文发表的三年后，相关讨论仍在科学界的某些圈子里激烈进行。因此，作为一名出色的辩论家，麦克弗森决定参与更多公共讨论。他准备了一份海报，在 2015 年的月球与行星科学大会上面向一万名科学家发表演讲。在大会上，麦克弗森站在海报旁边，亲自讲述了自他 2012 年首次演讲以来我们收集的所有证据的重要细节。

为了让证据更易于被大众接受，研究团队还准备了一份讲义，随着麦克弗森的海报演讲一同发放，上面列举了常见问题和答案。在一次典型的大会上，麦克弗森对所有质疑我们结论的人发出挑战，让他们提出合理的替代解释，以反驳我们收集的所有证据，证明天然准晶和金属合金不存在。

唯一想应对这一挑战的团队是一支俄罗斯地质学家小组，他们在听说了我们的成功事迹之后，也去过楚科奇探险。他们通过我们的俄罗斯同事克里亚奇科为探险做了充足的准备。即便如此，他们的里斯特芬尼妥伊支流之旅还是彻底失败了。他们没有在淘选的样本中发现任何一颗陨石、准晶或者铝铜合金。

该团队没有质疑自己的方法，而是通过发表一篇论文来回应麦克弗森的挑战，该论文声称，尽管有大量的文献为证，但我们的发现仍然有问题。他们声称，我们样本中的金属合金一定是合成的，而非天然的。他们还提出了这样一种观点，即我们的样本是金矿工人偶然创造出来的，是他们为了疏松土壤淘金而引爆炸药的结果。这支俄罗斯团队指出，爆炸可能会粉碎附近含有铝合金的工具、管道或者其他一些不明的采矿设备。爆炸的冲击波可能会将金属物质的碎片快速喷洒进附近的岩石中。他们认为，同时存在于岩石当中的还包括 CV3 碳质球粒陨石的残骸，就像著名的阿颜德陨石一样，它最初并不含有任何金属合金。他们的结论是，由爆炸产生的人造金属与古代陨石的意外融合创造出了我们的样本。

这一推论虽然很有想象力，但经不起推敲。

第一，俄罗斯团队无法制造出金矿工人使用的金属器具，因为其化学成分无法解释我们在样本中发现的准晶或铝铜合金。事实上，在研究铝铜合金的用途时，我发现由这种成分合成的金属十分脆弱易碎，不适合任何实际用途。事实上，业界通常应用的铝铜合金中只添加了百分之几的铜，或是铜中只添加了极少比例的铝。然而在哈泰尔卡陨石中发现的合金，铝铜混合物的比例却是 50∶50 或者 60∶40，世界上没有任何这种比例的铝铜合金的工业应用品，原因很简单，它们太脆弱了。

第二，如果爆炸假设是真的，我们理应能够发现与普通地球矿物融合的金属合金。在里斯特芬尼妥伊支流，地球矿物比陨石物质丰富得多。事实上，甚至早在这群俄罗斯人提出爆炸假设之前，我们已经系统地寻找过这样的样本来检验陨石假设。然而，我们从未找到过这样的样本，这支俄罗斯团队也没有，一份都没有找到。

第三，俄罗斯团队的爆炸假设解释不了宾迪在佛罗伦萨那份样本中发现的完全包裹在重矽石中的准晶颗粒。重矽石是一种硅酸盐，只能在超高压力下生成。

当炸药爆炸产生冲击波，进而推动金属碎片时，绝对不可能产生这种超高压力。

由于重矽石不可能是由爆炸产生的，那么根据俄罗斯团队的逻辑，这颗重矽石在爆炸前一定是陨石的一部分。他们声称这种金属铝合金是人工合成的，之后被爆炸溅进陨石，如果真是这样，那么根据他们的假设，合金贯穿了陨石，应该会在早已成为陨石一部分的重矽石上留下大洞，但是完全没有这方面的证据。

第四，爆炸假设无法解释为什么一些颗粒被我们发现时深埋于地表下的原始黏土层中，而这些黏土显然已经存在了数千年而未受干扰。炸药爆炸不可能将附近工具的金属碎片送到下游数百米处，并穿过黏土层中如此多的沉积层，尤其是在没有在该地区留下许多明显的破坏痕迹的情况下。

第五，俄罗斯团队的假设存在的许多缺陷和其他不足之处清楚地表明了我们的自然起源理论是多么强有力，这也意味着找到其他合理的替代方案将是多么困难。

我们的团队更希望俄罗斯科学家能成功地找到更多陨石样本，从而提供更多科学数据。不过我始终认为，任何其他团队都很难复制我们的成功，因为他们复制不了我们成功的最重要因素——团队中所有的伙伴。

其他人可以像我们一样挖掘和淘洗样本，但他们永远不会像威尔那样忠诚而细心地挖掘，永远不可能复制克里亚奇科、尤多夫斯卡娅和德斯勒在堪察加半岛和其他天然矿石领域数十年的工作经验，或者其中不会有克里亚奇科那样经验丰富且技术娴熟的淘洗者，不可能有麦克弗森那样合格的陨石专家。他们根本不需要组织自己的测绘小组来研究该地区的地质历史，因为安德罗尼克斯和埃迪在尤多夫斯卡娅与萨沙的支持下，已经为他们完成了所有的艰苦工作。也许最重要的是，他们再也找不到像宾迪那样拥有知识、才华并全力以赴、毫无保留、全心奉献的人了。

我特别自豪的是，我们的团队一直保持着极高的科学标准，并不断审视自己的结论，以免过于自信或粗心大意。在这方面，霍利斯特是我们所有人的榜样。与其他任何个人或团体相比，我们总是对自己的工作提出最严厉的批评，一遍又一遍地面对质疑和挑战，以确保没有遗漏任何细节或理论上的可能性。

在探险之后的几年里，我们有条不紊地排除了所有可能的说法，严谨地论证了我们的样本为什么不是由地球上的自然力量或偶然的工业或采矿活动生成的。然而，我们总是深受这种噩梦般的可能性的困扰：我们会不会是一场精心策划的骗局的受害者？

NanoSIMS 设备对氧同位素的检测证实，样本中的硅酸盐来自 CV3 碳质球粒陨石，这种物质可以追溯到太阳系诞生之初。不过，NanoSIMS 不能用来检测金属合金，因为金属合金中不含氧。

会不会有某个狡猾的人将真正的阿颜德陨石与合成的铝铜合金结合在一起，并将其暴露在高压和高温环境下，制造出我们找到的样本呢？

在探索这种扑朔迷离的可能性的过程中，我们遇到的第一个问题也是俄罗斯团队提出的爆炸假设站不住脚的一个疑点。与我们的哈泰尔卡陨石中铝铜成分组合相同的金属并不容易找到，因为这些合金太脆弱了，根本不具备任何工业或商业用途。若想合成这种特殊的金属合金，制造者必须得从纯铝和纯铜开始，而且必须赶在 1979 年克里亚奇科从里斯特芬尼妥伊支流找到第一批样本之前就完成这个过程。当然，这个时间设定也有问题，因为在那之后还要再过好几年，我和莱文才会开始考虑准晶的可能性，之后才在实验室发现和合成准晶。所以，这意味着不存在创造具有如此特殊化学成分的金属合金的动机。假设伪造者真的这么做了，并且把它们和真正的陨石矿物混合在一起，他将不得不把这项成果放在遥远的科里亚克山脉的一条不知名的小溪里，然后将它们深埋在厚厚的泥土里，而且还不知道会不会有人发现它们。

虽然这一切都不太可能，但我们还是进行了一次头脑风暴，看看能否设计一种程序来创造我们观察到的颗粒，而不会产生任何伪造的迹象。尽管我们尽了最大努力，但没有人能够提出任何接近可行的理论。

不过，我们确实有一个异想天开的想法，它听起来就像电影《星际迷航》中的情节。

想象一下，哈泰尔卡陨石是普通碳质球粒陨石和外星飞船碰撞的结果，而且哈泰尔卡陨石中我们从未见过的铝铜合金可能是那艘宇宙飞船的残骸。这是一个有趣的想法，我经常借此展开联想或者开玩笑，特别是这将意味着我们发现的准晶可能是其他星球上也存在生命的终极证据。

当然，这一切都是玩笑话。虽然这个好笑的外星飞船假设听起来很疯狂，但与我们考虑过的任何更合理的可能性相比，它很难被反驳，对于那些更合理的所有可能性，我们都成功地进行了反驳和检验。

如果外星人假设只是一个笑话，那么天然准晶是如何以及在何时形成的，其真正的秘密又是什么呢？

22
大自然的秘密

在从俄罗斯回美国后不到一年的时间里，我们的团队获得了大量新证据。我们已经确凿无疑地证明，早在人们在实验室中制造出准晶之前，大自然就已经生成了准晶，而且我们所发现的样本并不属于地球，而是来自太空的访客。

我们本可以就此打住，宣布胜利，然后继续其他研究，但是我和宾迪的基因不允许我们这样做。我们的好奇心比以往任何时候都更加强烈，于是决定全力以赴，找出陨石样本起源于何处、在何时形成以及如何产生。我们没有简单的方法来回答所有这些问题，唯一能做的就是在同一时间进行全面的尝试。

我们"无所不用其极"。自在一个被遗忘已久的博物馆样本中发现第一份天然准晶样本以来，这句话一直是我的口头禅。在探险归来之后，我们除了全力以赴，再无更有效的方法。

我们计划从带回来的天然样本中"还原"每一个细节。通过设计实验来重现太空的极端环境，我们可以用人造合金来检验理论。我们还运用新方法来寻找哈泰尔卡陨石的原始来源信息，并收集和研究类似于哈泰尔卡的其他陨石，以寻找天然准晶或其他被禁阻的金属铝合金。我们想方设法同时推进所有这些工作，因为没有人知道这些工作将会需要多长时间，就算如果有人知道，他也预知不了这些想法中哪一个能带来丰硕的成果。

因此，自 2012 年以来，我们的研究工作非常多样化，包括前所未有的新颖实验以及偶有风险的实验。我们集结了新的科学家团队来继续推进研究，每个成员都拥有渊博的专业知识。一路走来，我们虽然经历过惨痛的失败，但也在非常短的时间内获得了非凡的进步和洞见。

铝蠕虫和矿物阶梯

我们的研究工作从 125 号颗粒着手。在从里斯特芬尼妥伊支流采集的所有颗粒中，125 号颗粒是含氧硅酸盐和铝锌铜矿石之间的接触面最长且看起来最清晰的样本，而且晶状铝铜合金也是我们样本中含量最丰富的金属。研究接触面附近的结构是一种很有效的方法，有助于揭示是何种强大的力量创造出了这种不同寻常的矿物组合。

我们团队最早的成员之一林肯·霍利斯特是领导这项研究工作的理想人选。我和他从 2009 年 1 月开始合作，也就是我们刚发现天然准晶的几天后。他以擅长根据岩石的结构和成分推断出岩石的历史而闻名，这种分析能力正是我们所需要的。就在我们当初展开探险的同一个月，霍利斯特正式从普林斯顿大学退休，不过他坚定地说自己一点儿也不想退出这个项目。他喜欢站在开创性的研究前沿迎接挑战。

我们团队的第一位新成员是林千甯（Chaney Lin），他是一名研究生，于 2011 年秋季进入普林斯顿大学和我一起研究理论物理学。他一接触有关天然准晶的奥秘和谜团就着了迷，就像我们所有人一样。

林千甯的第一个暑期项目就是，在我们从楚科奇带回来的几十袋样本中寻找新的陨石。宾迪已经对成千上万个颗粒进行过两次全面的检查，所以此时正是招募新人的好时机。林千甯的长期目标是成为一名理论物理学家，这将涉及更多的数学知识而非显微镜科学。因此，在他检查这些颗粒以确定它们是否具有合适的化学成分之前，需要学习如何使用电子显微镜，这是一件非常细致的活儿。

在普林斯顿大学成像与分析中心主任姚楠的指导下，林千甯很快成为学校里最好的电子显微镜专家之一。他既有耐心又有技能，从微小的样本中获得了精确而有意义的信息。到暑期项目结束时，千甯和另一名研究生已经完成了对所有样本的第三遍检查，从中又发现了两份陨石样本，这是一件值得庆祝的大事。

林千甯决定继续从事我们的研究，同时推进他在理论物理学方面的研究。他之前4年是在美国东海岸的纽约大学度过的，那时他还是一名本科生。他在洛杉矶长大，身上散发着加州人常见的那种悠然闲适的气息，而且具备很多积极的品质，尤其是在受到批评后不会对他人产生防御心理或者变得情绪化。他总是面带微笑地倾听我的反馈，然后给出深思熟虑、富有创见的回应。我认为他将是霍利斯特的理想门徒，霍利斯特是一位有口皆碑的导师，虽然他的要求有点儿严格。

当我介绍林千甯和霍利斯特认识时（见图22-1），他俩立刻就发现彼此很投缘。他们从硅酸盐和铝锌铜矿石之间的接触面开始聊起，深入分析了125号颗粒的每一种微小成分。

图22-1　林千甯和霍利斯特的合照

林千甯很快取得了自己的第一个重大科学突破。利用电子探针对125号颗粒进行研究，他确定铝锌铜矿石金属中的蠕虫状线段就是纯铝，这是以前从未在任何矿物中明确发现过的。这种不可能的物质以及金属铝合金的发现再一次增强了哈泰尔卡陨石的神秘感。林千甯以一贯低调的方式向我和霍利斯特展示了相关证据。从满面的笑容中可以明显看出，他对这一发现充满了自豪。

霍利斯特从专家的角度解释了林千甯提供的图像。他指出，白色铝锌铜矿石（一等份铜和两等份铝的混合物）纹路间的深色蠕虫状纯铝线段呈现出的规则纹理（见图22-2），是这种金属颗粒不知何故被完全熔化，然后迅速冷却的可靠证据。

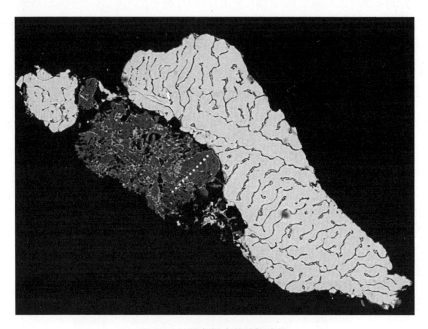

图 22-2　深色蠕虫状纯铝线段

霍利斯特说，如果最初的液体是一等份铜和略多于两等份纯铝的混合物，那么它们在冷却时会自然分离，在凝固的粗条铝锌铜矿石中，多余的铝会成为较细的蠕虫状线段，这正是我们在125号颗粒中看到的。

通过运用电子显微镜研究硅酸盐样本中合金和硅酸盐接触面另一侧的深色物质，林千甯和霍利斯特获得了更多发现。当首次在扫描式电子显微镜下观察它，并用电子探针检查它的化学成分时，他们发现了一种不寻常的成分和结构，而且它无法被识别。在霍利斯特的指导下，林千甯工作了数周，使用了一系列创造性的技术手段，试图解开这个谜团，但都一无所获。

他们两人最终认定问题在于，在仅有几个原子间距的微小空间内，物质成分极为庞杂。电子探针只能探测出更大区域的平均成分，在探测细微的变化方面，它的作用不明显。他们需要找到另一种实验方法来研究微观短距离内出现的成分差异。

在与宾迪和姚楠商量之后，我们计划用一种特殊的设备来解决这个问题，它就是聚焦离子束（FIB）。这个操作过程就像外科手术一般危险，我们从未在其他颗粒上使用过。聚焦离子束将在样本上的问题区域切割并取下一块超薄的切片，之后我们再用穿透式电子显微镜研究切片。与电子探针不同的是，穿透式电子显微镜功能强大，可以在很短的微观距离上测量成分差异。

进行聚焦电子束操作和其他测量工作需要整整 6 个月的时间。我们需要依靠姚楠的专业技能来备好样本。首先，他与千甯、霍利斯特和我一起重新审阅了这份样本。然后，他小心翼翼地将一条极窄的铂条放在微小样本的顶部，样本则被放置在一个既定位置，从这个位置来看，样本的成分变化最为明显。该位置就是图 22-2 中虚线标注的部分。姚楠使用的铂条总长度不到一根头发厚度的 1/100。

之后，我们将样本送到南卡罗来纳州日立高新技术集团（Hitachi High Technologies）的聚焦电子束专家贾米尔·克拉克（Jamil Clarke）那里。他将一束强离子束聚焦在样本上，炸掉微小铂条周围的物质。由于铂条的厚度足以抵挡离子束，位于铂条下方的薄片必定会保持得很完整。

离子束在铂条周围形成了凹陷，凹陷内是一段蛛丝般的陨石物质薄片，它像脆弱的蝴蝶翅膀一样矗立在微观陨石坑中。克拉克小心翼翼地将这片精致的薄片从样本的其余部分中分离出来，然后将所有东西都寄回给我们。

当我们打开包装时，几乎看不到这片近乎透明的薄片。我心里暗想，恐怕一个喷嚏就会让样本不知去向。当在穿透式电子显微镜下观察样本时，我们立马就明白了为什么电子探针一直弄不清楚它的成分和结构。它看起来不像是由单一矿物组成的均匀层，而像一团复杂、微细的乱麻。这一发现开启了另一系列重要发现的大门。

这片切片最初是由硅酸盐构成的，碳质球粒陨石的球粒外部基质中通常含有这种成分。但这片切片中的硅酸盐有一个显著的不同点。图像显示，切片中的硅酸盐曾经在熔化后迅速冷却。整件事情开始变得明朗起来，因为这与我们在 125 号颗粒另一侧发现的蠕虫状铝线一样，都表明它曾经发生过熔化并迅速凝固。

这片切片中的硅酸盐的冷却过程发生得非常快，而我们在穿透式电子显微镜下看到的一团乱麻，恰好是在顷刻间捕捉到的这个粗暴古老过程的剪影，这个过程便是熔液在没有熔化的残余物之间形成了一条条川流，紧接着迅速凝固成一种梯子状的纹理（见图22-3）。

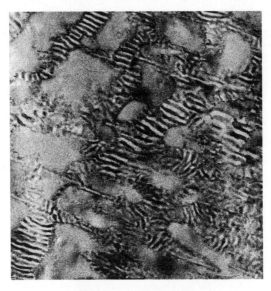

图 22-3　梯子状的纹理

梯子上的白色梯级由非晶质二氧化硅组成，这是一种玻璃状物质。更重要的是，梯子上的黑色梯级是由一种叫作"阿伦斯石"（ahrensite）的稀有矿物组成的。就像我们在另一个样本中发现的重矽石一样，阿伦斯石只能在超高压下形成。林千甯和霍利斯特确定这个压力至少是地球上正常大气压的 50 000 倍，而且温度至少要达到 1 093 摄氏度，才能熔化铝和铜。

当我们继续研究 125 号颗粒中聚焦离子束切片之外的剩余硅酸盐时发现，它们是由矿物组成的，这些矿物的排列形状让人想起我和麦克弗森在探险归来后在 121 号颗粒中观察到的松散细基质。但这次不同的是，细基质矿物颗粒被挤压成一个致密的团块，这正是人们所认为的当 CV3 碳质球粒与太空中的另一颗小行星发生高速撞击时会出现的情况。撞击会产生冲击波，将松散的细基质材料挤压成我们在显微镜下看到的形状。在某些温度和压力特别高的地方，细基质会熔化。自从发现由阿伦斯石和二氧化硅组成的梯级并观察到破碎后的细基质材料后，我们掌握了明确的证据，证明哈泰尔卡陨石经历了迄今为止在 CV3 碳质球粒陨石中检测到的最强烈的撞击之一。

到目前为止，我们所了解到的一切信息都证实，哈泰尔卡陨石绝非寻常的陨石。我和宾迪比以往任何时候都研究得起劲，并准备继续挑战下一批问题。

当 45 亿年前哈泰尔卡陨石开始在新生的太阳星云中形成时，天然准晶已经是它的一部分了吗？抑或准晶是后来由于碰撞而产生的？

霍利斯特支持第二种假设，即天然准晶是在强烈的撞击之后形成的。他发现铝和铜更有可能提前与较典型的球状陨石矿物发生化学键合。他推测，由于撞击产生了超高的压力和温度，一些矿物可能已经熔化，并释放出原子，形成准晶和两种"不可能"的结晶状铝铜合金，即样本中发现的铝锌铜矿石和铜铝矿石。

麦克弗森最青睐的假设是准晶和铝铜合金从一开始就存在。他认为，更有可能的情况是，纯铝和纯铜是在太阳系形成早期直接从太阳星云气体中凝结而成的，此后成为哈泰尔卡陨石的恒定部分。

目前我们还不知道该如何验证这两种假设。我和宾迪必须采取不同的实验方法来解决这个问题。但是具体该怎么做呢？我们苦思冥想。

迷失太空

我那套无所不用其极的哲学偶尔会引发一些问题。

当林千甯和霍利斯特继续在 125 号颗粒中寻找更多线索时，我和宾迪在寻找新方法来研究样本。我们迫切地希望找到新的无损检测方法，因为探险时采集的样本非常有限，我们想保存尽可能多的样本用于更多轮检测。

在制备电子显微镜样本的过程中，我们遇到了一个棘手问题。在这一过程中，我们必须首先将样本嵌入一个填满热环氧树脂的特殊夹具中，然后使其冷却，最后切开包裹样本的树脂材料，露出可供研究的光滑表面。

固化的环氧树脂虽然有助于样本在切片过程中保持完整，但也带来了一个特别的问题。环氧树脂的热量往往会破坏金属和硅酸盐之间的接触面。由于铝铜合金和硅酸盐之间的热膨胀率不同，所以样本特别容易受损。由于我们要研究这些样本之间的连接状态，需要它们尽可能保持原样。

关于上述问题，一种令人期待的替代方法是用 X 射线做断层扫描，这种方法本质上是对矿物进行计算机断层扫描。通过这一技术，我们不仅能识别出样本中的矿物质，还能产生非常有用的三维造影成像。在医学领域，它已经成为一项成熟的诊断技术，但对于矿物质研究来说，它仍然是一项新颖的技术。尽管它无法达到聚焦离子束的精细分辨率，也不如电子探针精确，但它不需要用到具有破坏性的热环氧树脂，也不需要进行切片。

我和宾迪都读过关于这项新兴技术的文章，并决定试用一次。宾迪想办法找到一台 X 射线断层扫描设备，由于它的分辨率较低，他只测试了一小部分没有用环氧树脂处理过的样本。结果证明，这一技术很有效，后来我在得克萨斯大学预约了一台高分辨率的 X 射线断层扫描设备来进行更精确的扫描，该大学有几台世界上最好的这种设备。我要做的就是给实验室提供没有经过环氧树脂处理的干净样本。

这时，还没有受到环氧树脂污染的颗粒样本只剩下宾迪在佛罗伦萨研究的两份。于是我们决定将它们送往得克萨斯州。宾迪小心翼翼地将 124 号颗粒和 126 号颗粒包装起来，就像他过去 5 年里寄给我的样本一样，他亲手将塞有防震衬垫的盒子送到了佛罗伦萨的航空快递公司，寄给在普林斯顿大学的我。

然后，就没有下文了。那是宾迪最后一次看到盒子。航空快递弄丢了我们无比贵重的样本。

我感到无比震惊。我们的探险队克服重重困难，跋涉数千米到达俄罗斯的最东端，穿越苔原，跨过汹涌的哈泰尔卡河，途中遭受了蚊子无情的攻击，还要躲避身形庞大的堪察加棕熊的袭击，最终徒手在冰冷的溪水中挖掘出数吨几乎冻结的黏土，之后在风暴中艰难地回到文明世界，将筛选的样本运出俄罗斯，辛辛苦苦地在数百万个颗粒中精挑细选……结果却是，几个无能的无名邮递员将我们最有价值的两份宝贵样本弄丢了。

在接下来的几个月里，我近乎疯狂地不断查看邮箱，宾迪则一直在找航空快递公司算账。

包裹运出意大利了吗？它是卡在海关、行李认领处，还是被埋在送货卡车里？计算机追踪系统为什么不管用？

宾迪越来越绝望，他试图向航空公司寻求帮助，告诉他们这些颗粒是多么稀有，获得它们有多么困难，它们对科学研究以及理解物质的基本属性是多么重要。

宾迪的心痛随着时间的推移与日俱增。然而，意大利航空快递办公室一点儿也不关心这一事件，他们一直没弄清楚我们的包裹为何会丢。更恶劣的是，他们的员工对此都漠不关心。

一年前，麦克弗森用特快专递给我寄来了一些来自史密森尼国家自然历史博物馆的稀有样本，当时我对他使用特快专递是否明智进行了质疑。但他只是笑了笑，并告诉我地质学领域的每个人都会使用某家快递公司寄送邮件，哪怕是寄送最有价值的矿物。我从加州理工学院的约翰·艾勒那里得到了同样的答案。每个人都认为我太谨小慎微了。

这次，航空快递公司给我们捅了个大篓子。突然间，没有人再笑得出来了。

从那以后，我不再将哈泰尔卡陨石样本委托给任何货运公司，也不再用快递寄送邮件，甚至连寄往意大利给宾迪的国际包裹也不例外。我坚持所有的东西都由专人递送，如果我不能亲自递送，那就由学生或者同事递送，只要他们碰巧往返于意大利、加利福尼亚、华盛顿特区或者普林斯顿大学。

不幸的是，丢失的样本是最后两份没有经过环氧树脂处理的样本，因此我们再也没法进行 X 射线断层扫描检测，而这种三维成像实验可能会为我们的研究开辟一个全新的维度。无论今时还是往后，这都是一件大憾事。不过，我们仍在考虑用这项技术筛选出更多陨石，找到更多金属铝合金和准晶。

压力下的准晶

我们不得不接受这样的事实：我们最有价值的两份样本丢失了，两份！我们尽己所能振作起来，继续前进，将注意力转向寻找新方法，以确定哈泰尔卡陨石及其天然准晶的形成原因。

来自 125 号颗粒的证据以及早期的研究表明，哈泰尔卡陨石经历了高速的撞击，这次撞击产生了超高的压力。这就引出了一个重要的问题：我们能指望深藏于陨石中的准晶，尤其是二十面体，在超过地球表面大气压 50 000 倍的极端压力下"幸存"下来吗？

如果答案是否定的，那么麦克弗森支持的假设就有误，在太阳系诞生期间，二十面体绝不可能是哈泰尔卡陨石的一部分，因为它不可能在哈泰尔卡陨石穿梭于太空时遭受的高速撞击中幸存下来。相反，它一定是在哈泰尔卡陨石经历的最后一次大撞击的某个时刻产生的，当时的压力要低得多，就像霍利斯特支持的假设那样。

这个问题触及了我们研究的核心。对于凝聚态物理学家和材料科学家来说，准晶的稳定性和使它们的原子结合在一起的原子之间的作用力是非常重要的基本问题。科学家已经在较低的压力或温度下进行了关于稳定性的实验，但没有人在哈泰尔卡陨石所涉及的超高压力和温度下进行过实验。然而，几十年前，我和莱文、索科拉尔构建的纸板及塑料模型表明，从原则上来说，原子之间的作用力可以在极端条件下保持稳定。

这一次的实验没有必要用真实的样本来冒险。我们可以用人造二十面体准晶进行实验。现在合成准晶变得非常容易，这一事实提醒了我，自己沉迷于这种物质已经好久了。令人无比惊讶的是，现在准晶非常普遍，从化学公司就可以买到便宜的人造版本。

更具挑战性的是设计一项高压、高温状态下的稳定性实验。很少有实验室能够以可靠的准确度进行如此精密的实验。宾迪找到了温琴佐·斯塔尼奥（Vincenzo Stagno）和他的同事毛河光（Ho-Kwang Mao）与费英伟（Yingwei Fei），他们来自华盛顿的卡内基科学研究所（Carnegie Institution for Science）。

这个实验装置需要用到三个部件：一个直径不到 2.5 厘米的微型碳化钨"砧座"，用来承受压力；一台周长近 5 千米的粒子加速器，用来将电子加速到光速的 99.999 999 8%，并使它们发生弯曲，进入圆形轨道，从而发射高强度的 X 射线；还有先进的磁铁和探测器，用来使 X 射线精确地对准金刚石砧座内的物质，并测量产生的 X 射线衍射图像。

像这样的加速器和探测器，全球只有 5 个地方才有。卡内基科学研究所在芝加哥郊外的阿贡国家实验室（Argonne National Laboratory）有一台专业的高强度 X 射线设备，我们的尝试性实验就在这个地方进行，正式的实验则在位于日本东京西南约 400 千米的兵库县的实验室进行，那里有一台名为 SPring-8 的大型同步辐射设备。

我们的计划是用石墨加热装置包围二十面体的合成样本——该样本与哈泰尔卡陨石中发现的准晶类型相同，并将其放置在碳化钨砧座中，这就形成一个盒子，通过压力机可以将盒子四壁挤压在一起，从而压碎里面的所有物质。随着压力和温度的逐渐升高，电子束发出的 X 射线对准准晶，这样就可以连续跟踪衍射图像的所有变化。这项精密的实验花了一年半时间来计划和执行，最后获得的结果完全值得我们的努力。

实验结果是无可辩驳的。二十面体没有发生任何变化，即使在哈泰尔卡陨石经历高速撞击时产生的极端压力和温度下。

这意味着，正如麦克弗森所提出的，二十面体可能是哈泰尔卡陨石的一部分，它在 45 亿年前就已形成，并跟随陨石在太空中经历了多次撞击，最后幸存下来。然而即便如此，这些发现也不足以证明麦克弗森的假设是正确的。霍利斯特的另一种解释也是有可能的。我们可以想象，晶状金属合金和二十面体可能是太空中一次剧烈撞击事件的直接结果，二十面体仍有可能是撞击事件的直接产物。

惰性气体

我们知道，哈泰尔卡陨石的某些部分可以追溯至 45 亿年前，在那之后的某个时间点，哈泰尔卡陨石和另一颗陨石在太空中发生了剧烈碰撞。但是这个时间点具体是在什么时候呢？

为了解决这个问题，我们与另一组训练有素的专家进行了另一项异常困难的实验。宾迪将来自哈泰尔卡陨石的微小硅酸盐碎片带给了苏黎世联邦理工学院的汉纳·布瑟曼（Henner Busemann）、马蒂亚斯·梅耶（Matthias Meier）和雷内尔·威勒（Rainer Wieler），图22-4是他们的合照。威勒专门打造了一间实验室来测量陨石中稀有的氦同位素和氖同位素，梅耶和徒弟布瑟曼完成了大部分实验。梅耶对我们这个项目特别感兴趣，并且自愿领导这项实验。

图 22-4 从左至右分别是布瑟曼、梅耶、威勒

氦和氖被称为稀有气体，是元素周期表中最右栏6种元素中的2种，无味、无色，化学反应活性非常低。

当陨石穿越太空时，它会受到宇宙射线的射击，宇宙射线是一种接近光速行进的高能亚原子粒子。当宇宙射线射击岩石中的原子核时，会产生氦同位素和氖同位素，其中子数与地球上常见的氦和氖原子核中的中子数不同。通过测量非典型的氦同位素和氖同位素的百分比，他们可以测量出陨石暴露于宇宙射线下的时间。

如果哈泰尔卡陨石在太空中经历了强烈的撞击，由于撞击产生的超高压力和温度，其积累的所有氦同位素和氖同位素都会消失。如果之后它继续在太空穿行，也将会继续遭受宇宙射线的射击，并产生新的非典型氦同位素和氖同位素。只要哈泰尔卡陨石继续留在太空中，这个过程就会持续下去。等到哈泰尔卡陨石到达目的地，也就是降落在地球表面时，地球大气层会保护它不再受宇宙射线的任何射击。

梅耶着手开始提取同位素，这必须得破坏样本。这项实验的一大难处在于，梅耶必须捕获并隔离出现的每一个氦原子和氖原子。接下来，他将测量这些同位素的丰度。

当参观这间位于瑞士苏黎世的实验室时，我突然感觉这些错综复杂的设备以及纵横交错的管道就是水管工的噩梦。当样本发生汽化时，设备就会捕获产生的气体，并通过一系列曲折的管道运输它们，这些管道是专门设计的，以确保只有氦和氖才能成功走出迷宫。管道末端的探测器将在显微镜下对氦和氖进行计数及分类。

设置、执行，再分析，这个高度精细的过程花了好几年时间。这是一次经过权衡的冒险，因为为了提取同位素，必须得毁坏样本。幸运的是，这场豪赌获得了丰厚的回报。苏黎世的这项实验揭示了有关哈泰尔卡陨石历史的微妙信息，这些信息我们不可能通过其他方式获得。而且通过这些信息，我们列出了哈泰尔卡陨石太空之旅的时间表。

加州理工学院的 NanoSIMS 检测已经证实，哈泰尔卡陨石中的一些矿物可以追溯至大约 45 亿年前太阳系诞生之时。

根据苏黎世的同位素检测结果，在几亿到十亿年前的某个时刻，哈泰尔卡陨石经历了一次剧烈撞击，于是从大型小行星母体中分离出去。那次撞击非常猛烈，将当时宇宙射线产生的所有氦同位素和氖同位素都去除了。可能更早的时候也发生过剧烈碰撞，但根据从微小样本中恢复的同位素计量，这次撞击是时间最近的一次。

我们终于可以估计出撞击的日期了，这次撞击很可能产生了重矽石和阿伦斯石与二氧化硅的梯级，正如我们在样本中所观察到的。

结果还显示，哈泰尔卡陨石这块一米见方的碎块于距今 400 万～200 万年前从小行星母体中分离出来。当时也许小行星母体与另一颗绕太阳运行的小行星发生了轻微的碰撞，导致它脱离母体并开始其缓慢而曲折的朝向地球的旅程。根据安德罗尼克斯的早期评估和碳年代测定法，哈泰尔卡陨石大约在 7 000 年前进入了地球大气层。

这些意外收获令人备感震惊。结果证明，哈泰尔卡陨石与地球的撞击不可能是形成重矽石和阿伦斯石的原因。那次撞击的力道根本不大，如果力道足够大，我们就不会在样本中检测到稀有的氦同位素或氖同位素了。

这些来自第三方的研究结果正好证实了我们一直以来的主张。如果陨石星与地球的撞击过于温和，就无法去除陨石中的氦同素和氖同位素，也就不足以产生样本中发现的重矽石和阿伦斯石，这样的撞击力道也不足以产生我们在 125 号颗粒中观察到的铝合金。唯一合乎逻辑的可能性是，这些金属合金在进入地球大气层之前就已经是哈泰尔卡陨石的一部分了，它们是在太空生成的，并在哈泰尔卡陨石早期穿越太阳系的某个时段发生过熔化。

这是我那无所不用其极的哲学获得的成功案例之一。当我和宾迪第一次考虑进行检测这些惰性气体的同位素的实验时，曾担心可能不仅一无所获，还会牺牲掉一些稀有样本。但是我仍旧坚持奉行我们的哲学，尽管胜算极低，也要勇往直前，最终获得了远超我们想象的成果，尤其是关于哈泰尔卡陨石历史的信息。

命名游戏

哈泰尔卡陨石隐藏的所有信息就已经令我感到无比振奋，但是很快我们的奇迹之人宾迪又创造了一系列新奇迹。

此时，我们已经放弃了与航空快递公司的纠缠，也接受了 124 号和 126 号颗粒永久丢失的事实。然而，有一件事宾迪一直没有告诉我。在他包装 126 号待运样本时，有一些小碎片脱落下来了，每片大约有指甲盖厚，于是他回收了这些小碎片，将它们储存在实验室的一个试管里。

当宾迪终于有空研究这些小碎片时，发现了一些不寻常的东西。大多数颗粒都包含铝和铜的金属矿物，而 126 号颗粒含有铝和镍的金属矿物。他很快在其中发现了一种晶体矿物，是比例大致相同的铝、镍和铁的混合物，这在自然界中是前所未有的。

如同我们所有的其他新矿物发现一样，宾迪一丝不苟地为国际矿物学协会准备了一份申请书。然而这一次，他选择了对我隐瞒一切。宾迪私下决定用我的名字为这种新矿物命名——"斯坦哈特石"（steinhardtite）。他咨询了探险队的其他成员，他们都表示认可并共同撰写了那份申请书，我儿子威尔也参与了这次命名，但没有任何人告诉我这项"密谋"。在宾迪向国际矿物学协会提交了文件后不久，斯坦哈特石获得了正式批准。

当宾迪告诉我这个消息时，我感动万分。这种事情非常难得，是一种真正的荣誉，尤其对一名理论物理学家来说。对我来说特别有意义的是，这整件事情是由我的队友策划的。非常感谢他们，我就此成为一种永垂不朽的矿物。

目前可获得的天然斯坦哈特石很少，图 22-5 中悬挂在一根线上的微小颗粒便是它的完模标本，现在被永久地保存在佛罗伦萨宾迪的史密森尼国家自然历史博物馆。在普林斯顿，我书桌上的一个珍贵盒子里放着另一份样本。

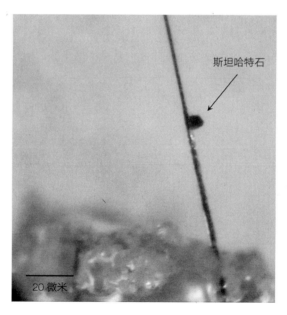

图 22-5　斯坦哈特石

第二种准晶

之后，奇迹之人又创造了奇迹。在试着从 126 号颗粒的微小碎片中回收更多斯坦哈特石的过程中，宾迪获得了一项出乎预料的重大发现——第二种天然准晶。不了解情况的人一定会说，一份样本中找到两种不同的天然准晶是不可能的。不过，我们已习惯了这样一个事实，那就是我们正在实现的几乎所有事情都是不可能的。

从化学和几何学的角度来说，第二种天然准晶不同于第一种天然准晶，即二十面体。在化学层面，这种新的准晶是金属铝、镍和铁的混合物，类似于斯坦哈特石，不过这 3 种元素的比例各不相同。

这种新准晶的惊人之处在于它的对称性。正如可能存在具有不同对称性的晶体一样，我们知道至少从原则上来讲，可能存在具有不同对称性的天然准晶。然而谁也没想到我们会在同一块陨石上发现两种具有不同对称性的天然准晶。哈泰尔卡陨石绝对是一个真正的奇迹。

几年前发现的第一种天然准晶，即二十面体，有 6 个不同的方向，沿着这些方向可以观察到被禁阻的五重对称性。然而，第二种天然准晶只有一个方向，在这个方向上具有被禁阻的对称性，那就是十重对称性。

这种结构充满了由原子形成的小环，呈十边形。图 22-6 左下方的衍射图像显示的是沿着一个方向的十重对称。但是其他方向是周期性的，就像普通的晶体一样，正如图 22-6 右下方规则排列的衍射针点所示。

我和宾迪万万没有想到会找到一种完全不同类型的准晶，我们为这种好运欢呼雀跃。

宾迪再次向国际矿物学协会提交了证据，并提议命名一种新矿物。他们很快批准了，并接受了我们取的名称——"十面体石"（decogonite）。

虽然十面体石是一种新矿物，但准晶专家对它们很熟悉。蔡安邦团队在 1989 年合成了一种跟十面体石具有相同成分和对称性的准晶，两年前他们合成了世界上第一个真正的准晶。

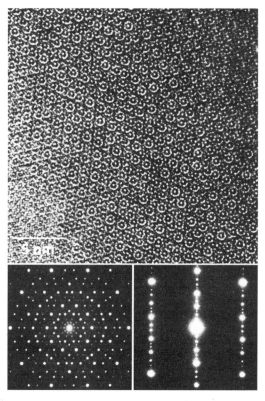

图 22-6　第二种天然准晶结构示意图

没有人预料到会在自然界中发现十面体准晶。宾迪完成了这一壮举，只是没想到这一发现竟然来自从已丢失的 126 号颗粒上脱落下来的微小碎片。想象一下，如果航空快递公司没有粗心大意地弄丢那份样本，我这位才华横溢的同事还可能会发现什么。

神奇的 126A 号颗粒

令人难以置信的是，宾迪还从 126 号颗粒的残余碎片中获得了第三个发现。我们断定其中一片碎片非常重要，所以赋予它一个名称——126A 号颗粒，它揭示了大量关于哈泰尔卡陨石的新证据。

自我们开始研究以来，就一直在寻找这样一份样本，其中金属铝与碳质球粒陨石中常见的硅酸盐直接接触并发生了化学反应。到目前为止，我们找到的最好的例子来自林千甯和霍利斯特一直在研究的 125 号颗粒。然而不走运的是，该颗粒的矿物接触面在处理环氧树脂的过程中被破坏了。

不过，126A 号颗粒给了我们一个意想不到的惊喜。

乍一看，这似乎是另一顿"狗的早餐"，这个短语令人难忘，麦克弗森曾经嘲笑般地借此来形容我们从宾迪损坏的计算机硬盘残骸中恢复的混乱图像。

这幅图看起来也是一片混乱。然而在微观层面上，这幅图包含着令人难以置信的细节性信息（见图 22-7）。我们团队（我、千甯、霍利斯特、宾迪）花了两年多时间来研究这一小块"狗的早餐"。在关键时刻，我们也向探险队的同事安德罗尼克斯和麦克弗森寻求建议，还从加州理工学院招募了更多专家加入团队。

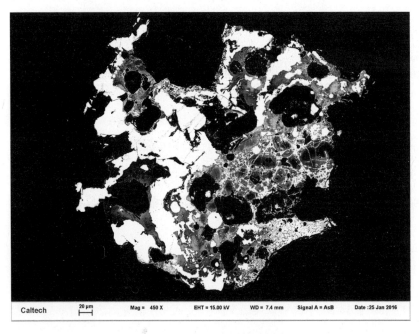

| Caltech | 20 µm | Mag = 450 X | EHT = 15.00 kV | WD = 7.4 mm | Signal A = AsB | Date :25 Jan 2016 |

图 22-7　126A 号颗粒的截面图

在这幅图中，我们可以立即识别出多种金属矿物，即那些白色和浅灰色的物质。深灰色物质代表硅酸盐和氧化物矿物。最重要的是，我们在这张图中看出这两种物质之间发生了化学反应，在放大版的图中可以清楚地看到这一点（见图 22-8）。我称图中的阴影区域为"火鸡"，鸟头和鸡喙在左上方区域，中间区域是丰满圆润的火鸡身体。

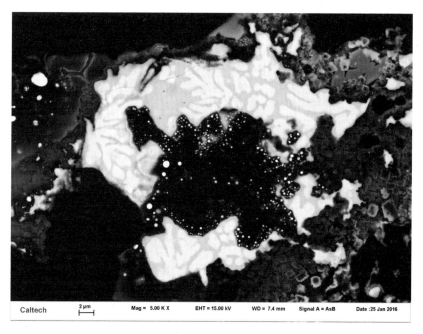

Caltech　2 μm　Mag = 5.00 K X　EHT = 15.00 kV　WD = 7.4 mm　Signal A = AsB　Date :25 Jan 2016

图 22-8　126A 号颗粒放大图

"火鸡"代表的是金属和硅酸盐由于撞击而熔化并发生相互反应的阴影区域，这次撞击事件很可能发生在几亿年前，如同苏黎世实验室的同位素检测所测定的。金属和硅酸盐之间的边界是一整个薄层，上面布满了神秘的小圆珠，那是纯铁。另外还有非金属尖晶石晶体的一种微妙排列，那是含有铝和镁的氧化物。

这是我们在哈泰尔卡样本中第一次看到这种矿物结构。尖晶石和铁珠是周围金属中的铝与硅酸盐中的氧、镁以及铁接触时发生快速产热化学反应后的产物。铝原子与硅酸盐中的镁和氧结合形成尖晶石，而从硅酸盐中释放出来的铁凝结成小圆珠。

然而，究竟是什么引起了化学反应呢？我们又如何才能确定呢？

大炮和火鸡

我决定通过实验来找到答案，这就需要尝试。科学家也曾在经历了月球表面撞击事件的样本中发现了铁珠。所以，我想知道太空发生的撞击是否可以解释哈泰尔卡陨石中的铁珠，尽管它们的化学成分与月球表面的物质完全不同。

我希望找到一种方法来检验自己的想法，于是花了几个月时间与各类专家交谈，这些专家都写过一些关于月球样本中发现铁珠的文章。之后，他们又将我介绍给其他专家，其他专家又将我介绍给另一些专家，这个过程既费力又耗时，但在探索天然准晶的整个过程中经常遇到这种情况，所以我们早已习以为常。

当我与加州理工学院的一位工程学教授交谈时，听到了一个熟悉的名字。他告诉我，他有一位名叫保罗·阿西莫（Paul Asimow）的同事——一位地球物理学家，曾经做过通过高速撞击形成铁珠的实验。终于找对了人。

我的儿子威尔曾在加州理工学院主修地球物理学，在大学期间，他就将我介绍给阿西莫，这是一位他非常崇拜的教授。阿西莫骨骼清奇，精力充沛，而且很聪明，富有创造力，极具好奇心。一旦他有了实验的想法，就会闪电般地展开行动。

阿西莫有权限进入加州理工学院的研究实验室，那里有一台罕见的设备，叫作"推进剂炮"（propellant gun），它基本上相当于一门特制的大炮（见图22-9）。炮身大约有 5 米长，工作起来跟传统的加农炮一样。这种 20 毫米口径的大炮的近端被称为后膛，装有火药和一枚两毫米厚的弹丸，弹丸由一种坚硬的稀有金属钽制成。大炮的另一端有一个特别设计的靶子，那是一个宽度和深度皆为7.6 厘米左右的不锈钢腔室，里面嵌入了一堆合成或天然物质。堆叠起来的特定物质会根据所进行的实验而发生相应的变化，嵌有这堆物质的腔室用尼龙螺丝固定在大炮的远端，整个标靶单元安装在一个大大的矩形"接收"盒里。

当推进剂炮发射时，弹丸以大约 3 倍音速的速度飞行，并产生冲击波，穿过目标靶堆，全程费时不到百万分之一秒。在冲击波的最强峰值，冲击压力可以复现哈泰尔卡陨石在太空撞击中遭受的压力。冲击力将会扯断尼龙螺丝，致使不锈钢腔室飞进后面的矩形接收盒中，随后我们会从矩形接收盒中收回腔室，并将其拆开进行研究。

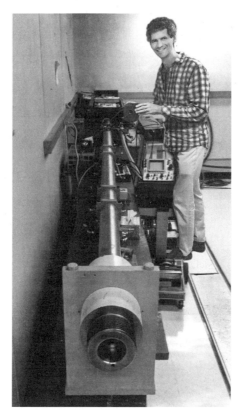

图 22-9　阿西莫与推进剂炮

　　我发送给阿西莫的第一封电子邮件中附有一张图，该图显示了火鸡阴影上的一小部分铁珠，并问他是否见过类似的东西。他马上给出回应，而且表现得很兴奋，因为他之前用推进剂炮做过各种合成金属堆如何形成铁珠的实验。这是他所研究的同一现象，只不过样本是天然的。他立刻被吸引住了。

　　我们很快开始讨论如何进行实验。首先需要找一堆哈泰尔卡陨石遭遇高速撞击前的样本，就是在苏黎世实验室通过同位素检测所确定的那次撞击。我们希望可以用推进剂炮射出的"钽弹"击碎物质堆，来重现铁珠的形成过程。

　　早在几年前，我就想尝试一次推进剂炮实验，但在那个时候，我还不清楚靶堆中应该放什么材料。当我们在 126A 号颗粒中发现铁珠时，对哈泰尔卡陨石的成分有了更多了解，于是利用这些信息，阿西莫设计了一个实验，靶堆由不同的物质层组成（见图 22-10）。第一层是橄榄石，一种典型的陨石硅酸盐，接着是人工合成的铝铜合金，然后是来自迪亚布洛峡谷（Canyon Diablo）的天然铁镍合金，最后是人工合成的铝青铜。所有物质都被紧密地压在不锈钢腔室里。

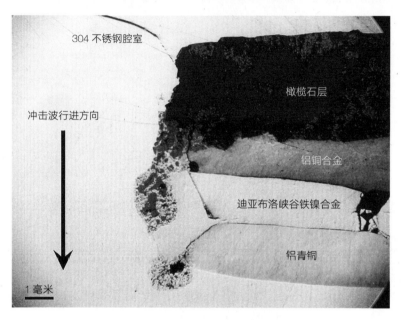

图 22-10　推进剂炮腔室中的物质成分

刚一开炮，撞击实验瞬间结束。然而，为了确定从接收盒中取出的样本具体发生了什么，我们花了几个月来研究。我们希望证明撞击能产生 126A 号颗粒中发现的铁珠，但事实证明，这竟然是这次实验中最不起眼的一个发现。

当撞击产生的冲击波通过靶堆时，腔室的侧面发生了一系列化学反应。令人备感惊讶的是，边上有一块环绕着铁珠的微小硅酸盐区域的形状与 126A 号颗粒中的火鸡阴影非常相似。这证明哈泰尔卡陨石中观察到的铁珠可能是由撞击产生的。我们的任务完成了。

这次实验还获得了一项不可思议的发现。撞击产生了若干二十面体准晶颗粒，其成分与二十面体石相似，但又不完全相同。没有人预料到这一结果。

在发现准晶后的 30 多年时间里，世界各地的实验室已经制造出了数十万个，甚至数百万个准晶。众所周知，准晶坚硬而富有弹性，人们一直认为只有在最严格控制的条件下才能制造出它们，但推进剂炮对矿物组合的猛烈轰击与通常合成准晶所用的化学组合单纯且低压力的条件完全不同。

对于准晶的研究，我们又向前迈进了一大步，真是令人难以置信。我们意想不到的成功激励阿西莫通过推进剂炮进行了一系列令人震撼的合成实验，其中一项是为了证明我们能否制造出十面体石，也就是我们在样本中发现的第二种天然准晶。为此，我们调整了物质堆中的矿物成分，加入了镍，这是十面体石中的一种成分。

这一实验最终也获得了成功。撞击产生了一系列花朵般的排列（见图 22-11）。浅灰色的花瓣是十边形准晶。最令人称奇的是花蕊处形成的亮白色物质，说来奇怪，它居然和斯坦哈特石的成分相同。

图 22-11　撞击产生的一系列花朵般的排列

撞击实验不仅非常成功，而且取得了一些特殊进展。偶尔，它们会创造出准晶和其他晶体，无论在自然界还是在实验室，这些晶体的成分都是前所未有的。

这个结果促使我和阿西莫考虑使用气压枪将许多其他元素组合碰撞在一起，这将是一种寻找新物质的新方法，令人兴奋。我们也许能找到一些其他的准晶，它们在实际应用方面具有特别有用的物理属性，包括在强度和导电性层面。抑或我们发现的物质其原子的有序排列方式截然不同，前所未有。

迄今为止最令人惊奇的准晶

铁珠只是我们在 126A 号颗粒中发现的几个惊喜之一。通过仔细识别每种类型的矿物，以及相接触的矿物种类，我们精确地还原了数亿年前哈泰尔卡陨石在剧烈撞击期间发生的事情。

我们已经焦聚于二十面体和其他铝铜矿物，看看它们是在撞击期间产生的，还是在撞击之前就已经存在。我们虽然做了所能做的一切实验，但仍然无法排除任何一种可能性。

为了得到这个问题的答案，我们首先要确定在 126A 号颗粒中能否找到任何二十面体石。林千甯花了数周时间在样本中复杂且宛如岛屿般的金属区域查找，结果发现，几乎所有金属矿物要么是结晶状哈泰尔卡陨石，要么是其他富含铝的物质相，就是找不到二十面体石。但是，我们不打算放弃。

最后，我们派林千甯去帕萨迪纳和矿物学家马驰（Chi Ma）一起研究，他有一台电子显微镜，比林千甯所使用的分辨率更高。马驰很快发现了一个微小的金属斑点，小到林千甯根本无法分辨。令人难以置信的是，这个斑点揭示了金属合金接触到二十面体石的一种惊人组合。

现在我们总算可以宣布，同一份样本中不仅具有二十面体石，还有金属和硅酸盐之间发生化学反应的证据。我十分激动，因为这个发现让我们的科学发现更加可靠。毋庸置疑的一点是，硅酸盐和金属在太空中能够共存，并且经历了相同的物理条件。此外，还多了一条直接证据证明，我们的准晶是在太空中生成的。

新一轮的发现中还包括 3 种新的晶体矿物，它们由不同比例的铝、铜和铁组成，此前从未有人在自然界中发现过。这 3 种矿物都已得到国际矿物学协会的正式认可，分别被命名为：霍利斯特石，以我在普林斯顿的同事霍利斯特命名；克里亚奇科石，以我们的俄罗斯同事克里亚奇科命名；施托尔珀石，以加州理工学院前教务主任施托尔珀命名，他不仅在我们探寻天然准晶的早期阶段提供了至关重要的洞见和鼓励，还为我与加州理工学院地球物理系几位卓有成就的科学家牵线搭桥。

迄今为止，在126A号颗粒中发现的所有新矿物中，最引人注目的是暂定名为"i相二号"（i-Phase II）的矿石，我们提议的正式名称是"第五元素石"（quintesseite）。图22-12中的箭头指出了该矿石。它的形状为小椭圆形，像花瓣一样排列，周围环绕着其他矿物的复杂排列。126A号颗粒的某个部分看来像一只火鸡，而i相二号矿石看起来则像一只吠犬，它的头在顶部中央，面朝右侧，正张开大嘴巴"汪汪"叫。

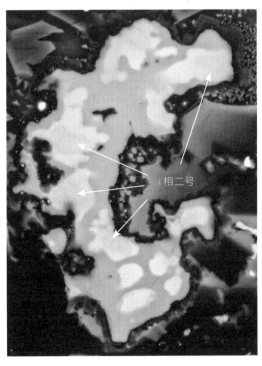

图 22-12　i相二号矿石

i相二号矿石是在哈泰尔卡陨石样本中发现的第三种天然准晶，这是我们完全没有预料到的。

暂定名为"i相二号"表示它是哈泰尔卡陨石中的第二个二十面体准晶相。就像二十面体石一样，第三种天然准晶具有二十面体对称性，同样由这3种元素组成——铝、铜和铁，不过各自的比例明显不同于其他准晶，因此化学和结构截然不同。

通过分析二十面体石和i相二号矿石的形状以及它们周围的矿物质，霍利斯特和林千甯填补了几亿年前哈泰尔卡陨石事件的一些空白信息。他们确定，含有i相二号的微小金属碎片由于撞击而发生液化，然后固化形成了我们在吠犬图像中看到的金属合金复合物。这意味着i相二号矿石肯定是在撞击后形成的。此外，二十面体石的构造和周围的金属揭示了它绝对没有因撞击而熔化。这意味着二十面体石早在撞击前就已经存在。

撞击后？还是撞击前？这二者怎么可能同时发生？

答案可能是，哈泰尔卡陨石经历的巨大冲击导致压力和温度发生了难以置信的巨大变化。在一米的数百万分之几的范围内（大约是一个红细胞的直径），某些区域的物质熔化了，而某些区域则没有。因此，哈泰尔卡陨石才形成两种具有二十面体对称性的不同准晶，它们由相同元素、以明显不同的比例组成，并且形成于不同的时间。这真是一个惊人的发现。

我们现在可以肯定的一点是，那件二十面体石，也就是我们在哈泰尔卡陨石中发现的第一个天然准晶在撞击之前就已经存在了。这与麦克弗森的观点一致，他认为它可以追溯到45亿年前太阳系形成之初，并否定了霍利斯特认为它在撞击之后形成的观点。

在我看来，i相二号矿石是迄今为止最重大的发现。其中的一个原因是，这是我自1984年以来一直期盼的里程碑式发现，那一年我和学生莱文首次发表了我们理论的论证过程。也就是在那时，我第一次萌生了在著名矿物博物馆的收藏品中寻找天然准晶的想法。

我一直带着双重的目标。首先，我想证明准晶足够稳定，可以在自然界中形成，就像我一直猜测的那样。其次，我想知道找到一种天然准晶能否打开一扇大门，发现以前不知道的准晶类型。

随着 i 相二号矿石的发现，我的梦想都实现了。对于我来说，它比我们发现的任何其他天然准晶都重要，因为它是在自然界中发现的第一个准晶，时间远在实验室里合成准晶之前。

在了解准晶的独特性质和潜在应用方面，科学家仅仅触及了表面。在过去的30 年里，实验室里已经合成了 100 多种不同的组合物，但是大多数的化学成分近似于谢赫特曼和蔡安邦最初合成的准晶。

人造准晶之所以缺乏多样性是因为，没有理论指导来决定哪种特定的原子和分子组合可以形成独特且迷人的物质形式。新的准晶的制造通常是通过反复实验来完成的，许多科学家采用的最简单的方法是对已知的人造准晶的化学成分进行微小的调整。然而，这限制了更多可能性。若想发现具有更有趣性质的准晶，无论是站在实用的角度还是科学的角度，都应该去自然界看看在没有人类干预的情况下自然界创造出了什么，以此来提高人造准晶的多样性。为此，我和阿西莫正在计划更多的推进剂炮实验。尝试新的制造方法将是推动科学发展的另一种方式。

尽管我们取得了诸多成功，但仍有一个关于哈泰尔卡陨石的重大问题没有解决，我对此非常感兴趣。

自然界通过某种神秘的过程，以某种方式形成了金属铝与富含氧的非金属矿物直接接触的准晶，即便铝对氧具有强烈的亲和力。由于某种我们还无法解释的原因，已发现的天然准晶中的铝没有与附近硅酸盐中的氧发生反应，而在通常情况下，化学力足以使氧与铝反应生成一种极其坚硬的氧化铝——刚玉（corundum）。如果我们能够理解自然界的这一过程，将有可能学到一种更有效的方法来制造普通晶体和含有金属铝的准晶。

光子准晶

那么，有什么迹象表明准晶在科学和工业方面具有新颖且有用的特性？

是的，我们有。我们可以在计算机上模拟准晶，也可以使用 3D 打印机制造人工样本（见图 22-13）。图中的例子是 2005 年由满惟宁（Weining Man）和保罗·查金（Paul Chaikin）在普林斯顿制造的，我与他们合作研究准晶的"光子"性质。光子学的研究完全可以和电子学相提并论。电子学涉及电子通过材料的过程，而光子学涉及光波通过材料的过程。如果我们能用光子电路代替电子电路，将会提高传输速度，减少电阻引起的热损失。其中一个挑战是找到一种方法，利用光子学来重现硅、锗和砷化镓等半导体的效果。这些材料都是组成晶体管和其他电子元件的材料，用于放大和传输计算机、手机、收音机和电视中的信号。

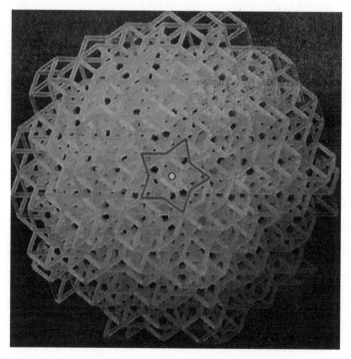

图 22-13　3D 打印机制造的人工样本

半导体的定义属性是，如果电子的能量控制在某个能量带内，那么就能完全阻绝电子穿过半导体。工程师利用所谓的"电子带间隙"来控制电子流量和电子携带的信息。

光子学也具有类似的原理。我们有可能制造出一种具有"光子带间隙"的材料，这种材料可以阻挡特定能量带内的光波，最早的一个例子是光子晶体，它是在 25 年前被引入和开发的。

通过让微波穿过 3D 打印的结构，我和魏宁曼、查金已经证明，准晶与光子晶体具有一些相同的特征，它们也有光子带间隙。最重要的是，准晶的光子带间隙性质优于光子晶体，因为它们具有更高的旋转对称性。这使得它们的光子带间隙更接近球形，这在实际应用方面更为有利。

光子准晶的例子说明了一点，即如果我们能够找到化学和对称性正确组合的例子，由于准晶独特的对称性，在某些应用中准晶可能比常规晶体更有优势。我们有可能在实验室中通过反复实验偶然发现这类准晶，但是现在，我们也可以从自然界中发现有用的准晶。

不可能吗

对于天然准晶是如何在自然界形成的这个问题，关键在于搞清楚它们是在何时何地产生的。到目前为止，基于对 126 号和 126A 号颗粒的深入研究，我们只能回答哈泰尔卡陨石的部分问题。

根据推进剂炮实验和对 126A 号颗粒的研究，我们知道 i 相二号矿石的形成是数亿年前一次撞击事件的直接结果。那次撞击产生的冲击波加热并熔化了某种金属组合，之后冷却并固化，产生了 i 相二号矿石及其周围金属的独特构型。

此外，我们也观察到二十面体石没有因撞击而发生熔化，所以它在撞击之前就已存在，也许远在那场太空大碰撞事件之前。这又给我们带来了许多尚未解答的问题。它是怎么形成的，在何时形成的？它是太阳系中形成的第一个准晶吗？这种情况是常见的还是罕见的？目前最受欢迎的假设是正确的吗，即它形成于早期的太阳星云？真的像我们中的一些人推测的那样，在星云尘埃中存在有助于铝铜合金形成的闪电风暴吗？或者，准晶有没有可能是"前太阳系颗粒"的一部分，是在一个更古老的恒星系统消亡之后穿越太空加入太阳系时形成的？无论当时的情况如何，还有没有新的矿物质被制造出来？所有这些对太阳系的演化有什么影响？

尽管我们仍在探索许多不同的实验方法，但在撰写本书时，自然界仍然锁定着所有这些问题的答案。也许对哈泰尔卡陨石的进一步研究会发现更多秘密。抑或有人会在其他陨石中找到铝铜合金，提供进一步的线索。

如果我可以做一个最疯狂的梦，梦见我可以找到打开下一扇科学大门的正确钥匙，那就是去拜访哈泰尔卡陨石的母体小行星。

像大多数陨石一样，哈泰尔卡陨石曾经是一颗更大的母体小行星的一部分，这颗小行星仍然围绕着太阳运行。距今 400 万～ 200 万年前的某个时候，该小行星遭遇了大撞击，导致哈泰尔卡陨石脱离了母体，像一个迷路的孩子一样飞驰而去，最终消失在地球的大气层中，它要么在半空中发生了爆炸，要么完好无损地坠毁在地球表面上。

如果我们能够找到并登陆母体小行星，收集样本，再研究样本中包含的所有矿物质的化学和同位素组成，就可以揭晓哈泰尔卡陨石的起源。

然而，围绕太阳运行的小行星带中大约有 1.5 亿颗直径超过一个足球场的潜在母体小行星，如果包括更小的小行星，这份清单会更长。因此，在这一大群小行星中，我们显然不可能找到哈泰尔卡陨石的母体，甚至是近亲都难觅踪迹。

不过，你可能会问自己：这是哪种不可能？第一种不可能，比如 1 + 1 = 3？

或者，这会不会是第二种不可能，一种非常不可能但绝对值得追求的事情，只要有某种看似合理的方法让它发生？

我想大多数人都会认为，寻找哈泰尔卡陨石的母体小行星是一个非常不切实际的想法，但是，如果说 30 年来我在探索天然准晶的过程中学到了什么，那就是，每当有人说某件事是不可能的时候，请多留意并花时间做出自己的独立判断。空间科学正朝着令人兴奋的方向发展。

美国航空航天局正在计划一项小行星重新定向任务（Asteroid Redirect Mission, ARM），准备访问一颗大型近地小行星。他们希望在 21 世纪第三个 10 年的某个时候，将这颗小行星导入稳定的绕月轨道，并从其表面收集数以吨计的材料来做研究。

哈泰尔卡陨石的母体很有可能仍在小行星带上，并且围绕着太阳运行。我们那位做了同位素实验的同事梅耶告诉我，含有金属铝铜合金和铝镍合金的碳质球粒陨石对阳光的反射可能不同于典型的陨石矿物，至少在某些波长上是如此。他的这一洞见有助于我们缩小哈泰尔卡陨石潜在家庭成员的名单。

突然之间，一个完全牵强的想法似乎不再是完全不可能的了。测试表明，距今400万～200万年前，哈泰尔卡陨石脱离了母体小行星，如果知道一颗小行星在太空中的特定速度，就有可能估算出它的母体在小行星带中的位置。通过研究该区域小行星对阳光的反射，我们就有可能发现与落难在地球上的孤儿哈泰尔卡陨石具有相同化学成分的小行星。然而，许多不确定的因素都有可能会影响这样的计算。坦率地说，我们甚至不清楚这是不是一个可行的方法。

不过，梅耶和我们团队的其他人已经进行了第一次尝试，找到了一颗可能的母体小行星，它是一颗名为"淫神星"（Julia 89）的小行星，位于火星和木星之间的主要小行星带上，大约每4年绕太阳运行一周。直径约150千米的淫神星属于一个小行星家族，形成于几亿年前的一次碰撞事件，这大约是哈泰尔卡陨石理论上经历剧烈撞击的时间，它反射的光照具有CV3碳质球粒陨石中所发现的光谱。

现在问问你自己：你能想象有一天一支探险队在淫神星登陆并发现哈泰尔卡陨石的秘密吗？

或者，你认为这是不可能的吗？

在很小的时候，我对科学的好奇心就被父亲点燃了，他是一个讲故事的高手，经常让我坐在他的膝盖上，给我讲最精彩的睡前故事。我最初的记忆可以追溯到 3 岁的时候。有些晚上，他会编造关于巨人和龙的神话故事。然而，真正让我着迷的是关于探索自然奥秘的真实故事。

我曾听过居里夫人、伽利略和巴斯德这些伟大科学家的故事，在我睡前故事中扮演主角的科学家总是比任何想象中的屠龙英雄更令人兴奋。缔造发现的时刻就是故事的高潮——科学家意识到的从未有人知道的真相时刻。我父亲总是深深地沉浸在那种感觉里，从不会提及随之而来的名声。这些故事给我留下了不可磨灭的印象，我企盼有朝一日能体验到同样的感觉。从那时起，科学便成为我的激情所在。

我永远也不会知道父亲为什么会选择讲关于科学家和他们伟大的冒险故事。他是一名律师，没有受过科学训练。在我 8 岁的时候，他就因癌症去世了，那时我还不知道他的故事将对我之后的人生产生如此持久的影响。

在加州理工学院读本科时，我对科学的态度受到了费曼的深刻影响。当时带我做其他研究的导师还有巴里·巴里什（Barry Barish）、弗兰克·休利（Frank Sciulli）和托马斯·劳里森（Thomas Lauritsen），以及我在哈佛大学的博士生导师西德尼·科尔曼（Sidney Coleman），他在我的科学研究之路上提供了巨大帮助，特别是在粒子物理学和宇宙学领域。还有一些人在我探索物质结构的道路上发挥了重要作用。理查德·阿尔本、丹尼斯·韦尔（Denis Weaire）和迈克尔·索普（Michael Thorpe）是我1973年在耶鲁大学参加暑期研究项目时的导师。有十几个夏季，我在纽约约克镇高地的IBM托马斯·沃森研究中心与普拉文·乔德里一起工作，他是一位完美的科学家、导师兼朋友，他鼓励我发展关于非晶态固体以及后来的准晶的想法，当时几乎没有人会考虑这些想法。

在宾夕法尼亚大学的成长岁月中，我受益于资深同事吉诺·塞格雷（Gino Segrè）、拉尔夫·阿马多（Ralph Amado）、托尼·加里托（Tony Garito）、伊莱·伯斯坦（Eli Burstein）、保罗·查金和汤姆·卢本斯基的支持。他们从一开始就鼓励我，哪怕准晶的想法太异想天开。卢本斯基耐心地教授我关于凝聚态物理学方面的理论原理，查金向我介绍了他实验室的许多创造性实验，那是在准晶首次为人所知的头几年。他们成了我的导师、合作者和好朋友。我也有幸带领了很多优秀的学生，包括多夫·莱文和约书亚·索科拉尔，他们做出了许多重要的贡献。

当我于1998年开始认真寻找天然准晶时，一群具有非凡才能的新面孔成为我生命的一部分，正如本书所描述和列名的人们，我们的前沿科学研究在一次难以想象的大冒险中达到高潮，随后持续至今。

在所有这些努力中，我的角色只是一名指挥者，一名观众，并且永远是一名崇拜者。

再怎么强调我们的匿名捐助者戴夫的重要性也不为过，他全程资助了我们对楚科奇的科学考察。正是因为戴夫，我们的旅程才成为可能，才有故事可讲。

这本书的精装版出版之后，我得到允许，可以透露戴夫是谁。所以，现在我可以自豪地公开感谢伊利诺伊州埃文斯顿的戴维·邦宁（David Bunning），他是科学的伟大朋友。

除了探险之外，作为探险的一部分，基本上所有的研究都是在没有任何明确资助的情况下完成的。我的同事利用自由支配的资金和业余时间，自愿为科学贡献他们的精力、技能和实验室设备。每个人都渴望突破科学的界限，满足永无止境的好奇心。

除了本书中明确提到的那些人之外，还有许多其他人在过去的 40 年里以不同的方式为我提供了帮助。在此，我要感谢和赞扬其中的一些人。准晶基础物理学方面的合作者：研究生凯文·英格森特（Kevin Ingersent）、郑亨彩（Hyeong-Chai Jeong）和迈克尔·雷彻斯曼（Mikael Rechtsman）；资深科学家玛丽安·弗洛雷斯库（Marian Florescu）、保罗·霍恩（Paul Horn）、斯特兰·奥斯特伦（Stellan Ostlund）、乔·布恩（S. Joe Poon）、斯里拉姆·拉马斯瓦米（Sriram Ramaswamy）和萨尔瓦托雷·托尔夸托（Salatore Torquato）；光子初创公司的合作者乔·克普罗尼克（Joe Koepnick）、露丝·安·马伦（Ruth Ann Mullen）、本·肖（Ben Shaw）和克里斯·索莫吉（Chris Somogyi）。天然准晶科学领域的合作者：学生露丝·阿罗诺夫（Ruth Aronoff）和朱尔斯·奥本海默（Jules Oppenheim）；资深学者约翰·贝克特（John Beckett）、克里斯·包尔豪斯（Chris Ballhaus）、阿莫德·艾尔·乔雷西（Ahmed El Goresey）、罗素·赫姆利（Russell Hemley）、胡金平（Jinping Hu）、米哈伊尔·莫罗佐夫（Mikhail Morozov）、杰里·普瓦雷（Jerry Poirer）、保罗·罗宾森（Paul Robinson）、乔治·罗斯曼（George Rossman）和保罗·斯普赖（Paul Spry）。普林斯顿大学在募集财政支持方面提供了建议和支持：校长克里斯·艾斯格鲁伯（Chris Eisgruber）、托马斯·罗登伯里（Thomas Roddenberry）和詹姆斯·耶（James Yeh）。在准备地质勘察和探险阶段提供宝贵意见的人物有：威尔弗里德·布莱恩（Wilfrid Bryan）。在探险的前、中、后提供行政和计算机支持的人物有：查伦·博尔萨克（Charlene Borsack）、黛比·查普曼（Debbie Chapman）、劳拉·迪维（Laura Deevey）、维诺德·古普塔（Vinod Gupta）、安吉拉·路易斯（Angela Q. Lewis）、马丁·基钦斯基（Martin Kicinski）和萨沙，还有我的俄语老师戴维·弗里德尔（David Freedel）。

本书所讲述的关于准晶的故事只是庞大的国际科学努力中的一个小片段。本书叙述的都是我个人的观点，而不是从客观的第三人称角度所写的主题记录史。世界各地还有许多其他有创造力的科学家、数学家和工程师，他们也为解答与准晶相关的问题做出了重要贡献，其中许多人的名字在本书中没有提到，包括我的很多亲朋好友，将他们都列出来是不切实际的，也是没有意义的。但是他们每一个人都在创造新的科学领域中发挥了重要作用，我由衷地感激和钦佩他们。

我的儿子威尔也是我灵感的特殊来源。作为他的父亲，当看到他在楚科奇探险过程中展现的智慧、成熟、幽默、耐心和勇气时，我无法表达自己的自豪。他大有理由为我担心，但从来没有表现出来过。相反，他成为我的一位坚定的伙伴、顾问、科学家、摄影师、教师、不知疲倦的工作者和可爱的儿子，真是鼓舞人心。

如果没有朋友凯瑟琳·麦凯克伦（Kathryn McEachern）的贡献，这本书永远不会有结果。她是我的一位非常宝贵的朋友，我非常感激她自愿发挥才华，通过她那对细节的不懈关注、细致的编辑、执着的完美主义以及良好的幽默感和无限的想象力，帮助我讲述这个复杂的故事。

我还要感谢我在普林斯顿的同事，传奇作家约翰·麦克菲（John McPhee），他与我分享了关于写作和故事结构的宝贵建议，我也感谢林肯·霍利斯特和威尔审阅了故事手稿。我还要感谢我的著作代理人约翰·布罗克曼（John Brockman）和卡廷卡·马特森（Katinka Matson），他们为我与西蒙＆舒斯特出版公司（Simon & Schuster）的出色团队牵线搭桥，其中包括我的编辑乔纳森·考科斯（Jonathan Cox），他耐心地支持并指导我进行了多轮灵活而明智的修改。非常感谢我的封面设计师艾利森·福尔内（Allson Forner）、制作编辑凯瑟琳·希古奇（Kathryn Higuchi）、文字编辑弗兰克·蔡斯（Frank Chase）、设计师鲁思·李－梅（Ruth Lee-Mei）、法律顾问菲利斯·贾维特（Felice Javit）、公关伊丽莎白·盖伊（Elizabeth Gay）。感谢亚历山大·科斯京、格伦·麦克弗森、克里斯·安德罗尼克斯、马驰、卢卡·宾迪、林肯·霍利斯特、多夫·莱文、蔡安邦、陆述义、姚楠和我的儿子威尔提供图片，感谢里克·索登（Rick Soden）为模型拍摄照片，并为出版准备所有图片文件。

最后，同样重要的是，我要感谢我的家人、朋友和科学合作者与我分享他们的关爱、支持和才华。这本书是写给许多人的赞歌。

图 1-1: Image by dix! Digital Prepress

图 1-2: Image by dix! Digital Prepress

图 1-3: Image by dix! Digital Prepress

图 1-4: Image by dix! Digital Prepress

图 1-5: Image by dix! Digital Prepress

图 1-6: Image by dix! Digital Prepress

图 1-7: Photo by author

图 2-1: Image by dix! Digital Prepress

图 2-2a: Image by dix! Digital Prepress

图 2-2b: Photo by Richard Soden

图 2-3: Photo by Richard Soden

图 2-4: Photo courtesy of Dov Levine

图 2-5: Image by dix! Digital Prepress

图 2-6a: Image by dix! Digital Prepress

图 2-6b: Image by dix! Digital Prepress

图 2-7a: Image by author

图 2-7b: Image by author

图 2-7c: Image by author

图 2-8a: Image by author

图 2-8b: Image by Edmund Harriss; Wooden Penrose tiles made by Edmund Harriss, Image and Tiles © Edmund Harriss

图 2-9: Image by author

图 2-10: Image by author

图 3-1: Image by dix! Digital Prepress

图 3-2: Image by dix! Digital Prepress

图 3-3: Image by author

图 3-4: Image by author

图 3-5a: Image by dix! Digital Prepress

图 3-5b: Image by dix! Digital Prepress

图 3-6: Image by author

图 4-1: Photo by Richard Soden

图 4-2: Image by author

图 4-3: Photo by author

图 4-4: Photo by author

图 4-5a: Photo courtesy of An-Pang Tsai

图 4-5b: Photo by author

图 4-6a: Image from Wikimedia Commons, by Vassil

图 4-6b: Image from Wikimedia Commons, by Materialscientist

图 4-7a: Image by dix! Digital Prepress

图 4-7b: Image by dix! Digital Prepress

图 5-1: Photo by author

图 5-2a: Photo by Richard Soden, *New York Times*, January 8, 1985

图 5-2b: Photo by Richard Soden, *New York Times*, July 30, 1985

图 5-3: Image by author

图 6-1: Photo courtesy of An-Pang Tsai

图 7-1a: Photo by author

图 7-1b: Image by Nan Yao

图 7-2: Images by author

图 7-3: From Bindi, Steinhardt, Yao, and Lu, *Science*, Vol. 324, 1306–1309, June 5, 2009

图 9-1: Photo courtesy of Nan Yao

图 9-2: Photo courtesy of Nan Yao

图 9-3: Photo by Nan Yao

图 9-4: Photo by Nan Yao

图 9-5a: Photo by Nan Yao

图 9-5b: Photo by Nan Yao

图 10-1a: Photo courtesy of An-Pang Tsai

图 10-1b: Photo by Luca Bindi

图 10-2: Photo courtesy of Lincoln Hollister

图 12-1: From Bindi, Steinhardt, Yao, and Lu, *Science*, Vol. 324, 1306–1309, June 5, 2009

图 12-2: Photo by Glenn MacPherson

图 13-1: Photo by Luca Bindi

图 13-2: Photo by Luca Bindi

图 14-1: From L.V. Razin, N.S. Rudashevskij, N.V. Vyalsov, *Zapiski Vses. Mineral. Obshch.*, Vol. 114, 90 (1985).

图 15-1: Photo by Luca Bindi

图 16-1: Image by dix! Digital Prepress

图 16-2: Image by author

图 17-1: Photo by William Steinhardt

图 17-2: Photo by William Steinhardt

图 17-3: Photo by William Steinhardt

图 18-1: Photo by William Steinhardt

图 18-2: Photo by Glenn MacPherson

图 18-3: Photo by William Steinhardt

图 18-4: Photo by Alexander (Sasha) Kostin

图 18-5: Photo by William Steinhardt and Richard Soden

图 18-6: Photo by Alexander (Sasha) Kostin

图 19-1: Photo by Glenn MacPherson

图 19-2: Photo by Alexander (Sasha)

Kostin

图 19-3: Photo by Alexander (Sasha) Kostin

图 19-4: Photo by author

图 19-5 Photo by author

图 20-1: Photo by Luca Bindi

图 20-2: Photo by Luca Bindi

图 21-1: Photo by Glenn MacPherson

图 21-2: Photo by Luca Bindi

图 22-1: Photo courtesy of Chaney Lin

图 22-2: Photo by Nan Yao

图 22-3: Photo by author

图 22-4: Photo courtesy of Henner Busemann, ETH Zurich

图 22-5 Photo by Luca Bindi

图 22-6: Photos by Luca Bindi

图 22-7: Photo by Chi Ma

图 22-8: Photo by Chi Ma

图 22-9: Photo by Paul Asimow and Richard Soden

图 22-10: Photo by Paul Asimow

图 22-11: Photo by Chi Ma

图 22-12: Photo by Chi Ma

图 22-13: Photo by author

彩插 1: Image by author

彩插 2: Photo by Richard Soden

彩插 3: Photo by Peter Lu

彩插 4: Images by Peter Lu and author

彩插 5: Photo by Luca Bindi

彩插 6: Photo by Luca Bindi

彩插 7: Image by Luca Bindi

彩插 8: Photo by William Steinhardt

彩插 9: Photo by William Steinhardt

彩插 10: Photo by author

彩插 11: Photo by William Steinhardt

彩插 12: Photo by William Steinhardt

彩插 13: Photo by author

彩插 14: Photo by William Steinhardt

彩插 15: Photo by William Steinhardt

彩插 16: Photo by William Steinhardt

彩插 17: Photo by Alexander (Sasha) Kostin

彩插 18: Photo by William Steinhardt

彩插 19: Photo by William Steinhardt

彩插 20: Photo by Alexander (Sasha) Kostin

彩插 21: Photo by Alexander (Sasha) Kostin

彩插 22: Photo by author

彩插 23: Photo by Alexander (Sasha) Kostin

彩插 24: Photo by William Steinhardt

未来，属于终身学习者

我们正在亲历前所未有的变革——互联网改变了信息传递的方式，指数级技术快速发展并颠覆商业世界，人工智能正在侵占越来越多的人类领地。

面对这些变化，我们需要问自己：未来需要什么样的人才？

答案是，成为终身学习者。终身学习意味着具备全面的知识结构、强大的逻辑思考能力和敏锐的感知力。这是一套能够在不断变化中随时重建、更新认知体系的能力。阅读，无疑是帮助我们整合这些能力的最佳途径。

在充满不确定性的时代，答案并不总是简单地出现在书本之中。"读万卷书"不仅要亲自阅读、广泛阅读，也需要我们深入探索好书的内部世界，让知识不再局限于书本之中。

湛庐阅读 App: 与最聪明的人共同进化

我们现在推出全新的湛庐阅读 App，它将成为您在书本之外，践行终身学习的场所。

- 不用考虑"读什么"。这里汇集了湛庐所有纸质书、电子书、有声书和各种阅读服务。
- 可以学习"怎么读"。我们提供包括课程、精读班和讲书在内的全方位阅读解决方案。
- 谁来领读？您能最先了解到作者、译者、专家等大咖的前沿洞见，他们是高质量思想的源泉。
- 与谁共读？您将加入优秀的读者和终身学习者的行列，他们对阅读和学习具有持久的热情和源源不断的动力。

在湛庐阅读 App 首页，编辑为您精选了经典书目和优质音视频内容，每天早、中、晚更新，满足您不间断的阅读需求。

【特别专题】【主题书单】【人物特写】等原创专栏，提供专业、深度的解读和选书参考，回应社会议题，是您了解湛庐近千位重要作者思想的独家渠道。

在每本图书的详情页，您将通过深度导读栏目【专家视点】【深度访谈】和【书评】读懂、读透一本好书。

通过这个不设限的学习平台，您在任何时间、任何地点都能获得有价值的思想，并通过阅读实现终身学习。我们邀您共建一个与最聪明的人共同进化的社区，使其成为先进思想交汇的聚集地，这正是我们的使命和价值所在。

CHEERS

湛庐阅读 App
使用指南

读什么
· 纸质书
· 电子书
· 有声书

怎么读
· 课程
· 精读班
· 讲书
· 测一测
· 参考文献
· 图片资料

与谁共读
· 主题书单
· 特别专题
· 人物特写
· 日更专栏
· 编辑推荐

谁来领读
· 专家视点
· 深度访谈
· 书评
· 精彩视频

HERE COMES EVERYBODY

下载湛庐阅读 App
一站获取阅读服务

The Second Kind of Impossible: The Extraordinary Quest for a New Form of Matter by
Paul J. Steinhardt

Copyright © 2019 by Paul J. Steinhardt

All rights reserved.

浙江省版权局图字：11-2023-205

本书中文简体字版经授权在中华人民共和国境内独家出版发行。未经出版者书面许可，不得以任何方式抄袭、复制或节录本书中的任何部分。

图书在版编目（CIP）数据

第二种不可能 /（美）保罗·斯坦哈特著；高跃丹
译 . — 杭州：浙江科学技术出版社，2023.11
　ISBN 978-7-5739-0720-2

Ⅰ . ①第…　Ⅱ . ①保…②高…　Ⅲ . ①准晶体－研究
Ⅳ . ① O753

中国国家版本馆 CIP 数据核字（2023）第 137796 号

书　　名　第二种不可能
著　　者　[美] 保罗·斯坦哈特
译　　者　高跃丹

出版发行　**浙江科学技术出版社**
　　　　　地址：杭州市体育场路 347 号　邮政编码：310006
　　　　　办公室电话：0571-85176593
　　　　　销售部电话：0571-85062597
　　　　　E-mail:zkpress@zkpress.com
印　　刷　天津中印联印务有限公司

开　本	710 mm×965 mm　1/16	印　张	20.75
字　数	360 千字	插　页	5
版　次	2023 年 11 月第 1 版	印　次	2023 年 11 月第 1 次印刷
书　号	ISBN 978-7-5739-0720-2	定　价	119.90 元

责任编辑　陈淑阳　　　　　　**责任美编**　金　晖
责任校对　张　宁　　　　　　**责任印务**　田　文